물은 인생이다

물은 일상이다

지은이 노재경
발행일 2023년 8월 31일 발행인 이진숙
펴낸곳 충남대학교출판문화원 주소 대전광역시 유성구 대학로 99
전화 042-821-6045 홈페이지 http://www.cnupress.co.kr E-mail cnupress@cnu.ac.kr

ISBN 979-11-6503-212-8 03520
정가 18,000원

물은 인성이다
노재경
충남대학교출판문화원

머리말

인연으로 영광스럽게 모교인 충남대학교 지역환경토목학과에서 23년 동안 교육에 봉직했다. 기상학, 수문학, 관개배수공학, 농업수자원공학 등 물 관련 과목을 강의했다. 물은 언제 어디서나 항상 낮은 곳으로 도도히 흐르고, 가장 안정되고 편안한 자세를 취한다. 인생이 물이 흐르는 것과 같이 자연스러우면, 사람들이 얼마나 편안하고 행복할까 생각해본다.

언제부턴가 틈틈이 이와 관련하여 글을 써왔고, 수업에도 사랑, 생명, 진실, 싸가지, 일, 공부 등에 관해 아주 짧게 짬을 내어 이야기했다. 어디서도 듣지 못한 처음 듣는 이야기였겠지만, 고맙게도 학생들은 그것을 인성교육으로 받아들였다. 여기 못다 한 이야기 일부를 어떤 순서도, 격식도 없이 담고자 했다.

누구나 맡은 바 일을 열심히 즐겁게 하며, 행복한 삶을 살아가야 한다. 그것이 인간의 권리이고, 의무라고 생각한다. 행복은 몸과 마음이 편안한 느낌을 말한다. 그런데 지식으로, 돈 때문에, 지위 때문에, 명예 때문에, 삶의 무거운 멍애를 지고, 행복하지 못한 삶들을 살아가는 것을 수없이 관찰한다. 그런 것들이 모두 스트레스로 작동되고, 그것이 또 감지된다는 것도 알게 됐다. 더욱 놀라운 것은, 그 스트레스가 끌어당김 법칙으로, 시공을 초월하여 전파된다는 것도 관찰했다. 나중에 알고 보니, 이런 현상은 양자역학의 관찰자 효과, 영점장 이론, 양자얽힘 현상이란 것도 알게 됐다. 또 감정으로 인한 스트레스는 의식수준이 높아지면, 높은 에너지 주파수로 해소된다는 사실도 체득하게 됐다.

물 없는 생명은 없다. 인체도 물관리 잘해야, 건강을 보장한다. 저수지도, 다목적 댐도, 하천도 물관리 잘해야 한다. 물관리의 핵심은 자료다. 자료는 진실이다. 진실이 아닌 것은 자료가 아니다. AI의 먹이는 자료다. AI도 진실 아닌 것을 먹으면, 반드시 진실 아닌 것을 내놓는다. 그런데 현실은 물관리 자료가 엉망이다. 문제다.

필요에 의해 물관리의 핵심인 유출을 모의하는 ONE 모형을 개발했다. 홍수, 이수 모두 연속으로 모의할 수 있으며, 세상에서 가장 단순하여 가장 사용하기 쉬운 모형이다. 그런데 이것이 세상의 어느 복잡한 모형보다도 신뢰도가 더 높게 나타내는 것을 확인했다. 더구나 이놈이 어느 AI에 의한 결과보다도 더 우수하다는 것을 확인했다. 따라서 이를 더욱 발전시킬 가치가 충분하다고 생각하기에 이르렀다. AI는 한참을 머리 굴려 결과를 내 놓는다. 그런데 ONE 모형은 순식간에 내 놓는다. 더구나 홍수든 이수든 상관하지 않는다. 이보다 더 편리하고 좋은 것이 있을까! 그러나 아직 실무에서는 ONE 모형이 정착되지 못하고 있다.

무엇보다 실무자의 관심이 필요하고 중요하다. 저수지는 유입량, 방류량 자료가 없고, 다목적 댐은 유입량 자료가 진폭이 너무 크게 계산되고 있는데, 개선되지 못하고 있다. 이것이 실무자에게는 큰 부담으로 작용하고 있다. 이를 개선하는 데 ONE 모형이 중추적 역할을 할 수 있다고 본다. 자료를 잘 관리해야 한다. 실무자의 업무는 이것이 첫째여야 한다. 자료만 진실 바탕이면, 물관리는 편안하다.

시작이 있으면 끝이 있고, 끝이 있으면 시작이 있다. 시작과 끝은 없다. 시작과 끝은 하나다. 삶과 죽음도 마찬가지다. 삶은 죽음 사이의 잠깐이라 생각하면 어떨까! 삶이 잠깐인데, 얼마나 소중하고 존귀한 시간인가! 인생은 그 속에 있다. 어떻게 해야 하나? 거짓을 일삼으며, 그 소중한 시간을 외면하는 것이 편안한가? 진실을 구현하며, 소중한 시간을 귀하게 여기는 것이 편안할까? 선택은 자유다.

그런데 선택은 원인이 되고, 결과는 인간성숙의 정도로 나타난다. 거짓과 진실은 소유냐 존재냐의 선택과 같다. 거짓은 개인의 소유를 위해, 진실은 전체의 존재를 위해 작용한다. 개인을 향하는 것은 지식이, 전체를 향하는 것은 생명이 작동한다. 생명은 늘 존재 상태에서 작동한다. 빈부귀천 구분하지 않고, 어느 곳에서도 현재 일만 한다. 생명이 하는 일은 힘이 최고다. 그래서 병도 낫는다. 어느 어려움도 극복된다. 인간은 성숙하여, 꽃을 피우고, 결실을 맺는다. 거짓을 선택하면 선택하는 만큼 존재를 떠난다. 당연히 생명은 존재 떠난 만큼 작동을 중지한다. 생명이 작동하지 않으니, 에너지가 즉 힘이, 쑥 빠진다. 여기저기 아프다. 고칠 수가 없다. 영혼이 메말라가기 때문이다. 인간은 꽃도 피우지 못하고, 인간 쭉정이가 된다. 그 후로 인간의 씨알은 없다. 인간의 생명은 없다. 진실의 구현은, 인간의 삶에서 이렇게 소중하고 귀하게 작용한다.

여기서 이야기하는 글들은 보이지도 않고, 만져지지도 않는 내용들이라, 어떤 사람에게는 이해하기 쉽지 않을 것이라 짐작한다. 그래서 책으로 엮고자 하기 까지는 많은 망설임이 있었다. 그러나 비록 체득에 의한 내용들이라도, 누구를 현혹시키고자 하는 것도 아니고, 뭐 잘못한 것도 아니기 때문에, 모두가 그 이치를 알았으면 좋겠다고 생각했다. 또 이런 글들이 자랑할 것은 못되지만, 숨길 것도 아니며, 숨길 것도 없다고 생각했다. 오히려 숨길 비밀이 아니고, 공유하여 상식으로 자리매김해야 할 일이라 생각했다. 설령 평생 들어도 이해하기 어려운 내용이 있을지라도, 누구나 꼭 세상의 이치를 알고 살아갔으면 하는 소망을 갖고, 책으로 발간하고자 결심했다.

부연하면 이 책의 글들은 책을 많이 읽어서도 아니고, 어디 가서 무릎 꿇고 빌어서 얻은 내용도 아니다. 도대체 사랑이 뭔지, 생명이 뭔지, 존재가 뭔지, 진실이 뭔지, 전체가 뭔지, 의식이 뭔지, 인성이 뭔지, 싸가지가 뭔지, 사는 게 뭐지 등 상상을 거듭하며, 뭐든지 감지하고, 점수화하고, 관찰하고, 확인하는 과정을 거듭했으며, 그때그때 떠오르는 영감을 정리한 것이다. 따라서 내용은 대부분 체득에 의한 것임을 밝힌다. 특별하게 인용, 참고문헌을 정리하지 않은 이유는 여기 있다. 그럼에도 이 책에서 말하는 내용을 몸으로 이해하며, 이 길을 동참하는 사람들이 많았으면 좋겠다. 이해가 되면 그때, 아하! 그렇구나! 하면 된다. 그때는 누구든 스스로 이해했으니까, 이해한 본인이 최고의 선생이 된다. 아주 작은 소망으로, '나의 특별하지 않은 특별함이 모두의 평범하지 않은 평범함'으로 승화되었으면 하는 바램을 가져본다.

예컨대 어떤 사람은 44세인데, 놀람의 스트레스 파장을 접하면, 뇌에 스트레스가 급증하고, 신경계에 스트레스가 급증하고, 간에 스트레스가 급증하고, 근골에 스트레스가 급증하여, 간질로 발작을 일으키는 것으로 감지가 됐다. 평생 이런 고통을 받아온 사실을 알게 되었고, 그런 일이 있을 때 문자를 남기라 얘기 했으며, 체크하고 생각하는 것만으로, 모든 스트레스가 사라져 정상으로 회복되는 과정을 수도 없이 거듭하며 관찰했다. 그런데 그 스트레스가 생각만 해도 전파된다는 사실을 우연히 알게 됐다. 너무 자주 그런 일이 발생돼, 주변 사람들의 스트레스를 체크하니, 전화만 받아도, 생각만 해도, 그 스트레스를 끌어온다는 사실을 알았다. 너무 놀라운 현상을 알게 됐다. 그 뒤로는 가족 단위로 스트레스를 체크하고 있다.

또 다른 예 한 가지만 들면, 강직성 척수염을 앓았던 친구 아들의 경우다. 모임에서 걱정하는 얘기를 듣고, 체크하니 놀람 스트레스가 높게 나타나는 것뿐이었다. 주례를 서준 애라서, 전화 좀 해 달라 여러 차례 말해도 감감했다. 그래서 2020년 7월 용담댐 유역에 비가 억수로 내리던 날 저녁에, 그 이튿날에는 대전 아파트가 물에 잠겼던, 세종 집으로 직접 찾아가 이런저런 얘기 해주고, 이 뒤로 아프지 않으면 약 먹지 않아도 된다고 이르고, 밤 11시경 용담댐 유역으로 가서, 밤새 혼자서 유량측정을 한 기억이 새롭다. 병원에서는 불치병으로 인정하고, 임상 실험 대상으로 여기는 줄도 모르고, 환자는 큰 병원만 찾아가려고 한다. 친구도 그랬다. 이렇게 가벼운 경우는 단 한 번으로 불치병이 완치된 경우다. 나중에 아들도 낳고 잘 살고 있다는 소식을 듣고 있다.

이런 경험도 했다. 2021년 용담댐 방류 피해조사 지역설명회에서 정말로 설명하기 어려운 상황인데, 수십명의 전문가와 주민대표에게 이렇게 얘기했다. 모든 것은 에너지와 정보로 구성돼 있다. 숨기지 않고 있는 그대로 분석하고 설명하겠다고 얘기했다. 나중에 알고 보니 이것은 양자역학의 핵심이었다. 모든 것은 에너지로 서로 하나로 연결돼 있다. 그 속에 모든 정보를 싣고 있다. 이것은 현상이고, 세상의 이치였던 것이다. 이는 누구에게도 보이지 않고, 만져지지도 않는 것이라 결코 이해하기 쉽지 않다. 아인슈타인은 이 현상을 멀리서 벌어지는 유령의 작동(spooky action in a distance) 같은 얘기라고 평생을 믿지 않았다. 그런데 지금 물리학자들에게는 이것은 상식이 됐다.

여기서는 이런 얘기들을 자세히 다룰 수는 없으며, 제시한 글들이 인성과 상호 관련이 깊다고 인식하고, 그 누구에게도 의식 확장에 도움이 되었으면 하는 희망을 가졌다. 경험은 최고의 선생이다. 뭐든지 직접 해봐야 한다. 그를 통해 이해가 되면, 스스로 최고 선생이 된다. 너 자신을 알라고 했다. 최고 선생인지 알라! 인성을 알라! 신성을 알라! 너 자신인 줄 알라! 그때 세상은 참으로 아름답게 보이며, 또 세상은 밝아진다고 말하고 싶다. 그것을 믿어라! 여기서 비록 물과 관련했지만, 모든 분야에 공통으로 적용해도 좋을 것이다.

정년을 맞이하여, 진실의 구현을 위해, 학생들에게 했던 이야기들을, 세상을 향해 하면 어떨까 하는 생각을 해본다. 배운 게 도둑질이다. 남들이 할 수 없는 일을 해야겠다고 다짐을 해본다. 저수지의 유입량과 방류량은 꼭 필요한데, 연구자들도, 실무자들도 아직도 만들지 못하고 있다. 언제까지 이들을 그냥 내버려 둘 수는 없지 않는가! 좀 바뀌어야 되지 않을까? 세상은 빠르게 변화하는데, 앞으로도 그냥 이대로 가도 좋단 말인가? 이들 자료는 홍수, 이수에서 과학적 물관리의 기초가 된다. 앞으로는 진실인 자료 없이도 돌아가는 세상은 더더욱 아닐 것이다.

여기서 제시하는 사람과 자연이 공존하는 길 안내서를 더욱 발전시켜, 실무자와 함께 현장을 있는 그대로 관찰하고, 정보를 기록하고 공유하는 체제를 구축하여, 물관리의 혁신을 이루는 그림을 그려본다. 안정된 물관리를 기반으로, 인류 누구나 진실을 구현하여, 존재의 생명이 약동하고, 사랑과 행복이 넘치는 아름다운 세상을 가꿔 나가리라 희망을 다져본다.

목차

6부 세상의 이치대로 …289

물은 인성이다

Chapter 01

총론

물은 인성이다

Chapter 01

총론

1.1 인간의 구성

인간은 물질과 비물질로 구성된다. 이는 몸과 마음으로 구성된다. 몸과 마음은 유기적으로 작동한다. 마음의 크기는 차이가 크다. 먼지 같은 마음도 있고, 우주 같은 마음도 있다. 마음은 영혼이 깃든다. 또 마음은 생각의 근원이다. 모든 것은 에너지와 정보로 구성된다. 인간의 몸도 마음도 에너지와 정보로 구성된다. 에너지는 쉬지 않고 흐른다. 삶은 몸이 살아있는 것이고, 죽음은 몸의 에너지 작동이 사라진 상태다. 마음을 잘 쓰면 영혼이 살찐다. 인간의 세포 수는 70~110조 개다.

1.2 인간의 역할

인간의 역할은 어울림과 조화다. 서로 도우며 조화이루는 역할을 하는 것이 본연의 인간이다. 지식으로 고집을 부릴수록 인간의 모습은 사라진다. 교육은 지식을 가르치고, 인성을 기르는 것이다. 지식은 편을 가르고, 전체를 이탈하는 속성을 갖는다. 인성 육성은 의식의 함양이다. 의식은 전체 하나로 작동한다. 지식은 부분에 머물고, 의식은 전체와 함께한다. 인간의 본성은 전체성에 있다. 지식은 전체를 위해 활용돼야 균형을 이룬다. 부분에 머물수록 거짓으로, 전체와 함께할수록 진실로 간다. 가짜는 반드시 본인만을 위한다. 진짜는 반드시 전체를 위한다. 열심히 배워, 진실을 모르고 거짓을 행하는 것은, 잘못 배워 그렇다. 지식은 죽음이다.

1.3 물의 특성

물 분자는 양성자 10개, 전자 10개로 구성된다. 물은 액체로 모든 것을 수용한다. 얼면 고체가 되고, 끓으면 기체가 된다. 물은 양성자와 전자가 같은 물질 가운데, 비등점과 융해점이 가장 높다. 인간의 몸도 70%가 물로 구성된다. 물은 세포 내 염류 확산의 매질이고, 용매로서 생화학 반응에 참여한다. 물은 비압축성으로 팽윤으로 몸을 유지하게 한다. 증발잠열, 비열, 열전도율이 커서 온도 조절에 기여한다. 물의 극성은 다른 극성 물질을 용해시킨다. 또 이온에 대한 용매로서 적절한 성질을 갖는다.

1.4 물의 역할

물은 항시 위에서 아래로 흐른다. 낮은 곳을 찾아간다. 낮은 자세를 취한다. 모든 것을 수용한다. 모든 것을 수용하고 가장 편안한 자세를 취한다. 바다는 모든 것을 수용한다. 모든 것과 함께 어울린다. 사람도, 동물도, 식물도 물 없이는 존재할 수 없다. 물은 생명의 역할을 한다. 생명은 항상 전체와 함께한다.

물은 흐르기 때문에 맑고 깨끗한 것처럼, 인체 내의 물도 제대로 흐르기만 하면, 건강하고 활기차게 살 수 있다. 노자(老子)는, 최고의 선(善)은 물과 같다고 했다. 물은 이 세상 어떤 물체와도, 그 성질이 전혀 다르다. 다른 것들은 위로 올라가려고 다투기만 한다. 물은 그 반대로 아래로 내려가기만하기 때문에 다투는 일이 없다. 모든 것에 생명과 활력을 주면서도, 생색을 내거나 뽐내는 일도 없이 남들이 싫어하는 밑으로 내려가기만 하므로, 도(道) 곧 신(神)과 같다고 했다. (上善若水 水善利萬物而不爭 處衆人之所惡 故幾於道, 도덕경 8장)

이와 같이 물은 대자연의 생명력이다. 모든 것을 생성하고 기르며, 정화시키는 신비한 능력을 지니고 있다.

1.5 농업용수를 말하다

어릴 적 모내기할 때 모두 모여 물 대는 모습이 그려진다. 옛날 농촌은 물이 부족해도 모두 힘을 모아 '물 부족을 극복하는 축제의 장'이었다. 그때가 그리운 것은 '전체가 함께 하여 생명이 약동하는 장'이었기 때문이다. 그런데 지금은 많은 저수지가 있어 아주 편안하게 물을 댄다. 웬만한 가뭄에도 물 부족에 대한 고통은 크게 줄었다. 그러나 젊은이는 얼마 없고 늙은이가 농사짓는 농촌으로 변한 지 오래다. 옛날 풍경은 온데간데없다. 외양간은 사라졌고, 소 · 돼지는 집단으로 사육하고, 퇴비장이 사라진 지도 오래됐다. 농약 · 비료도 너무 많이 친다. 물고기가 사는 맑은 개울을 찾아보기도 힘들다. 농촌의 인문, 사회, 자연, 농업 환경이 변해도 너무 변했다. 저수지의 물도 옛날 같지 않다. 옛날로 완전하게 복원하는 것은 불가능하고, 그래서 그를 목표로 하는 것은 달성할 수 없는 일이라 여겨 의미 없는 일이기도 하다. 그러나 어느 정도 복원하는 것은 필요하고, 꼭 이뤄나가야 한다. '자연과 사람의 건강과 행복'을 위해서다.

그러면 어느 정도 복원하는 것이 바람직한가? 쉽지 않은 일이다. 왜냐면 농업 환경이 변했는데, 이런저런 이유로 오염을 유발하는 여건을 그대로 두고는 불가능한 일이기 때문이다. 말하자면 소 · 돼지 마음대로 키우고, 어떤 제한도 없이 농약 · 비료 치고 농사 지며 옛날의 맑은 물을 기억하고, 그 옛날의 자연환경을 그리며 그를 이루고자 하는 것은, 올바른 시각이 아니라 보는 것은 잘못일까? 예컨대 유럽에서는 가축 사육두수를 목초지 단위면적당 몇 마리로 분명하게 제한하고 있다. 또 농약 · 비료의 사용량을 줄이기 위해 여러 가지 제도를 시행하고 있다. 그런 제도 아래서 유럽의 여러 지역의 수많은 호수는 바닥이 훤히 보일 정도로 유리알 같은 물을 유지하고 있는 것을 우리는 어쩌다 그곳에 가면 쉽게 관찰할 수 있다. 유럽에서와 같은 그런 노력 없이 옛날을 그리며 그 수준을 따르자는 것은 어불성설이라 보는 것은 지나친가? 다른 어느 것보다 유럽과 같은 제도를 고려하는 것이 우선되어야 하고, 기본으로 펼쳐야 할 정책으로 보는 것은 우리에게는 무리인가? 지금 유럽에서 실행하고 있는 것이 우리가 옛날에 하였던 것은 아닌가 하는 생각도 해본다.

그렇다면 환경은 도대체 무엇인가? '환경은 존재하는 모든 존재의 존재하는 바탕'이어야 한다고 생각한다. 그렇게 환경을 가꿔 나갈 때 그 속에 있는 모든 존재는 편안하고 함께 어울려 있는 상태가 된다. 이것이 균형이고 조화이며, 그렇게 할 때만 모든 생명체가 건강한 상태를 유지한다. 그러면 이를 위해 농어촌에서는 어떻게 해야 하나? 농어촌에서 물이 차지하는 비중은 아주 크다. 사람도 자연도 작물도 물 없이는 균형을 찾을 수 없고 조화도 이룰 수 없다. 따라서 정상적인 생명의 작동을 기대할 수도 없다. '물을 잘 다루는 것이 모두가 편안한 환경을 조성하는 것'이라 봐도 지나침도 없고 틀림도 없다.

'환경은 전체다'. 여기서 물은 환경의 많은 부분을 차지한다. 농어촌의 물은 저수지가 가장 많은 부분을 차지하고 있다. 따라서 저수지를 어떻게 다루냐가 농어촌의 환경을 좌우한다고 할 수 있다. 저수지로 들어오는 물을 어떻게 가꾸고, 저수지에 있는 물을 어떻게 다듬고, 저수지에서 내보내는 물을 어떤 상태로 하는가는 아주 중요하다. 이들을 어떻게 하느냐가 환경을 편안하게 하기도, 불편하게 하기도 한다. 그럼 환경을 편안하게 하려면 어떻게 해야 하나?

이에 앞서 저수지의 역할과 기능을 살펴보자. 가장 기본이 되는 역할은 '관개용수 공급기능'이다. 계곡수와 하천수, 지하수로 용수공급이 충족되면 저수지는 필요 없다. 그러나 저수지 없는 수혜지역은 전체의 반에도 미치지 못한다. 가뭄이 들면 수혜지역은 걷잡을 수 없을 정도로 줄어든다. 계곡수는 바짝 마르고, 하천수는 바닥을 파도 나오지 않는 곳이 있고, 지하수는 대심도가 아니면 나오지 않는 지경까지 치닫는다. 저수지가 아니면 가뭄을 극복할 수 있는 어느 비책도 소용없다. 가뭄이 들어도 저수지 인근에서는 가뭄을 모른다. 그런데 사람들은 저수지의 고마움을 늘 잊고 지낸다. 가뭄이 들 때만 조금 관심을 보이다가 하늘에서 비가 조금 내리면 또다시 망각의 상태로 접어든다. 참으로 묘하다. 조마조마하다. 언제 어떤 일이 일어날지!

다음은 '홍수조절기능'이다. 유역이 넓든 작든 저수지는 크고 작은 홍수조절 기능이 있다. 더구나 저수지는 여름철에 관개용수 공급으로 저수량이 크게 줄어들어 있는 상태라 비교적 많은 홍수조절용량을 갖고 있다. 기후변화로 국지호우가 빈발하고 있는 현 상황을 고려하여 돌발호우의 일정 부분을 저수지가 맡아 하류의 피해를 줄여줘야 한다. 이처럼 저수지는 홍수를 부담하는 기능도 갖춰야 하고, 어느 홍수에도 안전하게 관리해야 하는 책임도 있다. 저수지가 적었던 옛 시절을 기억하면 여름철 큰비가 지나갈 때마다, 주변의 농경지가 휩쓸려 나간 모습의 잔상이 아롱아롱 되새겨진다.

다음은 '생태조절기능'이다. 하천에 저수지가 축조되는 것은 인위적인 것이고 크든 작든 자연생태에 영향을 미친다. 여기서 특히 영향을 미치는 부분은 유량조절이다. 우리나라는 하천유량의 2/3가 여름에 집중한다. 나머지 기간은 유량이 아주 적다. 물 없는 생태계는 존재하기 어렵다. 물은 생명줄이다. 저수지는 유량조절에 크게 기여한다. 저수지의 역할은 유량이 많을 때 저류하여 유량이 적을 때 공급하는 것이 기본이다. 즉 홍수량을 줄여주고 갈수량을 늘여준다. 이는 하류하천 생태계에 긍정적 방향으로 작동한다. 그러나 일부 저수지는 농업용수만을 공급하기에도 수량이 턱없이 부족하다. 이런 저수지는 갈수량조차 공급하기에도 버겁다. 그래서 관개기간이 끝나기 무섭게 저수지에 물을 채우는 데 급급하다. 10월에 시작하여 이듬해 4월이 되어야 비로소 겨우 물을 채우고 농사 준비가 되는 규모가 작은 저수지가 얼마나 많은가?

그밖에 저수지의 기능으로 '휴양기능'을 빼놓을 수 없다. 얼마나 많은 사람이 저수지를 찾아 휴양과 레저를 즐기는가? 옛날에 저수지에 가서 쌓았던 추억이 없는 사람이 그 어드메 그 얼마인가? 전국 어느 곳 말할 것 없이 저수지를 어메니티로 여겨 지역개발과 연계하여 가꾸고 다듬는데 얼마나 열심인가? 분명하게 저수지가 사람들에게 주는 심미적 가치는 충분하고 크다고 인정하지 않을 수 없다. 그래서 보다 세심한 관심으로 저수지가 자연과 어울리는 방향이 무엇인지 모색하고, 자연과 하나가 되는 조화와 균형의 아름다움을 찾는 노력은 필요하다고 생각해 본다.

그럼 이러한 '저수지의 가치'를 어떻게 하면 조화롭게 창출해 나가는 것일까? 통합물관리에서 저수지를 바라보는 시각은 무엇인가? 이를 제대로 봐야 가치도 제대로 빛을 발한다. 우선 수량관리가 이치에 맞아야 하고, 여기에 수질이 보장되어야 한다. 수량과 수질은 한 몸이어야 한다. 수량 없는 수질은 없다. 수량이 부족하면 수질은 생각할 겨를도 가질 수 없다. 수량이 부족하면 어쩔 수 없지만 여유가 있으면 나눠 써야 한다. '아껴 쓰고 나눠 쓰는 것'을 체화해야 한다. 그것이 '물로 인한 공존이고 전체가 함께 가는 동행의 바탕'이다. 실제 물이 부족한 지역에서는 이를 철저하게 실천하고 있다.

벼 재배는 단수와 급수를 반복한다. 이를 간단관개라 하는데 물 관리자는 쉬지 않고 포장의 담수상태와 저수지의 저수량의 수준을 관찰하며 이를 수행한다. 여기서 자칫 소홀하면 논에서는 급수받지 못한 지역이 있는데, 저수지는 수량이 바닥날 수 있다. 급수할 때 물꼬를 닫아 놓으면 저수지에서는 물이 나가는데, 논에서는 물을 받지 못한다. 그래서 저수지 취수문을 열 때는 농민의 요구를 최대한 받아들이고 이를 종합하여 결정을 내린다. 이처럼 저수지 물관리는 농민과 아주 긴밀하게 교감하기 때문에 현장에서 '물관리자와 농민의 거버넌스'가 자연스럽게 이뤄지고 있다. 그런데도 현장에서는 급수할 때 다른 일을 보다, 급수가 다 끝난 다음에 다시 급수를 원하는 민원이 전국 방방곡곡 이곳지곳 쉬지 않고 끊임없이 일어나고 있다. 현장을 조금만 눈여겨보면 농업용수 물관리자가 겪는 업무 과중과 민원의 이중 고통을 여러 곳에서 아주 생생하게 관찰할 수 있다.

그럼 돌아가서 환경을 편안하게 하는 방법을 생각해 보자. 여기서 환경은 저수지 수질환경에 국한한다. 저수지 운영의 유입량, 저수량,

방류량 3요소에서 환경 측면에서 가장 중요하게 관찰할 부분은 유입량 수질이다. 유입량에 대한 수질관리가 없으면, 저수량 및 방류량 관리에서 어떤 첨단기법을 동원해도 수질을 양호하게 보전하는 것은 불가능하기 때문이다. 따라서 가칭 '저수지 유입 수질총량제'와 같은 제도를 도입하는 것이 절실히 요구되고 있다. 저수지 유역의 수질을 일정 수준으로 보장한다면 국토 전반의 수질에 기여하는 바는 아주 클 것이라 믿어 의심치 않는다. 저수지 유입수질을 일정 수준으로 유지하기 위해서는 상류의 농업, 축산, 생활, 산림 계통에서 나오는 오염원의 발생, 배출, 유달 등 과정에 대한 구체적 가이드라인 설정이 필요하다.

한편, 최근 기후변화인 이상기후로 인한 '재난관리는 선택이 아니고 필수'로 자리잡고 있다. 그런데 30년 이상의 노후화 저수지는 96%가 넘는다고 한다. 저수지가 없으면 당장 사람들은 불편하다. 농사짓는데 크게 어려움을 겪기 때문이다. 물 부족으로 물을 찾는데 정신이 팔려, 자연과 소통할 겨를도 없다. '저수지는 농촌의 꿈과 행복 공작소'다. 저수지를 중심으로 이수, 치수, 생태 기능의 조화와 균형을 위해, 수량과 수질의 통합물관리 시대에 발맞춰, 농업용수를 생각하는 의미는 매우 크다. 저수지의 안전관리로 '자연과 사람의 소통의 장'을 마련하고, 저수지의 성능과 가치를 재조명하여 '국민의 행복을 창출'하는 저수지의 역할을 정착시켜야 할 의무가 있다.

1.6 농업용 저수지를 말하다

농업용 저수지의 수는 17,080개소(2021년)에 이른다. 준공연도별 저수지 구성비는 1945년 이전 8,795개소(51.0%), 1946~1968(50년 이상 경과) 5,210개소(30.2%), 1969~1988(30년 이상 경과) 2,592개소(15.1%), 1989년 이후(30년 이내) 643개소(3.7%)에 이르러 저수지 노후화율은 50년이상 기준으로 무려 84%에 이른다.

저수지의 역할은 관개용수 공급이 기본이다. 농경지는 논 84만4천ha, 밭 75만1천ha에 이르며, 이는 국토의 15.9%에 상당하다. 관개는 대부분 논을 대상으로 하며, 수리답율 82.5%, 수리안전답율(10년 한발기준) 62.3%에 이른다. 수리답 면적 구성은 저수지 61.3%, 양배수장 25.4%, 취입보 7.6%, 관정 4.2% 등으로 나타났다.

과거에는 모내기할 때 매년 온 동네 사람 모두가 참여하여 물대는 것이 연례 행사였다. 가뭄도 수없이 겪었다. 지금은 각종 수리시설로 쉽게 물을 공급받고 있다. 그러나 노령화(65세 이상 46.6%)와 기계이앙, 기후변화 등 요소로 물의 수요량이 크게 변모하였다. 밭관개는 거의 시행하지 못하는데도 아직도 논에서조차 가뭄을 겪고 있다. 재배기술 발전, 축산, 시설재배 등으로 소득은 증대하였지만, 농약, 비료, 축분 등으로 농촌환경과 수질이 악화된 것이 문제다. 그러함에도 불구하고 저수지가 연출하는 경관으로, 많은 지역에서 주변을 주민 휴양시설로 가꾸는 사업이 추진되고 있다.

농업은 물과 땅, 그리고 햇빛의 힘으로 자연과 조화를 이루며, 사람의 먹거리를 담당한다. 저수지의 물 공급은 반복이용을 고려하면 전체의 70%를 차지한다. 이에 비춰 저수지는 농업의 중심이라고 말할 수 있다. 저수지에 물이 풍부하면 농업의 굳건한 기반이 되며, 농민과 지역주민은 평화롭고 편안하다. 그 물이 맑으면 더할 나위가 없다. 아름다운 환경에서 생산한 건강한 먹거리는 국민의 건강을 보장하는 바탕이다. 또 농어촌은 온 국민의 마음의 고향이고 안식처다.

앞으로 농업의 기반인 저수지의 역할은 더욱 증가할 것으로 예상된다. 영농패턴 변화, 기후변화, 수질환경 등으로 용수수요는 현재보다 30% 정도까지는 증가할 것이다. 밭 관개 및 하천유지용수의 수요 등을 고려하면 요구하는 정도는 더욱 높아질 것이다. 가뭄과 홍수도 그 빈도와 심도가 심화될 것이다. 장기적으로 보면 강우량은 한정돼 있는 것으로 봐야 하는데, 사용량은 증가하는 상황이다. 어떻게 해야 하는가? 기본적으로 가능한 곳은 수자원의 확보가 기본이다. 나머지는 아껴 쓰고, 다시 쓰고, 깨끗하게 쓰는 물관리와 재배관리 기술을 동원해야 한다. 4차 산업혁명과 코로나 19를 맞이하여 환경변화에도 대응해야 한다. 사람과 사람, 사람과 자연, 농촌과 도시, 나아가 온 국민 모두 소통과 협력, 조화와 균형이 무엇보다 필요한 시대다. 여기 자료 기반이 핵심이다. 신뢰도 높은 자료 기반에서 정확한 의사결정으로 부족한 수자원을 효율적으로 활용하여 농어민의 행복을 창출하고, 국민의 안식처를 제공하여야 한다. 여기 저수지가 역할을 하는데 기본이 되는 부문을 다음과 같이 요약한다.

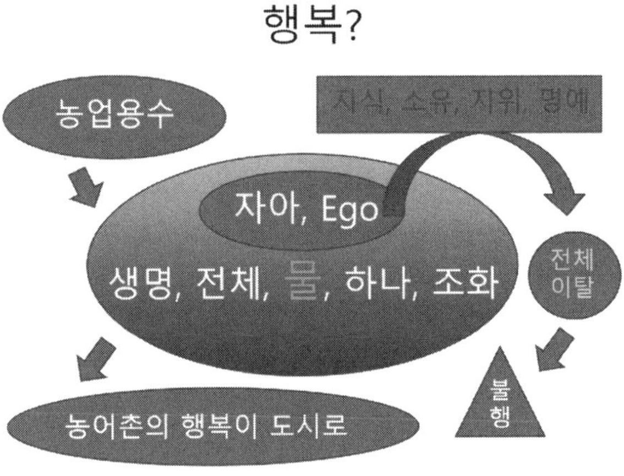

[그림 1] 농업용수 물관리가 행복의 원천

첫째, 수문자료관리 실시간으로 이뤄져야 한다. 저수지 물관리는 유입량, 저수량, 공급량, 강우량 자료가 실시간으로 구축되어야 한다. 이는 물관리의 기본이며, 4차산업 혁명의 토대다. 현재 저수위 관측을 토대로 취수문 조작과 여수로 수문관리에 따라 방류량이 계산되어야 한다. 이 바탕에서 유입량이 저수량 변화와 방류량을 더해 자동으로 계산되는 체제가 구축된다. 여기 강우량이 더해지면, 입력과 출력의 각종 분석과 다양한 의사결정의 기본자료가 형성되며 다양한 과학적 분석이 가능해진다.

둘째, 저수지 이수관리 운영은 과학화되어야 한다. 운영은 설계와 다르다. 운영은 실제고, 설계는 이론이다. 실제 운영은 저수량의 상태에 따라 절약을 병행하며 실시하고 있다. 용수가 부족한 지역에서는 양수저류, 유역외 유입 등을 고려하기도 한다. 현장이 답이다. 운영은 현장의 모든 상황을 고려해야 한다. 모든 저수지에 대해 고유의 특성을 모두 반영토록 해야 한다.

셋째, 밭 용수도 공급해야 한다. 가뭄시 피해가 가장 먼저 발생하는 지역은 밭이다. 밭 관개실시의 가능 범위를 설정하고 추진해야 할 시점에 이르렀다. 특용작물은 관개에 민감하다. 또한 주산난지의 추진도 관개시설이 기본이다. 지하수 공급 지역과 저수지 공급 지역을 구분하여 효율적이고 합리적으로 추진해야 할 것이다.

넷째, 홍수조절기능을 계량화해야 한다. 기후변화에 따라 홍수의 크기와 빈도가 증가하는 것으로 봐야 한다. 농업용 저수지의 규모는 대체로 작지만, 일정 부분의 홍수량을 할당하여 전체의 홍수부담을 경감토록 해야 한다. 이상기후에 대비하여 저수량의 일정량을 홍수조절용량으로 할당하여 운영할 필요가 있다. 최근 집중호우에 따른 피해를 고려하여, 설계에 반영하는 노력도 필요하다.

다섯째, 일정부분 하천유지용수 공급 담당해야 한다. 수질악화에 따라 하천유지용수의 요구가 증가하고 있다. 저수지 유역규모에 상당한 하천유지유량의 공급은 저수지 운영의 의무가 되어야 한다. 기존저수지에서는 여유가 있는 경우에만 한정해야 하지만, 신설저수지의 경우는 하천유지용수가 할당되어야 한다.

여섯째, 저수지 유입수질 관리해야 한다. 저수지의 수질은 유입수질에 지배된다. 저수지 자체에서는 수질개선의 여지가 크지 않다. 유역의 비점오염 관리가 없이는 저수지의 수질은 보장할 수 없다. 농약, 비료, 축분 등으로 발생하는 오염을 허용수준 이내로 관리해야 한다. 가칭 저수지 유입수질총량제의 제도 도입이 필요하다.

일곱째, 저수지는 휴양시설로 활용되어야 한다. 저수지 경관은 빼어나다. 여기 수질이 뒷받침하면 더할 나위 없이 좋다. 깨끗한 물이 담겨 있는 저수지가 4계절 연출하는 모습은 아름다움의 극치다. 거기 인간과 함께 하는 조화와 균형의 기운이 가득하다. 저수지를 주민은 물론이고 국민의 휴식처 공간으로 적극 활용해야 한다.

이상기후가 일상화된 지 오래다. 우리나라는 이미 아열대 지대라고 한다. 예년에 겪지 못했던 극심한 가뭄과 홍수를 자주 만나고 있다. 부족할 때는 미리 확보하고 절약하고 나눠 쓰고, 넘칠 때는 피해를 줄일 수 있도록 하천 및 제방 보강, 기계작동 점검 등을 준비, 대비하는 것이 기본이다. 인문, 사회, 기술 분야 모두 현장에 모든 답이 있다. 그동안 경험을 바탕으로 현장의 변화를 있는 그대로 똑바로 관찰하고, 미래 변화의 통찰력을 발휘하여, 저수지가 농업발전의 토대가 되고, 농민 행복의 원천이 되고, 온 국민의 안식처가 되는 역할이 무엇인지 모두 지혜를 모았으면 한다.

1.7 저수지가 위험하다

2022년 '힌남노' 태풍의 피해와 교훈을 되새겨 본다. 300여m의 제방을 1m 넘게 월류하였기 때문이다. 보통 홍수, 가뭄 영향은 홍수는 강하고 급하고, 좁게, 가뭄은 약하지만 느리고 넓게 나타난다. 대응은 그에 적합하게 해야 한다. '힌남노'태풍의 경우는 더욱 그렇다. '힌남노'가 지나가며 왕신저수지 유역에 내린 비는 10시간에 422mm였고,

1000년 빈도 이상의 폭우였다.

10년 빈도의 용수공급과 200년 빈도의 홍수조절 기준의 저수지 규모가 원인이 돼 나타난 왕신지의 월류피해 발생은 피할 수 없었다고 평가한다. 그런데도 월류피해의 양상이 제체 붕괴가 아니고, 하류사면의 부분유실로 나타난 것은 불행 중 천만다행이다. 아마도 적은 예산이지만 철저하게 그라우팅으로 심토를 보강하며 세밀하게 관리한 효과로 짐작한다.

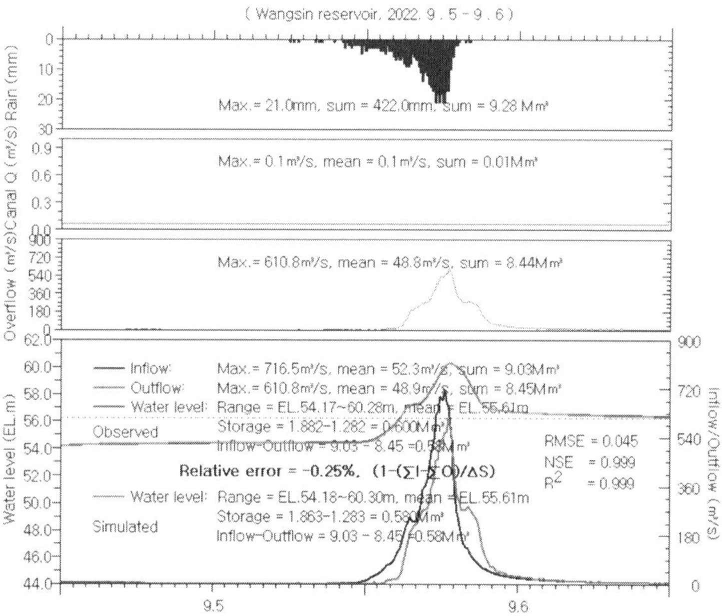

[그림 2] 태풍 '힌남노'의 왕신지 홍수유입량, 방류량 분석

일반적으로 저수지는 홍수조절능력이 없는 것으로 평가한다. 그러나 저수지는 홍수조절능력은 작지만, 그 방법은 거의 완벽에 가깝다.

왜냐하면 관개용수를 공급하며 홍수가 나기 전에 물그릇을 충분히 비워놓고, 홍수가 나면 그릇크기를 완전히 채우며 죽어도 끝까지 버티기 때문이다. 왕신지에서 그렇게 하였다.

'힌남노'에 따른 왕신지의 첨두유입량이 716m^3/s, 최대방류량이 610m^3/s 발생한 것으로 분석돼, 만약 왕신지가 없었다면 첨두유입량이 하류로 그대로 흐르는 것이 되기 때문에, 첨두유량이 최고 106m^3/s 증가하여 하류의 침수피해를 더욱 가중시켰을 것이다.

왕신지의 유입량 903만m^3, 방류량이 845만m^3로 분석돼 홍수저감량은 58만m^3에 불과하였다. 첨두유량의 감소량은 106m^3/s로 분석됐다. 농업용 저수지에 홍수조절기능을 부여하고 있지 않지만, '힌남노'의 폭우를 경험하며, 저수지도 용량을 키워 일정부분의 홍수조절을 담당시키는 것이, 미래 기후변화에 따른 홍수재난 피해를 줄이는 것이 될 것이다.

폭우로 하류에 모여 침수된 물은 좀처럼 쉽게 배수되지 않는다. 출구를 통해 집수된 물이 차례로 서서히 배수되기 때문이다. 이 사례는 많지만, 금회 '힌남노'의 폭우 진행노선이 왕신지에서 포철 방향이었던 것으로 분석돼, 형산강 하구에 위치한 포철의 침수 사태가 큰 시사점을 말해주고 있다. 폭우로 인한 경제 손실이 무려 2조원에 이르기 때문이다.

홍수가 저수지 제정을 넘치는 것은 바로 시설의 전반적 붕괴를 말한다. 설계를 시설이 넘치도록 하지는 않는다. 설계는 최대 개념이고, 여기에 여유를 고려해서 실시한다. 금회 왕신지에서 제정이 월류된 경험은 앞으로 월류가 되는 설계도 고려해야 할 지 고민하게 한다.

왕신지의 10분 단위의 저수지 수위기록(최고 EL.60.28m)은 최고수심

1.08m로 제정(제정고 EL.59.20m)을 월류하였고, 2시간20분 동안 제정을 넘친 것으로 나타나고 있다.

왕신지가 월류된 것은 비가 많이 내린 것이 직접적 원인이지만, 저수량(184만㎥)에 비해 유역변적(22㎢)이 넓은 것이 주요 원인이 된다. 일반적으로 저수지 규모를 수혜면적을 고려해서, 유역배율(유역면적의 수혜면적 배율)이 3정도이면 설계와 관리의 경험에서 저수지 규모가 적정한 것으로 판단하고 있다. 왕신지는 유역배율이 8에 이른다. 그만큼 물이 집수하는 양이 많아서, 홍수시에는 관리를 더욱 집중해야 한다.

전국에 산재한 유역배율이 높은 저수지는 면밀하게 재검토를 하고 홍수에 대비해야 하며, 이수관리에는 이롭지만 홍수관리에는 특별한 관심을 가져야 한다. 홍수위험 저수지는 수문만을 달아 해결되는 것이 아니다. 궁극적으로 저수량을 증가시켜야 한다. 제도로 당위성을 뒷받침하지 않으면 실행할 수 없다. 기준을 재정비하여 농업용 저수지도 홍수조절하는 역할과 기회를 제공할 때가 되었다. '힌남노'를 겪으며, 농촌과 도시의 홍수재난 피해가 너무 크기 때문이다.

농업용 저수지는 20만㎥ 이하 58.7%, 50만㎥ 이하 71.2%, 100만㎥ 이하 83.0%로 소규모다. 그리고 농업용 저수지와 같이 유역면적이 좁은 유역에 폭우가 내리는 가능성은 더 높다. 강우량도 많고 가능성도 높다. 규모가 작아도 피해가 발생하면 지역주민은 물론이고 국민은 불안하지 않을 수 없다. 규모가 작은 저수지 관리에도 세심한 관심이 필요하다.

농어촌공사관리 저수지 3,421개소 중 70년 이상 45%를 차지해 노후화도도 높다. 왕신지가 월류에도 불구하고 부분유실에서 멈춘 것은

2007년 '그라우팅' 보강의 효과로 판단하고 있다. 노후화 저수지의 보강 방법을 현장에 적합하고 다양하게 모색해야 할 것이다.

앞서 제시한 716m^3/s의 첨두 유입량, 610m^3/s의 최대 방류량, 106m^3/s 첨두부하 저감량은 모의에 의한 값이며, 이는 비록 환경부의 관리이지만 유역내에 위치한 화산리 관측소의 10분 단위의 강우기록이 있었기 때문에 가능하였다. 저수지 유역도 농어촌공사가 직접 관리하는 우량관측망의 점진적 설치와 운영이 절실히 요구된다.

ICT 꼭 필요하다. 그러나 모두 맡기면 큰 일 난다. 거짓 바탕의 자료도 사용하며, 인간의 판단을 흐리게 하기 때문이다. 궁극적으로 일은 사람이 한다. 인간과 기계의 조화가 필요하다. 기계도 인간이 다루고 유지관리해야 한다. 인력과 비용이 수반된다. 효율은 현장에서 답한다. 실무자가 현장 있는 그대로 목표수준을 정하고, 수준에 적합하게 실무자가 일할 수 있는 바탕을 마련하는 것이 먼저다.

홍수에 임박해서 하는 일은 조급하고, 완전하지 못하는 경우가 대부분이다. 실무자는 이수와 홍수를 분리해서 일하는 것 보다, 함께 병행해서 하는 것이 보다 효율적이란 점을 생각해 본다. 그것은 자료관리 업무이다. 자료를 실시간으로 관리하고 있는 자체가 이수관리, 홍수관리이다. 그런데 자료는 사람이 관리해야 진실을 찾아, 자료에게 생명을 부여할 수 있다.

보통 자료는 기계가 생산하고 있는데, 사람이 관리하지 않으면 항시 진값을 왜곡시킨다. 그런데도 여러 가지 이유로 기계에게 자료를 완전하게 맡기고, 일이 발생할 때만 찾아본다. 그 자료가 진실인지 거짓인지도 모른다. 자료는 바로 진리다. 진리가 아니면 자료가 아니다.

사람이 관리하지 않으면 진리는 찾을 수 없다. 기계가 아무리 포장해도 그대로 믿으면 낭패를 본다. 진리는 포장이 필요 없다. 겉과 속이 다를 수 없다. 그것은 현장 있는 그대로다.

재난은 피할 수 없다. 그런데 그것이 선택이 아니고 필수다. 최근 기후변화를 보면, 이를 대비하고 준비하지 않을 수 없다. 기후가 갑자기 변화하였다고 보는 것 보다, 기후는 늘 항상 그렇게 예측할 수 없이 변화하는 성질을 갖는 놈이라 보는 것이 오히려 타당하지 않을까 생각해 본다. 앞으로 전혀 경험해보지 못한 폭우가 전국 어디든지, 어느 저수지 유역이든지 내릴 수 있다.

농어촌공사가 운영하는 물관리 시설 개소수는 14,389개소로 이 중 저수지는 3,421개소로 개소수가 많다. 인력은 적고 할 일은 많다. 체계적이고 효율적으로 해야 감당할 수 있다. 이는 자료가 이야기한다. 진짜인 자료 바탕이 쌓이면, 기계에게 일을 시키면 된다. 기계에게 일을 잘 시키고, 인간이 편하고 행복하려면, 자료의 진실 기반을 쌓아야 한다.

홍수와 가뭄이 끊이지 않고 발생하는, 일상이 된 지 오래다. 그때마다 관리자와 실무자 모두 현장에서 너무 고생이 많다. 슬기롭게 대처할 수 있는 지혜가 그 어느 때보다 절실히 요구된다. 교육과 훈련을 통해 이상을 일상으로 바꿔, 보다 편하고 쉽고 효율이 높게 일할 수 있는 터전을, 우리 모두 가꿔나가야 할 것이다.

모든 국민은 행복해야 한다. 재난은 이를 송두리째 앗아간다. 인간과 자연의 조화, 인간과 기계의 조화, 농촌과 도시의 조화, 관리자와 실무자의 조화, 연구자와 실무자의 조화가 필요하다. 이는 힘의 균형이고, 공조이고, 공생이다. 빈발하는 재난에 모두 힘을 모아 균형을 이룰 때 나오는 생명의 무한능력은, 재난극복의 원동력이 될 것이다. 이것이 바로 우리의 행복이라 믿는다.

이상의 결과는 ONE 모형(2011년 필자 개발, 그림 3)에 의해 10분 단위로 유입량을 모의하고, 저수지 물수지에 의해 방류량을 10분 단위로 구현한 것이다. 그 결과는 저수지 수위오차가 모든 시각에서 5cm 이내로 나타나, 거의 완벽이라 말할 수 있는 정도였다. 한편 수자원 분야에서 세계적으로 모두 인정하여 널리 활용하고 있는 미국의 HEC-HMS(홍수모형)의 결과는 수위오차가 1m를 나타냈다.

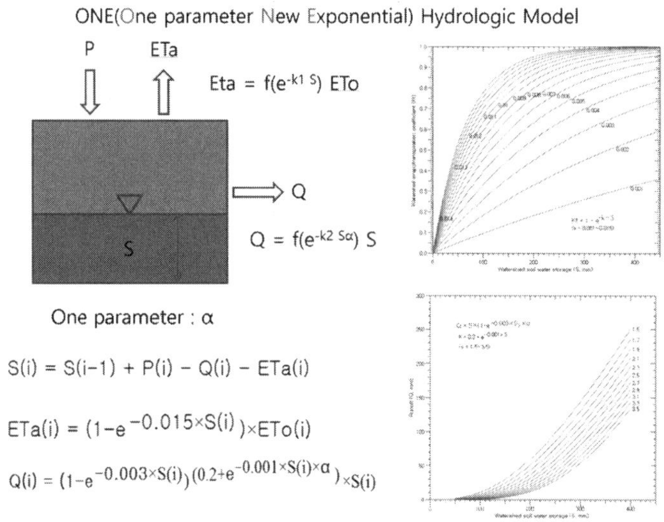

[그림 3] ONE 모형 구조

ONE 모형의 우수성은 2020.8.5.~8.10. 용담댐 홍수유입량 해석에서도 여실히 드러난다. K-water 실무의 COSFIM에 탑재된 저류함수법

모의 결과와 비교하여, ONE 모형의 우수성을 나타냈다. 첨두유량과 총유량의 상대오차에서 ONE 모형은 각각 0.0%, 0.7%를 나타냈고[그림 4], 저류함수법은 0.1%, 9.5%를 나타냈다[그림 5]. 홍수는 첨두량도 총량도 맞아야 된다. 또한 ONE 모형은 연속(continuous) 모형이고, 저류함수법은 사상(event) 모형이다. 세상에서 홍수 모형이 연속모형인 것은 없다. 이는 실용성에서 월등히 편리함을 말한다. 처음에 ONE 모형은 일 단위의 유출 모의를 위해 개발했다. 그런데 필요에 의해 10분 단위 홍수 모의에도 우수함을 확인했다. 더구나 일, 시간, 분 단위에 상관하지 않고 모두, 세상의 어느 유출 모형과 비교해도 결과가 우위에 있다는 것을 확인했다. 이로서 ONE 모형은 물관리의 핵이다 말할 수 있다.

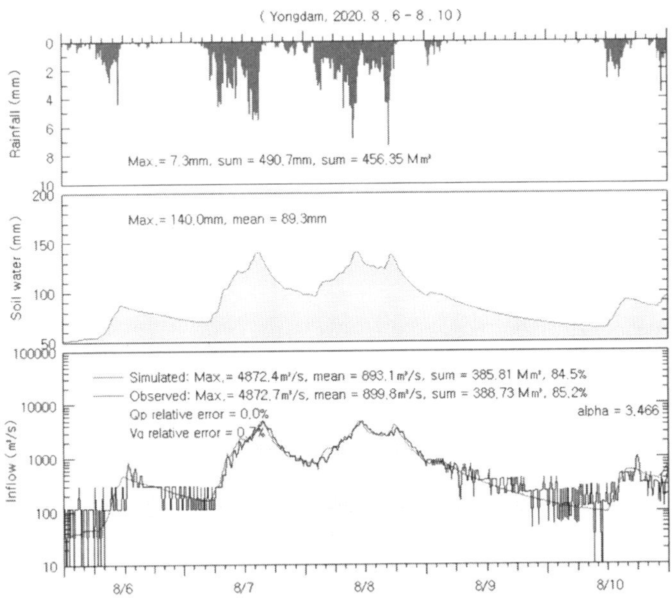

[그림 4] ONE 모형의 10분 단위 유입량 모의결과(용담댐, 2020.8.6.~8.10.)

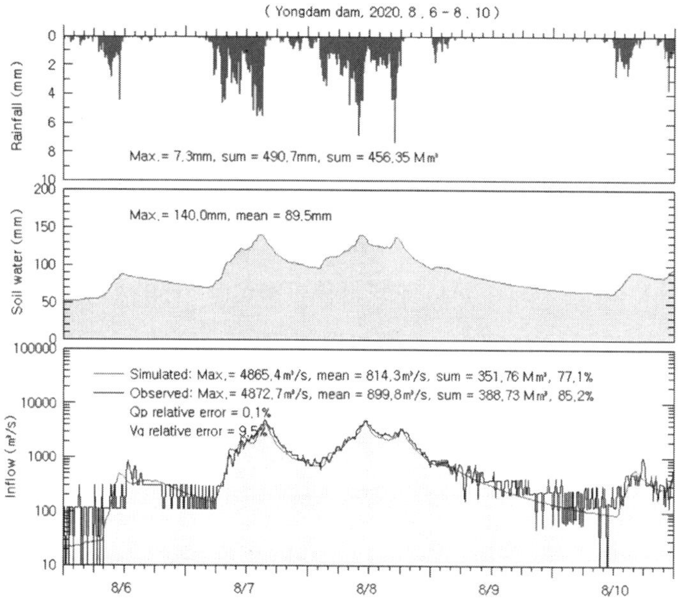

[그림 5] 저류함수법의 10분 단위 유입량 모의 결과(용담댐, 2020.8.6.~8.10.)

1.8 해외 수자원 개발 지원하다

해외 수자원 개발의 역량도 키워야 한다. 그런데 현재 현지인의 참여율을 높여 놔, 수익에는 매력이 그리 높지 않다. 그러나 관심은 둬야 하고, 기술력을 키워야 한다. 국가별 물 문제가 심각한 지역이 많기 때문이다. 우리 기술력으로 세계의 물 안보를 가꿔나가는 그림을 그려 본다. 해외 현장에 가보면 우리 업체끼리 경쟁이 치열한 것을 많이 보게 된다. 그렇게 사업의 전선은 마치 전쟁터와 같다. 그러나 우리까지 협력하는 혜안을 가지면 더욱 좋을 것이다. 여기서는 두 차례 현장을 방문한 아주 짧은 기간(일 주일씩)의 기술지원에 대해 이야기한다.

2015년 1월 18일(일)~1월 25일(일) '르완다 냐가타레 다목적 댐 기본설계' 최종 점검에서 겪은 사례로, 여러 가지 일이 꼬여 있어 참여자 대부분이 다양한 심리적 갈등을 겪었다. 이러한 심리적 갈등, 기술력, 의사결정 결과 등에 대한 평가도, 의식수준이 700이상(David R. Hawkins, 2002, Power vs. force : the hidden determinants of human behavior, Hay House, Inc.)이 되면 다양한 지수로 수치화가 가능하다(표 1). 그 당시 이러한 부분도 적절하게 설명한 수기다.

[표 1] 의식지수에 따른 지력의 감지 신뢰도 (%)

의식지수	550	600	650	700	750	800	850	900	950
신뢰도 (%)	90.2	92.2	93.3	94.4	95.5	96.6	97.7	98.8	99.9

필자가 출장에 합류한 배경은 다음과 같다. 2012년 3월 1주일 사전조사를 처음 수행한 인연으로 계속 관심을 가지고 있었다. 결과는 [그림 6]과 같이 제시하였으며, 그 당시 현장 2일 조사 후 사무실에 오자마자 르완다 수자원 총책임자(RNRA(천연자원청) 근무)였던 카발리사에게 설명하였는데, 화란에서 필자와 같은 전공을 하였던 그가, 필자간 아주 짧은 시간에 제시한 결과(남들은 1년 작업 분량)를 보고 깜짝 놀라, 아직까지도 필자에게 무한 신뢰를 보여주고 있다. 결과를 보고 금방 사업이 될 것으로 판단하였는지 장관보고, 대사보고 등을 안내받은 기억이 새롭다.

그런데 그 후 3년이 다 지난 이제서 보고서를 검토할 수 있겠냐 하는 연락이 와서, 궁금도 해서 해보겠다 말한 것이 화근이 될 줄 미처 몰랐다. 보고서를 살펴보니, 월별로 분석했고, 유출률이 21%에 불과하고, 2모작의 관개수량 추정도 없었고, 발전량 계산도 없었고, 단층 위에 설계를 한 점 등을 평가할 때, 최종점검 단계이지만 이를 지적할 수도 없고, 안할 수도 없는 아주 난처한 상황에 처했다. 필자는 2주일 만에 해치웠는데 정말로 어이가 없었다.

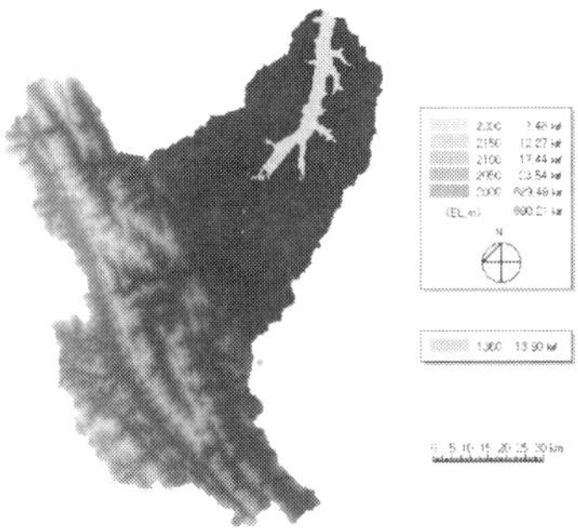

후보댐 유역 DEM

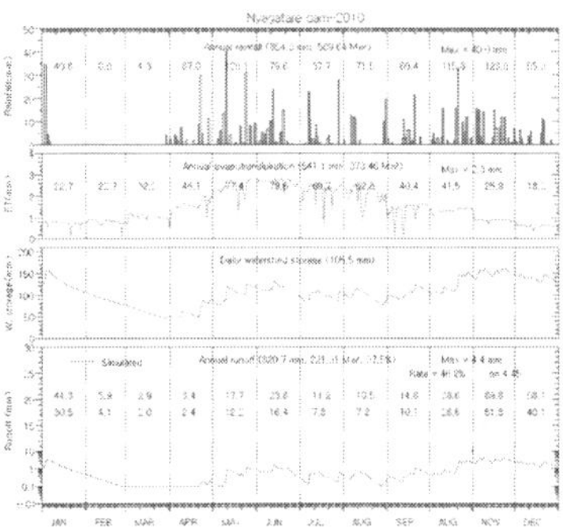

일 유입량 모의

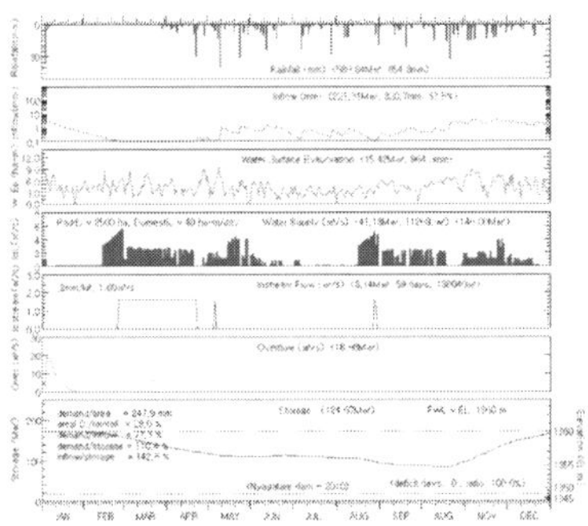

일 저수량 모의

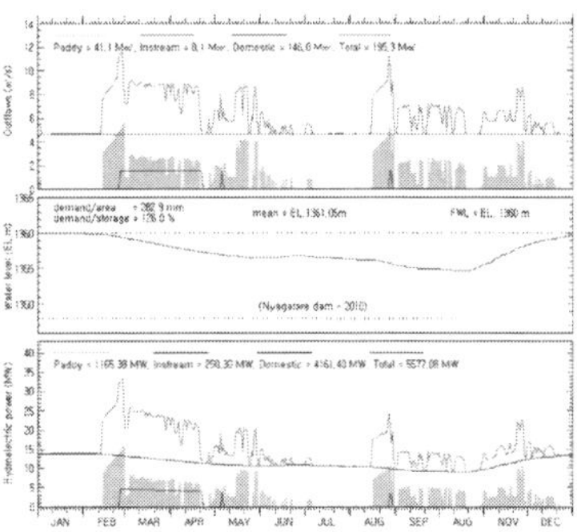

일 발전량 모의

[그림 6] 냐가타레 댐 후보지 사전조사 결과

그러나 국가적 신뢰도까지 연계돼 지적하지 않을 수 없다는 판단으로 여러 가지를 있는 대로 지적하였다. 며칠 후 지적을 제대로 했다고 판단했는지, 같이 가볼 수 있겠냐 하는 연락이 와서, 필자가 제시한 후보지를 왜 다른 곳으로 옮겼는지 알아봐야겠다는 이유로, 바쁘지만 동행하는 것으로 허락하였다.

출장은 ODA(국제원조사업) 본사담당, 환경교수, 투자교수, 필자(토목담당) 등이 동행하는 것이었는데, 준비도 돼 있지 않은 이 시점에서, 투자와 환경 분야가 왜 필요한지 의아했지만, 보다 야심찬 계획이 있겠다고 생각하였다.

[표 2] 일정

날짜	위치	주요일정
1.18(일)	인천-키갈리	이동
19(월)	냐가타레	후보지 답사
20(화)	키갈리	워크숍 준비, KOICA, RNRA 방문
21(수)	키갈리	워크숍 및 저녁 리셉션 참석
22(목)	키갈리	장관보고, REMA, 화란대사관 방문
23(금)	냐가타레	후보지 유량조사
24(토)~25(일)	키갈리-인천	이동

여기서 설명하는 내용은 의식의 적용 분야를 나타내기 위해 어쩔 수 없는 부분이 있다는 것을 이야기 한다. 혹시 개인에게 욕이 되는 부분이 있더라도, 그것은 그 입장에서는 모두 옳다는 것을 전제한다. 모두가 옳은 것이다. 그릇된 것이 없다는 얘기다. 그러나 그 과정은 매우 미묘하게 작용한다. 그 미묘한 과정도 4차원의 정보로 모두 다 우주

공간에 쿼크 형태로 영원히 기록, 저장돼 있다는 사실을 알아야 한다. 의식수준이 높으면 언제 어디서든지 그것을 마음대로 추출할 수 있다. 그것을 여기서 설명하고자 하는 것뿐이다.

등장인물이다. ODA 본사담당(A양으로 칭함), 현지담당(현지소장), 업체1(인원: 2인, 대표: PM), 업체2(6인, A전무), 업체3(2인, B전무), 르완다 담당(카발리사), 환경교수(A교수), 투자교수(B여교수), 그리고 필자이다.

내용의 핵심이다. 궁금했던 3년이나 지체한 후보지 이동 관련이다. 이것은 필자의 폐착이었다. DEM(Digital Elevation Method, 30m 격자의 수치고도자료)을 르완다 지역만 자른(map clipping) 것이 문제가 되었다. 2일 준비해서 간 것 치고는 최고이다. 아마도 사전조사에서 이렇게 준비해 가서, 결과를 제시한 사례는 없을 것으로 자부한다. 그게 그냥 나오는 게 아니다. 그야말로 프로이어야 한다. 그 일을 전담하고 있는 실무자도 못하고 있는 처참한 현실이다. 다시 한 번 필자에게 점검하라 했으면 완벽한 결과 도출이 가능했을 텐데 하는 안타까움 뿐이다.

그런데 이번 설계는 단층 위에 설계한 것이 무엇보다 문제가 되고 있는 것으로 평가하였다. 업체1과 2가 기본설계 담당이고 업체 3이 실시설계 담당인데, 기본설계의 최종단계에서 실시설계로 과업을 넘기는 시점이었다. 현장 확인 결과 수문학적으로도, 수몰보상비를 포함한 사업비 측면으로도 무조건 후보지 위치를 바꿔, 기본설계를 다시 해야 하는 곤란한 입장에 처해 있는 것이 핵심이었다.

이제 항해를 시작한다. 상황이 복잡하게 각자의 이해관계를 중심으로 전개된다. 이해가 쉽도록 날자별로 핵심 사항을 설명한다.

1.18(일) : A양, A, B교수, 필자 인천에서 키갈리 까지 동행하다. 중간 도하에서 A양과 1시간 정도 사업에 대해 이야기 하다. 관리하기 너무 어렵다고 하다. 휴직하고 전공으로 공부하고 싶다 하다. 업체2가 PM의 말을 안듣고 단층 위에 설계하였다 말하다. 모든 업체 사람들이 필자의 전공과 같은 관련 분야에 종사하기 때문에 모두 아는 사이라 필자는 공개적으로 아무 이야기 못한다 말하다. 그냥 비밀로 하자 말하다. 부담스럽지만 어쩔 수 없는 일이다. 도착하여 마트에서 맥주 등 먹을 것 사놓고, 저녁 현지소장 초대의 저녁 식사 함께하다.

1.19(월) : 냐가타레 현지 후보지 답사하다. 등장인물 전체와 현지소장, RNRA(카벨리사 근무기관) 직원 1명, 화란 대사관 수자원 담당관 1명 등과 함께하다. 후보지 1(단층 단면), 후보지 2 순서로 보여주다. 후보지 1에서 우선 하천유량을 짐작 추정하다. 수면폭, 수심, 유속을 짐작하여 계산한 결과와 지력으로 추정한 값을 3.62㎥/s로 말하다. 후보지 2에서 암반노출에 대한 설명을 듣다. 언덕 아래에 있는 하천에 가보자고 필자가 말해 모두 같이 언덕을 내려가서, 똑같은 방법으로 후보지 2단면의 유량 3.72㎥/s를 말하다. B전무는 15㎥/s로 말하다. 이 분 현장 감각 없다 속으로 평가하다. 현지소장에게 몰래 무조건 후보지2라 보고하다. A양이 물어와 무조건 후보지2라 이야기 해주다. 다행히 카발리사가 3년 전 그대로 같은 자리 근무하다. 감독기관의 관리 소홀 탓을 무시할 수 없어, 현지 담당국장인 카발리사가 이야기하면 자연스럽게 해결할 수 있으리라 말해주다. 공개적으로 카발리사에게 후보지 1이 좋으냐 후보지 2가 좋으냐 질문하니, 2가 좋다 답하다. 분위기 조성은 일단 성공이다. 카발리사에게 유속계 가지고 있냐 묻다. 사용가능하

냐 하니 그렇다 답을 받다. A양이 숙소로 돌아가서 후보지 결정에 대해 이야기 하자고 말하다. 업체 숙소에 도착하니, 모두 다 모여 놓고 PM으로부터 설명을 듣는 것이 아닌가? PM은 후보지1 단면에 단층이 있고, 암반층 깊이도 후보지1 단면에서 너무 깊게 나타나고 2는 낮고 수몰보상비도 1이 비싸, 후보지2로 해야 하는데 추가비용 필요하다 말하다. A전무는 후보지2가 암반토심이 낮다는 확신이 없고 시간도 없어 준비해온 후보지1의 설계안으로 하자 주장하다. B전무는 문제가 되는 단층을 기술적으로 해결할 수 있으니 후보지1 설계안으로 하자 말하다. 그렇게 단층을 처리하는 기술이 발전했나 의아해 하다. 최종 B여교수가 나서더니 왜 업체의 책임을 말하지 않는가 하며 업체 모두가 추가부담해야 한다 말하다. 은행 관련 일을 하셨는데 댐에 대해 뭐 하나 알지 못 할 텐데 나서는 꼴을 보고 속으로 어이없어 하다. 그리고 후보지2의 암반토심이 확인이 안되니 후보지1의 설계안으로 하자는 의견 제시하다. 이 말을 듣고 모든 업체 인원이 얼어붙어 그 누구도 이야기할 수 없는 상황이 연출되다. 설계를 잘못해 온 것은 분명한데, 그것을 나타낼 수도 없고 모두 얼음장이 되다. A양은 내일 아침까지 1인지 2인지 최종 결정해 달라 말하다. 아침 9시에 모두 모여 회의하자고 말하다. 야아 미숙하고도 너무 미숙하다. 너무 일이 꼬여 버리다. A전무에게 밖에 나가 담배 한 대 피우자 말하다. 왜 일을 그렇게 했느냐 나무라다. A양에게 필자는 내일 회의에 참석하지 않겠다 말하다.

1.20(화) : 오전에 산책도 하고, 글도 쓰고 12시 점심시간에 맞춰 감독 사무실 도착하다. 회의가 거의 끝나가고, 후보지1로 결정했다 모두 좋아하는 눈치다. 업체 8인에 PM업체 2인으로 수적으로 열세라 PM이

주장하는 2안이 관철되지 못했나 싶다. A양은 관리는 그렇게 하고 너무 아쉬워하다. 전략이 제로이고 씨앗도 뿌려놓지 않고 당연한 것이 아니었는가 싶다. 기분 좋다고 업체가 점심을 산다고 하다. 그런데 식사 후 업체 사람들 모두 바쁘다 먼저 나가고, 조금 있다 밖에 나가니 종업원이 계산하라 쫓아 나오다. 결국은 교수들이 점심값을 내게 되었고 그 후로 그에 대해 한 마디도 안하다. B교수 돈을 받아 낸다 하다. 어떻게 그렇게 하냐 필자가 끝나고 카발리사 포함해 저녁식사 내겠다 말하다. 오후에 RNRA 들어가 워크숍 준비 확인하고, 카발리사에게 유속계와 직원 지원해 달라 말하다. 저녁식사 후 숙소에 들어와 아무리 생각해도 단층 위 설계는 아닌 것으로 판단돼, A양에게 좀 이야기 할 수 있냐 전화하다. 이 때 사무실 여직원이 B여교수로 잘못 전화 연결해 실례 범하다. 컴퓨터 들고 식당에서 A양 만나 수문학 강의를 짧게 하고, 특히 단층 때문에 2안으로 가야 하는 이유 말해주다. 그리고 해결방법을 말해주다. 워크숍을 끝나고 마무리 말씀에서 좌장인 카발리사가 이야기하면 된다 말해주다. 카발리사가 필자 말이면 무슨 말이라도 듣는다 말해주다. 사전조사에서 전문가로서 쌓은 신뢰가 바탕이라고 하다. 중간에 A교수도 식당에서 만나다. A양 충분히 이해하고 밤새 현지소장과 준비하다.

1.21(수) : 하루종일 워크숍이다. 아침에 숙소 사무소에서 B여교수에게 어제 전화 잘못드려 죄송하다 말하다. A양에게 2안 추진이유 설명하였다 말하다. 이것이 화근일 줄이야. A양, B여교수, 필자가 같은 차 타고 행사장 거의 도착 무렵, 뒤에서 어떤 이야기도 카발리사에게 말하면 안된다는 B여교수의 이야기다. 국제적 예의가 아니고, 뒤에서

호박씨 까면 안된다 말하다. 그동안 일하면서 본인이 단호할 때는 단호했다고 말하다. 필자는 졸지에 호박씨 까는 인간이 되다. 참으로 어이가 없다. 애써 준비했는데 말로 따질 시간도 없고, 역시 경륜이 있어 다르시다 하였을 뿐이다. A양이 또 바빠진다. 현지소장에게 전화하여 준비했던 것 취소하는 것 같았고 정신이 없어 보이다. A양을 안쓰러워하다. 발표내용은 많이 보완돼 필자에겐 족하지 않지만 그런대로 무사히 통과하다. 끝나고 A양에게 필자가 어렵게 했다 하니 괜찮다 하다. 카발리사가 2안에 대해 아무런 이야기 하지 않았다 아쉬워하다. 말할 리가 없지 않은가. 씨앗도 뿌리지 않고 참으로 미숙하고 안쓰럽다. 워크숍 후 시간이 남아 다른 회의 중의 동료를 기다리고 있던 PM 옆에 앉으니 필자가 수행한 사전조사 이야기 하며 분석결과가 너무 좋아 필자를 보고 싶었고 존경하였다고 말하다. 67세 대선배가 그렇게 말하니 몸 둘 바 모르다. 지력을 이용해 후보지 1, 2의 암반토심 이야기 해주니, 보링 및 타 보고서 결과와 일치한다 하며 매우 놀라워하며 방법을 알려달라 하다. 설명 드려도 바로 할 수 있는 일이 아니라 말하다. 저녁에 카발리사가 모두에게 저녁을 낸다 하여 기분 좋게 만나다. 같이 먹으러 가져갔던 소주 1.8리터가 고스란히 남아 카발리사 선물로 주고 분위기 살리다. 업체1의 직원(지질 전문가, 1안 단층 지적하고 2안 추진하였음)은 그동안 필자에게 인사도 안했는데 그 날은 PM에게 이야기 들었다 하며 반갑게 필자를 맞이하다. 카발리사에게 우리 방식처럼 소주 1잔씩 모두 돌리라 하고, 필자가 한 번 더 돌아도 술이 남아돌다. 남은 술과 안주 싸 가지고 숙소로 돌아와 12시 가깝도록 혼자 한 잔 더 하며 여러 생각에 잠기다.

1.22(목) : 모처럼 소주 덕분으로 잠을 좀 더 자다. 평소 2시간에서 4시간 가까이 잠자다. 설계 1안 결정에 못내 아쉬워하고 걱정하며, 하루동안 작업하여 2안 당위성을 모두 보여주고자 마음먹다. 카톡으로 국내로 연락해 DEM 자료 수집, 분석 가능한지 연락 취하다. 아침식사 후 필자 장관보고에 참석하지 않으면 안되겠냐 A양에게 물으니 현장소장이 참석하니 참석해야 된다고 하다. 하루분석 목적 포기하고 급하게 준비하여 함께 참석하다. 그냥 가만히 앉아 있을 뿐이지 아무런 할 일이 없다. 업체2의 부사장(영어 소통으로 지원나옴)이 장관보고 후 필자를 조용히 불러 현장 유량측정해도 연구로만 사용하고 아무런 지적하지 말아달라 신신당부하다. 지적하면 업체 모두 죽는다고 하다. 측은하지만 답답한 노릇이다. 보고 후 카발리사에게 내일 유량측정 장비와 현지직원 2명 지원 확인하고, PM과 A교수, 업체3의 2명 등 현장조사 인원 확인하다. RNRA에서 내일 아침 7시에 출발하는 것으로 약속하다. 현지감독 사무소에서 점심식사 후, 마트 커피숍에서 필자가 전체 분석한 결과를 업체 모두와 함께 공유하리라 말하다. B여교수는 그리하지 말고 A양에게 보고하라 말하다. 왜 모르겠는가? 그게 의무란 걸 당연히 알지만 입장 난처함을 토로하며 업체 모두 살아야 한다 말하다. REMA(환경관리청), 화란대사관 방문 후 현지소장 환송 저녁식사 함께하다. 현지담당(부소장)과 다른 부소장 함께 하다. 다른 부소장은 사전조사 때 담당이라 필자의 수행내용을 잘 알고 있었으며, 당시에는 초보라서 업무를 잘 몰랐다 말하다. 아름다운 도시인 키갈리의 경관 좋은 레스토랑에서 기억이 오래 남을 식사 즐겁게 하다.

1.23(금) : 아침 7시 RNRA 도착하니 아무도 나오지 않고 7시 30분이

돼서야 모두 나오다. 어딘가 전달이 잘 못됐는가 보다. 급히 장비를 싣고 차량 2대로 출발하다. 현지 직원과 PM이 같이 타려 했는데, 어찌했는지 PM과 A교수와 동승하다. PM과 여러 가지 이야기 나누다. 전 근무지에서 같이 근무했다 말씀드리니 처음 듣는 얘기라 놀라워하시다. 전에 일했던 수자원 기초조사 업무, 동료들 근황 모처럼 옛이야기 나누다. 단층인데 2안 추진을 왜 못했냐 나무라니 업체2가 말을 듣지 않았다 말씀하시다. A교수는 단층이 뭐냐 묻는다. 환경교수라 잘 모르는가 보다. 지진대에 댐 축조하면 미끄러진다 하니 그 심각성을 그제야 느끼는가 보다.

댐 후보지1에 도착하여 유량측정 장비를 운반, 준비해 측정하다. 현지 직원들 유량측정 수행을 믿을 수 없어, 물속에 직접 들어가서 나름대로 단면을 개략 측정하고 하상재료를 조사하고, 봉부자 측정을 위해 페트병을 여러 개 준비해 가다. 그러나 현지직원들 유량측정 수행과정을 보니 전문가 중의 전문가다. ADCP 4회 측정에 도섭법 2회 반복으로 마무리 하다. 우리보다 훨씬 더 앞서 나간 방법이다. 미심쩍어 준비했던 것 모두 버려도 될 것으로 판단하다. ADCP에 의해 유량측정 4회 실시한 결과 3.41, 3.45, 3.43, 3.43m^3/s 등으로 계산돼 평균 3.43m^3/s의 결과를 얻다. 한편 필자의 지력(오링 테스트, 암 테스트)에 의한 값을 3.13m^3/s로 물속에서 불러주니 모두들 계산이 그렇게 빠르냐 하며 매우 놀라워하다. “인간을 믿을 거냐? 기계를 믿을 거냐?” 하니 모두 기계를 믿는다 하여 “필자는 기계만도 인간이냐?” 하며 농담하며 즐겁게 조사하다. 이 글을 작성하며 지력으로 유량값을 추출하니 19(월) 3.62m^3/s, 20(화) 3.45m^3/s, 21(수) 3.35m^3/s, 22(목) 3.25m^3/s, 23(금)

$3.13m^3/s$ 등으로 나타나 물이 점점 줄어드는 것으로 나타나 23일에 물이 줄어든 느낌과 일치돼 나타나다. 페트병을 이용한 간접측정 등 모든 것이 필요 없는 것으로 판단돼, 가방에 있는 페트병을 꺼내 놓으니 주변 아이들 벌떼처럼 몰려들어 모두 가져가다. 그를 이용해 물을 떠가고 계속 활용하는 것을 보다. 참으로 안타깝다. 현지인들이 그렇게 물이 소중하다. 댐 건설이 반드시 필요한 지역이다. 시간도 없고 후보지1에서 유량측정을 실시한 것으로 만족하게 느껴 후보지2에서 유량측정을 실시하고자 한 당초 목적을 취소하다.

ADCP(정밀유량계) 준비 광경

ADCP 이용 유량측정 광경

회전식 유속계 측정 광정

하천 유적 개략 측정 광경

[그림 7] 댐 후보지 1 단면 유량조사 광경

어디 가서 점심을 먹어야 하는데 주민들이 몰려들어 한적한 곳을 찾아 후보지2 단면에 가서 점심 먹기로 하고 이동하다. 이동하여 물도 없어 물 한 모금 얻어 마시고 '맑은 물' 페트병에 담아간 남은 소주를 물이라 PM과 B전무에게 주다. 물인 줄 알고 마음 놓고 마시다 숨이 막혀 말도 못하고 깜짝 놀라는 모습에 모두 함께 속으로 킥킥대고 얼마나 웃었는지... B전무에게 멀리 보이는 바위를 보며 암반이 얕지 않겠냐 하니, 후보지1로 결정했는데 왜 그런 이야기 하냐 하며 말하지 말라 하며 따지다. 아니 필자는 이 모든 것 레포트 해야 한다 하고 넘기다.

식사 후 후보지1의 단층이 어디냐 하며 가보자 해서 함께 이동하다. 모두 함께 가서 PM이 수로가 단층이라 지적하다. 자세히 보니 단층이 아니고 암반수로이다. 지력으로 테스트하니 단층은 수로 우측으로 10m 떨어진 곳에 위치하다. 확인하니 폭이 2.5m 정도로 움푹 패여 있고 수풀이 자란 모습이 하류 직방향으로 길게 발달돼 있다. 이게 바로 단층이다 말하고 길이가 1.2km 정도 되고 암반까지 깊이가 56m 로 발달돼 있다고 필자가 말하다. 지질 전문가도 아닌데, 지력의 힘으로 말하다. 현장 전문가도 모르는데 놀랄만한 일이다. 필자는 단층을 처음 보았다.

단층 옆 암반 수로

단층 추정 수풀 지대

[그림 8] 후보지 1단면 단층 추정 지역 답사

업체3 직원과 뒤에 남아 올라오며, 단층 규모가 이렇게 큰데 기술적으로 처리가 가능하냐? "왜 B전무가 이것을 어떻게 처리할 수 있다고 이야기했냐?" 하니, 글쎄요 하며 단층을 피하는 것이 기본인데 왜 A업체가 설계를 이렇게 했는지 모르겠다고 말하다.

일을 마치고 돌아오는데 차량이 말썽이다. 미리 앞서 간 차를 불러 함께 말썽부린 앞 범버 지지대를 철거하여 차량 지붕에 실어 고정시키다. 1시간 정도 차량을 정비하는 동안 옆 잔디에 누우니 여기가 바로 오래전 고향이란 생각이 들다. 이것이 바로 인연인가 생각해 보다.

차량 정비 후 돌아오면서 마트에서 물 좀 마시고 가기로 하고 앞 선 차량을 부르니 도무지 오지를 않다. 연락해보니 냐가타레 시내로 잘못 들어갔다 하다. 모두 현지 조사하느라 고생했으니 필자가 한 잔 살 테니 키갈리 가는 길의 호수가에서 모두 차 한 잔 하자 전달하라고 말하다. 한참 만에 뒤의 차량이 도착했는데 급한 회의 때문에 가야 된다고 B전무가 말하다. 시간 얼마 안 걸린다고 겨우 달래서 각자 원하는 대로 맥주와 음료수 한 병씩 주문해 마시면서 휴식을 취하고 있는데 PM과 B전무가 갑자기 말다툼이다. B전무가 왜 후보지2를 가고 후보지1의 단층 지역을 답사했냐 하며, 후보지1로 결정했는데 "필자와 PM이 후보지2로 옮기는 작당을 한 것이 아니냐?" 하며 따지다. 필자는 모든 것을 레포트 해야 한다 하며 필자가 그곳을 가자고 했다 말하고, 결코 작당한 것이 아니라고 말하다. 참으로 한심스러운 일이다. 이런 자들이 한국을 대표하는 전문가라니 정신이 제대로 박혀 있는가 싶다.

차량 고장 정리

이곳이 오래전 고향?

[그림 9] 차량 정비와 휴식

필자와 현지 유량측정 전문가

PM과 현지 직원

[그림 10] 호수가에서 다 함께 휴식

돌아오는 길에 PM에게 지도를 펼쳐 놓고 지력으로 단층대를 지적해 주고, 단층의 규모를 폭 2.5~3.4m, 길이 1,250m, 깊이 56.9~139.5m 라고 구체적으로 말해주다. 이런 규모를 어떻게 기술적으로 처리할 수 있겠냐 하며 같이 걱정을 하며 오다. 한참 동안 그렇게 걱정하며 오다 업체 셋이 서로 양보하고, 설계를 다시 하는 방향으로 정리하여 주기적으로 보고하겠다고 하면 아마도 감독은 이야기 들을 것이라 말해주다. 그렇게 하면 비용이 가장 적게 드는 방향을 필자가 제시해 주겠다고 말하다. 앞자리에서 모든 것을 이야기 들은 A교수가 그것이 좋겠다고 말하다.

모든 일을 마치고 RNRA에 돌아와서 차량에서 장비를 내려놓는 동안 PM에게 다음을 이야기하다. 그동안 PM이 하시는 일을 지켜보니, 이 분이 너무 신사이시고 점잖으셔서, 아무래도 A전무와 B전무를 설득하지 못하실 것으로 판단해서다. 필자가 내일 귀국하는데 밤새 술을 먹어도 괜찮으니 A전무와 B전무를 데리고, 회의 끝나고 숙소로 찾아오라고 이야기 하다.

식사도 못했는데 A교수는 먼저 숙소로 간다고 하고 가다. 너무 복잡하고 시간이 오래 걸릴 것 같아 그랬는가 보다. 모두 이렇게 고생했는데 A양은 저녁을 같이 하자는 이야기도 하지 않는다 하는 생각도 잠시하다. 현지 직원으로부터 차량에서 직접 측정자료를 USB에 담아 받고, 저녁식사 함께 하자 말하다. 그러나 여러 가지 시간이 허락지 않으니 그냥 보내라 PM이 말하다.

PM은 회의하러 가고 필자 혼자 숙소로 돌아가는 길에 마트에 들러 물, 맥주, 과일, 치즈 등 적절히 사들고, 숙소에서 우선 하루종일 땀 흘려 샤워하고 베란다에서 맥주 한 잔 하고 있는데, A교수가 지나가다. 처음으로 내 방에 들어오다. 오늘 벌어진 이야기 하며, 셋이 오면 해결되는 것이고, 혼자 오면 안되는 것이라 말하다. 당연한 이야기다. 그런데 10시가 넘었는데 저 아래서 혼자 올라오는 게 아닌가? 일이 그르쳤구나 생각하여 A교수는 가라하고, 밖에 나가 가까운 식당으로 가서 자리를 잡다. 저녁 10시가 넘었는데 그때까지 PM은 저녁식사도 못했다고 하다. 67세 연세에도 하루종일 현장(차로 3시간 거리)까지 동행하여 온갖 고생을 하였는데 말이다. PM이 회의에 참석하자마자 32세의 A양은 PM에게 일을 이 상태로 마무리하는 대로 귀국하고, B전무에게 업체3은 남아서 이 일을 계속하라라고 했다고 전해 듣다. 소명을 할 기회도 전혀 주지 않고, 그저 총살형을 당하고 아야 소리 하나도 하지 못한 꼴이라. A양 몰라도 참으로 너무 모른다 생각하다. 너무 화가 나서 필자가 '이 상것들'이라 말하다. PM이 그렇게 하지 말라며 A양에게 이야기 잘 해달라고 하시다. 정말로 영국신사 같은 분이시다. 그리고 현지 소장에게 어떻게 말해야 되느냐 하시며 걱정하시다. 그냥 평소대로 하시고, 일이 잘 풀릴 것이라 위로해 드리고 숙소로 돌아오다.

1.24(土) : 지금부터 의식여행이다. 숙소로 돌아 와서 일이 이 지경으로 되어 버렸으니 어떻게 해야 하나 고민하지 않을 수 없다. 숙소 2층 밖의 베란다에서 맥주와 담배로 새벽 5시 까지 꼼짝하지 않고 밤을 꼬박 지새우다. 일이 아주 복잡하게 꼬여 있는데도 그냥 마음은 평화롭다. 지력으로 우주와 대화하니 심심치도 않다. 우선 지력으로 신뢰도 평가를 하니 아래 표와 같이 A양, 현지소장, B여교수의 신뢰도에 크게 변화가 생기다. 대상은 PM과 필자에 대해서이다. 발단은 B교수가 워크숍 준비과정에서 필자를 호박씨 까는 인간으로 매도하였고, A양이 그것을 그대로 믿은 데서 비롯됐고, B전무가 함께 동행한 금요일 현장 유량측정 및 단층조사 후 돌아오는 길에, 아무런 배경 설명도 없이 A양에게 "필자와 PM이 2안 부활 노력 중, 대책 SOS"라 전화를 했다고 전해 듣다. 글을 쓰며 지력으로 테스트하니, A양과 B여교수도 저녁 대책회의에 함께 한 것으로 나오다. B전무는 단층을 기술적으로 해결하여, 댐 건설에 아무런 문제가 없다고 이야기한 장본인이다. 정말로 있을 수 없는 일이다. 모두가 B전무에게 질질 끌려다닌 셈이다. 실시설

계를 완수해야 할 인물인데, 정말로 큰일이로다. B전무의 기술력을 테스트하니 최저로 나오다. 참으로 한심스러운 일이다.

필자와 PM, 그리고 A교수는 B전무가 그렇게 한 줄도 모르고 돌아오며, 차 안에서 해결방안을 위해 고민을 했으니, 참으로 어이가 없다. 밤새 고민한 결과를 다음과 같이 밝히다. 정말로 필자의 무서운 모습을 보여주기로 우주와 대화를 나누다. 이 때 필자의 의식수준은 986이다. 앞으로 A양과 B교수에게 눈짓하나 주지 말고, 말 한마디도 석지 말라는 답을 얻다. 보고서는 귀국하는 대로 '?!., ?(궁금해 와 보니), !(놀란 입 다물어지지 않네), .(더 이상 이런 일 참여하면 안되겠네)' 단지 문자 세 자로 가름하는 것으로 결정하다. 그대로 실행에 옮기다. 늦게 아침식사 후 사무실에 가서 A양에게 문자로 급한 일로 공항에 13시 30분까지 개인적으로 직접 가겠다 말하다. 카톡이 개설돼 선물 사러 마트에 원하는 사람 가자하고, 11시 30분 점심식사 부소장과 같이 한다고 하다. 방에 들어와 짐도 싸고, 글도 쓰고 있는데 ,A양에게서 전화가 오다. PM과 전화하고 있느냐 하다. 아니다 전화번호도 모른다 답하다. 만났냐 하면 만났었다 할 텐데 말이다. 드릴 말씀 있으니 13시 20분까지 나와달라 하다. 그래도 뭐 할 말이 있는가 생각하다. 안쓰럽기도 하고, 필자가 나이도 많은데 만나면 나름대로 이야기 해줘야겠다 마음먹다. 사무실에 가서 13시에 택시 예약을 하고, 자유로운 시간을 보내다.

[표 3] 지력에 의한 주요인물별 필자에 대한 신뢰도 지수 변화 추출 (0~100)

날짜	18(일)	19(월)	20(화)	21(수)	22(목)	23(금)	24(토)
A양	100	100	100	99	98	0	0
현지소장	100	100	100	99	98	98	0
카발리사	100	100	100	100	100	100	100
A교수	100	100	100	100	100	100	100
B교수	100	100	100	98	98	98	0
PM	100	100	100	100	100	100	100
A전무	100	100	100	100	100	100	100
B전무	100	100	100	100	100	100	100

[표 4] 금요일(23일)의 A양의 필자에 대한 신뢰도 지수 변화 (0~100)

시간	16:00	16:20	16:40	17:00	17:20	17:40	18:00
신뢰도	97.9	97.9	97.9	95.9	95.9	95.9	0.1

[표 5] 금요일(23일)의 A양의 기타인물에 대한 신뢰도 지수 (0~100)

대상인물	현지소장	카발리사	A교수	B교수	PM	A전무	B전무
신뢰도	100	100	100	100	0	100	100

[표 6] PM에 대한 신뢰도 지수 변화 (0~100)

날짜 및 인물	23(금)		24(토)	
	현지소장	B교수	현지소장	B교수
신뢰도	0	0	0	0

[표 7] 인물별 기술력 평가 지수 (0~100)

대상인물	A양	현지소장	카발리사	A교수	B교수	PM	A전무	B전무	필자
댐계획이해도	15.0	16.0	37.5	15.0	15.1	37.5	17.3	13.5	100
기술 수행력	15.0	16.0	37.5	15.1	13.0	37.5	17.3	13.6	100
기술 관리력	12.2	13.3	100	13.3	13.3	100	100	100	100
사업 공헌도	36.5	42.5	49.5	13.5	-100	100	36.5	-35.5	100

공항에 도착하니 13시 20분이다. 수속을 밟고 들어가서 A양을 아무리 찾아도 보이지 않다. 문자를 해도 받지를 않다. 기다리다 점심이나 먹으러 라운지에서 한참을 기다려도 오지 않는다. 카톡으로 연락돼 이야기 해도 도무지 전달이 안되다. 기다리다 못해 최종으로 "팩트가 뭐냐?" 하니 "최종 1안 입니다" 답하다. "아니 그거 말고!" 하니 그때서야 헐레벌떡 찾아오다. 얼굴이 상기된 상태로 "필자가 왜 조정하려 하느냐? A양 본인에게만 말해주면 되지!" 하다. 당연한 말인데 언제 필자가 조정하려 했는가? 원하는 답을 찾아 단층 설계를 피하기 위해 어떻게 하면 해결해줄까 고민과 고민을 거듭하고 있는데 말이다. 참으로 어이가 없고 대화가 안되다. 시간도 없고 "B여교수가 재판장이냐?"고 필자의 속을 드러내다. 그런 상태에서 탑승요원이 찾아와 빨리 탑승해라고 해 그냥 돌아서오다. 아마도 B여교수가 더 이상 필자를 만나지 마라 이야기 했는가 보다. 지력으로도 그렇게 감지돼 나타나다. B여교수는 필자를 이상하게 생각하고 있는 것이리라. 공개적으로 말 한마디 안하고 뒤에서만 뭔가 하는 사람이다. 말하자면 호박씨까는 사람이다. 하아 이렇게도 모를 수가 있나. 나설 데도 아닌데 날뛰는 자가 도대체 왜? 그리고 설계안을 제시해도 차관을 받을 때, 세계은행 등에서 그대로 하지 않고 또 다른 검증을 거친다고 호도한 자가? 그 때 설계를 바꾸면 된다는 것이라니! 아니 단층 위 설계안이 채택이 되지 않으면 그 책임은 어디로? 국가 신뢰도는 어디로? 상관없다는 이야기인가? A양이 그렇게 B여교수에게 끝이 없이 끌려 다니다. 기술력 평가 지수를 살펴보면 일을 그르치게 한 장본인은 B여교수와 B전무이며, 그걸 믿고 A양이 완전히 난폭 운전을 한 결과라 이야기하지 않을 수 없다.

탑승을 가장 늦게 하고 A, B교수에게 간단히 목례만 하고 자리에 앉다. 이륙 후 조금 지나 A교수를 뒤로 불러 자초지종을 이야기 해주다. 필자가 말없이 가도 이해하라고 말하다. A교수가 A양이 하는 대로 맡기는 것이 좋겠다 말하다. 뭔가 들은 것이 있는가 보다. 누가 뭐라 했나? 단지 도울 뿐인데! 단층을 어떻게라도 피할 수 있도록 하는 것뿐인데 말이다. B여교수에게 눈길도 주지 말라 했는데 내릴 때 B여교수 캐리어 가방도 내려주고 작전과 다르게 행동하다. 어쩔 수 없다.

1.25(일) : 도하에서 1시간 정도 기다리다, 인천까지 오는 동안 제공되는 술 6 잔 정도로 많이 마시다. 계속 글을 쓰며, 지력에 의한 여러 가지 신뢰도 지수를 추출하며 왔는데 2 시간 정도 밖에 걸리지 않은 것으로 느끼다. 잠도 2 시간 정도 밖에 자지 않은 것 같은데 피곤하지 않다. 내릴 때 또 B여교수 가방을 내려주다. 나와서 B여교수가 함께 차나 한 잔 하자고 하다. A교수에게 뭔가 들은 것 같다. 그러나 어찌하랴? 일을 완전히 망쳐 놓았는데... 짐을 찾는데 시간도 걸리고 그러니 A교수와 함께 다음 기회로 하자고 하며 작별하다. 인천에 도착하자마자 PMC 해외담당 처장에게 사태의 심각성을 알리고 면밀 대처하길 이야기 하다.

한편 단층의 암반 토심고를 추정하기 위해, 파동 및 주파수와 퀀텀 이론에 근거한 '쿼크 정보 다층다면 최적화 추출법'(필자 노하우)에 의해 추정하여 시추공 조사 자료와 비교 평가하였으며, 그 결과는 다음과 같이 제시하였다.

- 후보지 1은 12.3~139.5m 로 추정함. 보고서의 시추공 분석 결과 암반 토심고는 BH1 47.0, BH2 12.5 m, BH3 11.5, BH4, BH5는 암반층 미확인으로 나타났음. BH5는 단층의 최대 토심고로 추정되며, 필자 추정값은 시추 결과의 범위에 들어옴.
- 후보지 2는 암반 토심고가 5.9~19.9m로 추정됨.
- 위의 결과로 볼 때 후보지 1 보다는 후보지 2에 댐을 건설할 경우 댐체 공사비 76%의 절감이 가능하고, 전체 사업비 58%의 절감을 가져올 것으로 추정함.

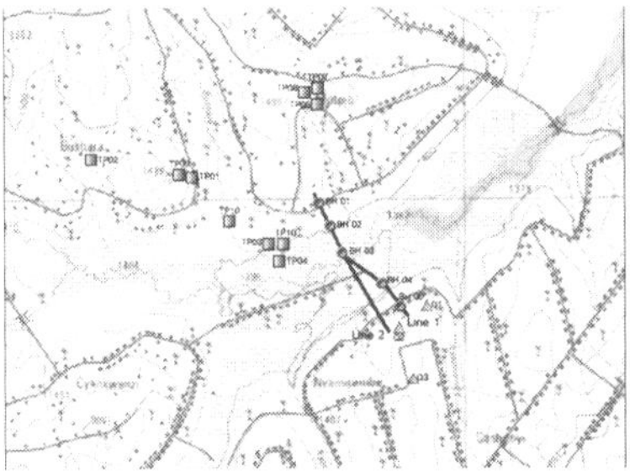

댐 후보지 1의 시추공 위치 (BH1~BH5)

후보지 1 단면 전경도

[그림 11] 후보지 1의 시추공 위치와 전경도

1.9 이런 글 쓰는 계기가 있다

위에서 설명한 2015년 1월 18일(일)~1월 25일(일) '르완다 냐가타레 다목적 댐 기본설계' 최종 점검에서 비행기에서, 숙소에서, 쉬지 않고 다음의 글을 쓰고 또 썼다. 그 후 이와 같은 글을 거의 날마다 쓰는 일상이 되었다. 다음은 바로 그 글이다.

이 세상에 존재하는 모든 것은 풀 한 포기, 돌부리 하나까지 있는 그대로 완벽하다. 필요하지 않은 것이 없다. 모두가 있는 자체로 소중하다. 더구나 인간은 신성까지 지니고 있다. 기쁜 마음을 가지면 그 순간 천국이다. 존재 자체도 인연이고, 기쁜 마음을 갖는 것도 인연이다. 마음을 잘 써야 한다. 좋은 인연을 만들어야 한다. 언젠가 다시 만날 터이니 더욱 그렇다. 덕분으로 존재함을 알아야 한다.

또한 모든 것은 절묘한 조화 속에 있다. 그리고 조화와 균형을 이뤄야 한다. 조화를 이루지 못하면 불협화음이 나고, 국가, 사회, 가정, 개인, 세포 하나까지도 불안하고 병이 생긴다. 건강은 몸과 마음의 균형, 사회의 안정을 말한다. 자세와 마음이 바르지 않으면 신체에 이상 반응이 생겨 몸과 마음이 굳어지게 되고 병이 된다. 따라서 굳어진 몸과 마음을 풀어주면 모든 병이 낫게 된다. 빨리 풀어 주어야 하고 빠를수록 쉽다. 서로 쓰다듬고 얼싸안고 감싸 주면 되는 것이다. 사회도 모든 분야에 조화와 균형을 이루면 인류의 번영과 안녕을 가져온다.

이를 위해서는 분별하는 일이 없는 하나가 되는 이해의 바탕에서, 사랑과 양보 · 배려의 싹을 틔워야 한다. 개인과 사회의 올바른 가치관, 진정한 삶, 존재의 가치, 그리고 생명의 신비 등을 이해해야 한다. 내 몸도 내 맘대로 어떻게 하지 못한다는 사실을 알아야 한다. 숨 쉬는 것 하나까지 내 맘대로 못한다. 물속에서는 1분도 참기 힘들다. 얼마나 공기가 소중한 지 그 고마움을 알아야 한다. 공기와 내가 하나가 되는 사랑을 이해해야 한다. 심장의 박동도 내 맘대로 하지 못하는 것은 마찬가지다. 쉬지 않고 뛰는 생명의 신비와 내가 하나가 되어 구분이 없는 한 몸이 되어 있다는 사실을 이해해야 한다. 생명의 덕분으로 존재함을 알아차려야 한다. 생명의 고마움을 알아야 한다.

몸은 우주와 같이 조화롭고 신비롭다. 몸이 편해야 마음도 편해지고 조화와 평안을 가져온다. 신체가 조화를 이룰 때 정신활동도 향상된다. 스스로 치유하는 능력이 있다 하지만 병은 내 스스로 만든 것이 대부분이기 때문에 내 몸은 내가 지키고 내가 고쳐야 한다. 땀을 흘려 독소를 해소하고 손으로 쓰다듬고 주물러서 막힌 곳을 뚫어주고 뭉친 곳을 풀어, 몸과 마음을 추스르고 조화를 찾아야 한다. 호흡과 함께하면 더욱 좋다.

인간의 손은 그 힘이 얼마나 큰지 모른다. 급할 때는 손을 써서 위급을 모면한다. 나도 모르게 저절로 손으로 말하고 소통하고 조화를 찾는다. 손에서 얼마나 맑고 곱고 영롱하고 신비스런 기운이 나오는지 헤아릴 수 없다. 손을 아픈 몸의 부위에 대면, 아픔 정도에 따라 따끔따끔하고, 아리고, 쓰리고, 화하고, 싸하고, 묵직하고, 시원한 느낌 등이 오는 반응 현상이 신기롭기만 하다. 몸에 손을 대는 자연스런 소통과 교감의 정도에 따라 그 아픔이 해소되고 곧바로 조화와 평화를 찾아 가는 것이, 참으로 신비스럽고 거룩하고 놀라울 따름이다. 손은 조화를 이루는 선수이다. 얼마나 손이 소중한지 모른다. 옛말에도 "손을 빨리 써라!"고 하였다. 손을 잘 모시고 다루는 것이 아주 고귀하고 성스러운 일인 것이다. 몸이 손에게 매우 고맙다고 해야 한다.

암도 조화를 이루면 스스로 조용히 사라진다. 원래 있을 자리가 아닌데 조화를 이루지 못하니까 자리를 차지하고 있는 것이다. 친구처럼 사이좋게 지내면 있는 자리가 바로 내 자리가 아닌 불편한 자리란 걸 이해하고 없어진다. 조화를 찾는 것이 주어진 생명을 온전하게 보전하는 방법이다. 내 몸을 보전하는 것은 물론이고, 나아가 가족과 다른 사람까지 손 쓸 줄 아는 능력을 키워 쓰다듬고 베풀면, 온 사회가 건강해져 조화로운 세상이 될 것이다. 몸이 온전할 때 몸의 조화를 찾아 각자 하는 일을 제대로 할 수 있게 되며, 이것이 쌓여 전체의 일도 제대로 하게 되고 나아가 전체의 조화와 균형을 찾는 일이기도 하다.

요즘 사람들 참으로 스트레스를 많이들 받는다. 스트레스는 암이다. 바로 직통으로 연결된다. 친구처럼 아주 가깝다. 스트레스를 받으면 아무런 생각도 없이 그저 온몸으로 떠받들어 모신다. 그것이 내 것인 줄 안다. 나인 줄 안다. 스트레스와 내가 동일한 것으로 여긴다. 같은 것으로 보아 동일시(同一視)한다. 고이 간직한다. 얼마나 어리석은지 모른다. 이는 엄청난 착각이다. 내가 스트레스는 아닌 것이다. 이 좋은 세상을 왜 그런 착각 속에 살고 있는지 모르겠다. 그렇게 하지 말아야 한다. 바로 그쳐야 한다. 그 놈이 들어오면 달래고 구슬려 내 보내야 한다. 정화시켜야 한다. 조화로운 길로 인도해야 한다. 기쁨으로 함께 살도록 안내해야 힌다. 스트레스도 다정한 친구처럼 지낼 수 있는 아량과 너그러움과 여유를 부려보면 어떨까 생각해 본다.

부족해도 곤란하고 지나쳐도 그렇다. 적당해야 한다. 음식을 예로 들어 본다. 요즘 너무 잘 먹고 잘 사는 세상이다. 배가 터지라고 먹어댄다. 반죽하는데 재료가 너무 많으면 빡빡하고 적으면 묽게 된다. 적당해야 반죽이 잘 된다. 조화를 이룰수록 쉬워진다. 뱃속에 음식이 들어갈 때도 마찬가지다. 너무 많이 먹으면 소화시키는 것이 힘들고 버겁기도 하지만 남은 것은 쓰레기가 되어 각종 독소를 발생시켜 온 몸에 쌓이게 된다. 부족은 결핍이고, 적당은 피고, 과다는 독이다. 적당한 것이 좋은 것이며 이것은 바로 중용(中庸)과도 같은 것이다. 움직일 수 있는 일정 공간이 남아 있어야 하는 것이다. 여백의 아름다움이다. 운동도 마찬가지다.

이 세상에 몸을 받고 나온 것은 그동안 갈고 닦은, 헤아릴 수 없이 많이 쌓은 인연으로 말미암은 것이다. 또한 전생에서 다하지 못한 미련이 남아있기 때문이다. 몸이 붙어 있을 때 잘해야 한다. 덕을 쌓고 섬기고 베풀어야 한다. 여기에서도 이런 행위에 의지가 들어가면 안된다. 내가 했다 하면 안된다. 무심으로 무위로 자연스럽게 저절로 이뤄져야 한다. 덕을 쌓았다 마음먹으면 절대로 안된다. 섬겼다 마음먹으면 섬긴 것이 아니다. 베풀었다 마음먹으면 안되는 것이다. 이것도 일종의 자기과시이며 욕심이다. 내가 있으면 안된다. 내가 중심이 되고 주인이 되면 안되는 것이다. 어렵고도 어려운 일이다. 쌓아 온 업의 습성으로 방해가 되어 더욱 그렇다.

몸이 없으면 내 맘대로 하지 못한다. 생명이 살아 몸이 붙어 있을 때가 바로 지금 현재이다. 태어나기 이전은 과거이고, 이 몸이 사라진 사후는 미래이다. 지난 과거를 생각하면 아쉬움이 남고, 오지 않은 미래를 생각하면 걱정과 두려움을 낳고, 모든 것이 이뤄지는 것은 오로지 지금 이 순간이기 때문에, 현재는 누구에게나 선물이다. 따라서 몸이 붙어 있는 지금 현재는 생명이 살아있는 존재이고 이것이 바로 기쁨이고 이곳이 바로 천국이다. 따라서 인생 전체가 기쁨이 가득한 천국인 것이다. 생명이 살아 붙어 있을 때, 주어진 모든 일을 기쁘게 맞이하고 즐기고 열심히 살아야 한다. 단 한 번의 기회이기에 더욱 소중하게 아껴야 한다. 바로 천국이기 때문에 더욱 그렇다.

판단의 정확도는 의식수준이 높을수록 높아진다. 의식은 상호 교류하고 흐른다. 또 의식이 낮으면 판단이 흐려지고 주변에 휘둘린다. 의식수준이 낮은 자가 높은 자와 있으면 낮은 자는 수준이 높아지지만, 높은 자가 낮은 자와 있다고 높은 자의 수준이 낮아지지는 않는다. 의식수준이 매우 높아지면 주변에 의해 판단이 흐려지는 일은 결코 일어나지 않으며, 신적 존재로서 여러 가지 그 능력이 저절로 발현한다. 모든 자연, 생명 현상은 물론이고 타인의 심리상태, 병의 발견 및 치유까지 시공을 떠나 즉시 가능한 신통력을 발휘한다. 의식수준이 낮은 집단에서 의사결정은 매우 더디고 잘못하면 배가 산으로 가, 엉뚱하게 결정되기도 한다. 그러나 높은 집단에서는 그 결정이 신속하고 결과가 매우 정확하다.

아프리카에서 겪은 여러 가지 경험을 바탕으로 인간의 몸은 우주와 같은 것이고, 인간은 신적 존재란 말이 사실이라 생각하기에 이르렀다. 또 우주의 혹성의 수는 인간의 세포의 수와 같다고 답을 한다. 참으로 신비스럽기 이를 데 없다. 내가 신이냐 물으니 그렇다고 한다. 인간이냐 물으니 그렇다고 한다. 바로 인간으로서 신적 존재인 것이다.

그렇다면 욕심이 가득한 자도 신이냐 물으니 아니라고 한다. 인간이냐 물으니 그렇다고 답한다. 그렇다면 인간의 신성을 발휘하기 위해서는 아상(我相)을 버리고, 욕심을 버리고, 다 함께 더불어 살아가는 조화로운 마음을 갖도록 해야 한다는 말로 귀결할 수 있다. 인간 누구나 다 신적 존재로 되돌아 갈 수 있다. 다만 욕심을 버릴 때만, 나를 버릴 때만 가능한 것이다. 분별심이 없을 때만 가능한 것이다. 의식이 높아질 때만 가능한 것이다. 깨달음에 이를 때만 가능하다고 생각한다.

그렇다면 그렇게 높게 의식지수가 나타났는데 초능력을 발휘할 수 있지 않겠냐 하고 궁금해 할 수 있다. 그러나 답은 '아니다' 이다. 단연코 아니라 생각된다. 달라지는 것은 전혀 없다. 그렇게 생각하지도 않는다. 물었더니 그렇다고 답하기도 한다. 단지 자연, 인문 모든 현상을 있는 그대로 볼 수 있는 눈이 열려있다는 것뿐이다. 지력이 과학이냐 하니 그렇다고 한다. 신적인 작용이 아니고 과학에 의한 것이다. 지력은 현대과학이 아직 밝히지 못하고 있는 신의 과학인 것이다. 파동과 빛의 원리, 정보과학, 인지과학, 그밖의 이론이 종합된 신의 과학인 것이다. 인간은 바로 이와같은 신성을 발휘해야 한다. 즉 신과 함께 있어야 한다. 이는 의식지수가 향상될 때만 가능한 것이다. 그러나 누구나 가능한 것이다. 신통력을 발휘하는 것이 아니라 일상적인 생활일 뿐이다. 함께 더불어 조화롭게 사는 '홍익인간 이화세계(弘益人間 理化世界)'의 신의 정치가 이뤄져야 하는 이유가 바로 여기에 있다. 우리의 옛 조상인 한인(桓因)시대에는 神市(백두산 정북 100km 지점)에서 이미 신의 정치를 하였다. 그때 그곳에서 부처님과 예수님은 형제였다. 우리의 조상이다. 세계를 선도하였고, 모두가 함께 조화롭게 살았다. 그 내용이 모두

천부경에 들어가 있다. 천부경은 모든 경전의 으뜸이다.

어떤 사안을 볼 때, 보는 사람마다 보는 관점이 다르다. 그러나 그 입장에서는 그것이 옳다. 따라서 모두 다 옳은 것이다. 조화를 이뤄야 하는 것이다. 그러나 시간에 따라 상황이 변화하여 기준도 그에 따라 변하기 때문에 단계적인 의사결정이 필요하다. 사람이 개입하여, 다양한 의견이 반영될 때는 사안이 매우 복잡해진다. 여기에 개인별 이해관계, 욕심, 시기와 분별이 들어가면 더욱 난잡해진다. 더구나 분야도 아닌 알지도 못하는 자가 입만 갖고 나설 때는 더욱 더 곤란해진다. 따라서 사안이 중요할수록 빈틈없는 의사결정을 위해 즉결은 피해야 하며, 핵심요소를 반영할 수 있는 특별한 전략이 필요하다. 여기서 조화를 위해, 양보와 배려가 필요하고, 그 분야 전문가의 의견을 최우선해야 한다. 우자(愚者) 천 명의 이론보다 현자(賢者) 한 명의 이론이 정론일 수 있다(아리스토텔레스).

남의 잘못과 허물을 감싸는 것이 용서와 화해이다. 그렇지 못하고 이를 드러내면 다툼과 경쟁을 부추겨, 끝이 없는 악연의 수렁에 빠지게 된다. 세상에 이상한 일이 계속되는 것은 바로 그곳에서 비롯된 것이다. 이를 단절하는 것이 절단중류(截斷衆流)이고, 지금 이 순간을 기쁨으로 가득하게, 생명으로 살아가는 본연의 인간의 신성을 되찾는 방법이다. 바로 우주의 조화를 이루고 순리에 따르는 길이기도 하다. 함께 더불어 조화로운 세상을 가꾸는 삶이 되는 더할 나위없는 기회이기도 하다. 지금의 이 시대는 그 어느 때보다 용서와 화해를 필요로 한다. 이 길이 바로 인간의 본성을 찾는 길이다.

세상에 감쪽같은 일은 없다. 진정 아무도 모르게 이뤄지는 것은 없다. 아무도 모른다고 생각할 수 있지만, 적어도 일을 지은 본인은 알고 있는 것이다. 이것은 언젠가 어디선가 어떤 형태로든 말미암아 아름아름 나타나게 되어 있다. 이는 시공을 초월한다. 누구나 언젠가 지은 모든 일은, 살아있는 숨은 정보가 되어 온 우주에 가득한 셀 수도 없는 빛 속에, 사라지지 않고 영원히 저장되어 있다는 사실을 알아야 한다. 이로부터 성숙이 되고 조건이 맞아 계기가 되어 때가 되면, 발현이 되어 나타나는 것을 바로 인연이라고 한다. 아주 놀랍고도 엄연한 사실임을 명심해야 한다. 바라지 않고, 소유하지 않고, 인연으로 자연스럽게 자연으로 고맙게 살아가야 하는 이유가 바로 여기에 있다.

모든 일은 주어진 그대로 가치가 있다. 가려서 할 일이 따로 있는 것이 아니고, 좋고 나쁨이 구별되는 것도 아니다. 어느 일도 소중하지 않은 것이 없다. 따라서 직업의 귀천과 우열은 없는 것이다. 어느 일이라도 맡은 바 기꺼이 열심히 기쁘게 맞이하는 일이야 말로, 인생을 가치있고 보람되게 보내는 방법이다. 누구나 모든 것을 갖추고 있고, 있는 그대로 완벽하며, 고유의 타고난 능력이 주어져 있다. 짧은 인생에서 이 본래 모습을 하루빨리 되찾아 하고 싶은 일, 주어진 일을 기쁜 마음으로 맞이하는 데에 존재의 의미가 있는 것이며, 그것이 바로 생명으로 살아가는 길이라고 생각한다.

지식은 쌓을수록 분별 · 구분을 하게 되고, 비교하여 우열을 가르게 되고, 욕심을 부추기고, 편을 가르고 경쟁하고 오만방자하게 까지 된다. 이 바탕에서 소유의 싹이 트는 것이며, 이로부터 불안과 공포를 낳게 되고, 수많은 번뇌를 갖게 한다. 그리고 모든 것을 자기 위주로 재단한다. 자기가 최고인 줄 안다. 상대방은 거들 떠 보지도 않는다. 욕심이 많을수록 자기집착이 강할수록 상대방을 인정하려는 마음은 적어진다. 그렇게 하고 나중에는 반드시 후회를 한다. 남들에게 인정을 받지 못하기 때문이다. 남을 인정하는 만큼 나도 인정받게 된다는 사실을 이해해야 한다.

지금까지 지식으로 배워 온 것은 한계가 분명하다. 경험한 것이 일천한 것이기 때문이다. 아무리 머리가 좋은 천재라도 우주의 신비스런 모든 현상을 섭렵할 수는 없다. 이런 분도 지식으로 안 것은 우주의 조화에 비하면 먼지와 티끌만큼도 못하다는 것을 알아야 한다. 보통 인간으로서는 벽에 부딪힌다. 문명이 발달해 그 혜택을 받고 있다고 하지만 여기에도 한계가 분명하다. 오히려 방해를 받는 요소가 더 크다고 할 수 있다. 인간의 신성을 발휘하는 것은 여러 가지 걸림돌을 극복하는 것이다. 지식으로 쌓아온 모든 상식은 버려야 한다. 이는 대부분 걸림돌이고 장애물에 불과하다. 이를 초월하는 것이 인간의 본성과 신성을 되찾는 길이다. 이를 위해서는 집착을 버리고 모든 것을 받아드리는 지혜를 가져야 한다. 무위로 본성으로 돌아가는 것이 해탈이고, 거듭 태어나는 길이다. 생명의 기쁨으로 돌아가는 길이다.

지금 현재는 모든 번뇌를 잊고 무슨 일이든 하는 일에 기쁨으로 가득 채워야 하는 존재의 순간이다. 살아있다는 증거이고, 삶의 가치를 찾아야 하는 순간이다. 생명의 고마움과 함께 지금 존재로 살아가는 삶은, 바로 시간을 초월한 삶이 된다. 그러나 이와같이 하는 것은 쉽지 않은 일이다. 잠시도 가만히 있지 못한다. 지난 일을 생각하고, 오지도 않은 일을 걱정하고, 이것저것 신경 쓸 일이 많고, 대부분의 사람들이 그렇다. 내가 할 수 있는 일은, 지금하고 있는 한가지 밖에 없다는 것을 알아야 한다. 음악을 들으면서 책을 읽고 있다면 둘 중의 하나는 못하는 것이란 것도 알아야 한다. 인간은 항시 한가지 밖에 못하기 때문이다. 지금 이 순간은 선택된 하나만의 일에 영원히 자유로운 영혼으로 맞이하는 존재의 가치 자체이다. 소유가 아닌 존재를 찾는 이유가 바로 여기에 있다.

누구나 과거 경험에서 나도 모르게 일이 잘 풀리거나 놀라운 성과를 얻은 기억이 있을 것이다. 이는 무심한 상태에서 나를 버리고 일에 열중할 때 나타나는 것이며, 이것이 바로 무위이다. 나를 잊고 나를 버리고 욕심이 없는 상태일 때만 일어나는 것이다. 기적과 같은 일은 무위로 사랑으로 분별이 없을 때만 일어나는 것이다. 내가 중심이 되면, 욕심을 부린 만큼 일이 잘 안 풀리고 방해만 될 뿐이다. 지위가 높아질수록 낮은 자세에서 나를 버리고 무위를 행한다면, 모든 사람이 중심이 되어 대단한 일을 할 수 있게 된다. 가정, 사회, 국가 등 어느 집단이든지 모두에게 어느 일을 하든지 똑같이 적용되는 아주 자연스럽고도 공평한 법이다.

모든 것은 부분이 아닌 전체로 있을 때 가치가 있다. 손발이 따로 있으면 힘을 발휘하지 못한다. 부분이 모여 한 몸이 되어 전체로서의 하나가 될 때 어떤 일에도 힘을 발휘할 수 있다. 너와 내가 따로 없다. 한마음 한 몸이 되어 조화를 이룰 때 위대한 원력이 거듭 살아난다. 왼손이 아프면 오른손이 저절로 가서 쓰다듬고 얼싸 안는다. 고맙다 할 필요도 없고 필요하지도 않다. 한 몸이기 때문이다. 이것이 바로 사랑이다. 저절로 이뤄지는 것이다. 사회도 마찬가지이다. 사회 구성원 모두가 하나가 될 때 힘을 발휘하여 진정한 삶을 찾게 되고, 함께 더불어 사는 살맛나는 세상이 되는 것이다. 인류의 번영을 위해, 사회, 국가 구성원, 나아가 인류 모두가 하나가 되어, 살기 좋은 지구촌을 가꾸어 나가야 한다.

살아가면서 너무 잘 잊는다. 건망증인지 기억소자가 망가졌는지 기뻐해야 할 지 슬퍼해야 할 지 모르겠다. 그러나 뭔가 깨우침이 있다 생각했는데 나도 모르게 일상 예전 자리로 되돌아간다. 이는 결코 그냥 지나칠 일이 아니다. 왜냐하면 그 모양 그 꼴로 변함없이 그대로 남아 있기 때문이다. 이는 나도 모르게 말미암아 이뤄졌던 훈습이 저절로 나타나는 것이다. 말미암아 쌓아둔 쌓아진 것을 단절시켜, 새로운 세상에 동승하기 위해 어디인가 흐름을 타야 할 일이다. 모든 것은 생활 속에 함께 해야 가치가 살아나고 체질화되어 자연스럽게 우러나게 된다. 항시 거울에 비춰보고 되새김질하며 반조하여 한 몸이 되어 나의 분별이 나타나지 않고 본래 참모습이 나타나게 해야 할 일이다.

의식수준이 향상됐다고 달라지는 것은 없다. 깨달았다고 뭐가 달라지는 것은 없다. 뭐가 보이는 것도 아니다. 있는 자리 그대로이다. 다만 분별, 욕심, 소유가 없어지고, 항상 조화로운 방향으로 가서, 있는 자리에서 마음의 동요 없이 평화와 안정을 되찾는 생활을 한다는 점이다. 어떤 어려움을 겪어도 그마저도 스트레스 0의 상태로 맞이하며 조화로움을 찾아간다. 조화가 대단히 중요하다. 함께 더불어 사는 것이 중요하다. 이해와 양보, 사랑으로 하나가 되는 것, 이로서 분별이 없는 것, 경쟁과 순위가 없는 것, 항상 감사하는 마음, 공기와 잡초 하나에게도 고맙게 여겨 조화로운 생활을 영위해야 한다. 있는 이 자리, 이 때 단 한 번의 소중한 기회를 열심히 기쁨으로 조화롭게 사는 생활을 누구나 찾아 누렸으면 하는 소망을 가져본다.

지금 이 세상을 살아가는 누구든지 오로지 생명으로 존재하고 있다는 것에 고맙고 감사해야 하며 기쁘게 맞이해야 한다. 단 한 번의 소중한 기회이다. 몸이 붙어 있어 생명으로 무한한 공간을 무엇이든지 마음대로 할 수 있는 절호의 기회이다. 편안한 길로 안내받을 수 있도록 공부할 수 있는 좋은 기회이기도 하다. 용서와 화해로 절단중류의 삶을 되찾아 업장소멸을 시킬 수 있는 좋은 기회이다. 어떤 일에도 비교하는 마음을 모두 버리고 본래 모습을 되찾아 무위로 기쁘게 맞이해야 한다. 이를 위해 의식을 높여야 하고 죽을 때까지 공부해야 한다. 이것이 영원히 사는 방법이다.

다시 한 번 말씀드린다. 지금 이 순간이 바로 천국이다. 여러분이 계신 바로 그 자리가 천국이란 것을! 얼마나 포근하고 따스한, 신비로운 기운이 감싸고 있는지를 이해하시고, 그 고마움과 함께 하시길 기원한다. 그리고 그 속에서 누구나 기쁨과 환희가 넘쳐나는, 우주 공간에 가득한 영혼으로 함께 더불어, 본래자리의 본 모습을 되찾아, 행복이 가득한 조화로운 순리의 길을 따라 빛내시는 삶을 찾으시기 바란다.

이 글을 쓰고 난 후 스트레스가 뭐지? 하는 의구심으로 멀리 있는 사람들, 주로 친지를 중심으로 점수화하기 시작했다. 나중에는 그 점수를 바탕으로 몸의 아픔과 연결시키는 일을 했고, 그 아픔에 대해 어느 정도 마음을 쓰면, 스트레스도 사라지고, 아픔도 사라지는 과정을 수도 없이, 묻고 또 물으며 확인을 거듭해 왔다. 지금은 스트레스를 체크하자마자, 조금만 지나면 그 스트레스가 사라지는 현상을 겪는 것이 일상이 되었다. 누가 아프다 하면 그것부터 체크하고 확인하는 버릇이 생겼다. 그런데 이것을 내놓고 이야기 할 수도 없고, 하지 않을 수도 없는 입장이다. 이야기해도 믿지 않고, 불치병이 나아도 믿지 않으려 한다. 여기서 그 일부를 이야기하는 부분도 있을 것이며, 나중에는 모든 사람이 그런 현상을 이해하고 일상화하는 날을 그려본다.

이해는 소통의 기반이다. 지금까지 배워 익혀 쌓은 기준으로는, 이를 도저히 이해할 수 없는 것도 헤아려야 한다. 이해할 수 있을 때는, 이미 의식수준이 그에 이른 자이다. 그때는 스스로 선생이 된다. 가르쳐 봐야 이해하지 못하면 선생이 되지 못한다. 그래서 최고의 선생은 바로 이해한 자가 된다. 모든 것은 스스로 익혀야 한다. 누가 가르쳐 줄 수 있는 것이 되지 못한다. 여기서 제시하는 글들은 더욱 더 그렇다. 믿지 마시기 바란다. 어느 것도 스스로 익혀서 체득하면 그때 믿으면 된다.

세상이 어지럽다. 속고 속이는 것이 허다하다. 지식이 많으면 더 그렇다. 이런 것들도 모두 관찰의 대상이 된다. 인성을 테스트하고, 싸가지를 테스트하고, 태도와 자세를 유심히 관찰한다. 나중에는 의식도, 스트레스도, 에고도 전파되는 것이 관찰된다. 쉽지 않은 일이다. 모든 일들이 이렇게 어지럽게 얽혀있고, 얽히고 있다.

이의 해결 방안이 무엇일까? 하는 고민에서, 진실의 구현이 답이라는 판단을 하기에 이르렀다. 그를 계기로 이런 글들을 쓰며, 여러 가지 관찰을 지속하고 있다.

1.10 물관리 갈등도 있다

'2021년 용담댐 하류 수해원인조사 분석'에서 지역책임자가 보는 갈등을 이야기한다. 피해 주민 이야기는 2018년 이후 댐에 왜 그냥 물을 많이 담고 있는지? 진작에 물 좀 빼놓지? 물난리 났는데 댐에서 물 좀 가지고 있지? 이틀 뒤에 가보니 물이 쑥 빠졌더라! 그렇게 잘 빠지는데 미리 좀 빼놓지! 댐 퇴사배출 실험을 위해 수문을 활짝 열고 만세 부르고 나갔다. 하류에 여기저기 침수로 물난리가 났는데, 평소에는 빼놓지도 않던 물을 그렇게 많이 한꺼번에 수위가 뚝 떨어질 정도로 급하게 방류할 수 있는가? 제정신으로 어떻게 그렇게 할 수 있는 것인가? 도대체 도저히 이해할 수가 없다. 분통이 터지고 억장이 무너진다. 하류에 침수상황을 살피고 물이 빠지는 상황을 보면서 서서히 방류할 수는 없었는가? 동네 이장을 시켜도 이렇게는 안했을 것이다! 국토부 관리에서 이런 일이 없었는데, 환경부 관리하고 일어났다 등이다. 또 국가물관리위원회가 하는 통합물관리의 치적이라고 하기도 한다. 그리고 물폭탄을 터트리더니 지금은 비리보고서 폭탄을 터트리려 뭔가 숨기고 있는 것은 아닌지! 이를 한국수자원학회가 앞장서고 있는 것이 아닌지 하는 의혹을 품고 있기도 하다.

조사협의회에서 위원과 주민의 이야기는 한 마디도 틀린 것이 없고 소중하다고 생각하는데, 위원들의 지적에 대해 5일전까지 위원들께 자료를 보내는 규정이 있다는 변호사의 지적에도 용역사는 학회 핑계로 단 한 번도 아무런 답변을 하지 않는 것을 보고 말문이 막혔다. 지역회의에 제공한 자료가 정상인 경우가 단 한 번도 없었던 것에 대해 위원들께 뭐라 사과드릴 말씀도 궁색하다.

그동안 6차례 회의에 참석하였는데, 2월5일 금산에서 10분전에 발표하라는 말을 듣고 위원들 여러 가지 질문에 처음으로 당혹했다. 3월25일 영동에서 2일전에 연락받고 2쪽의 현장주민회의결과를 용역사는 참석도 하지 않고 말도 없이 자료도 아닌 것을 대신 발표하라 하여 불편했는데, 그럴 수 없다 생각하여 하루동안 급하게 주로 침수분석 내용을 준비하여 발표하였다. 4월 20일 오송회의에서는 2시간 전에 참석하라는 연락을 받았는데, 댐방류 시나리오의 비현실성에 대해 많은 지적이 나오는 것을 보았고, 영동에서 발표한 침수분석 내용이 없어 오해 없기를 바란다고 말하였다. 5월7일 무주회의에서도 1일전에 위원장으로부터 참석해달라는 연락을 처음으로 받았고, 댐방류 시나리오별 댐운영 결과를 급하게 준비하여 발표하였다. 5월13일 구례회의에서 섬진강, 합천, 금강 위원장으로부터 참석해서 댐운영 결과를 발표해달라는 요청을 받고, 각 댐의 방류 시나리오별 댐운영 결과를 발표하였다. 5월20일 익산의 위원장, 간사, 지역책임자 회의에서 책임자가 댐운영에 대해 뒤늦게 지역책임자와 협의하겠다는 이야기를 들었다.

본 과업은 댐운영, 하도추적, 침수해석을 주로 구성해야 된다고 본다. 피해는 댐운영에서 유발됐고, 과다방류가 피해 원인이고, 결과는 침수로 나타났다. 댐의 정상운영과 실제운영의 방류량 차이를 침수면적의 차이로 나타내야 한다. 침수면적 차이가 없으면 100% 천재다. 차이가 나는 만큼 인재로 보면 된다. 침수분석을 하지 않으면 모두가 댐방류가 원인이라고 볼 수밖에 없다. 하천관리, 제방관리, 농경지 배수관리 등 제반 문제점을 지적하여 예산에 반영하는 자료를 제시하기도 어렵다. 국토부와 행안부가 공동지원하여 분담하겠다는 깊은 뜻을, 학회가 나서서 이를 무시하고 환경부에 진체 부담을 주는 결과로 나타나지 않을까 심히 우려된다.

지역회의에서 나름대로 위원들의 귀한 의견을 듣고, 열심히 분석하고 있다는 모습을 보이기 위해, 침수분석, 댐운영에 대해 발표한 것이 두 목소리로 엿보이는 불씨가 됐다. 이는 지역책임자가 '지역주민의 울분이 사무치는 지적'을 피하기 위한 이기적 행동이었다고 생각한다. 불통의 모습을 보여 사과의 말씀을 드린다. 그러나 댐운영은 핵심이고, 침수분석은 꼭 해야만 하는 분석이라 생각한다.

짧은 과업기간에 할 일이 너무 많다. 그러나 꼭 해야 할 부분은 해야 한다. 그런데 과업수행이 너무 체계적이지 못하다. 과업종료가 얼마 남지 않은 시점에서 원인 규명이 핵심인데, 위원들에게 결과가 무엇인지도 모르게 하고 규명하지 못하는 변명만 늘어놓고 있는 인상을 주고 있어, 지역책임자로서 걱정하지 않을 수 없는 상태에 이르렀다. 지금이라도 다양한 댐방류 시나리오를 설정하고, 하도추적, 침수분석 등 합리적 분석 결과를 바탕으로, 보고서 내에 분석자의 자기평가와 위원평가 점수를 각각 기록하도록 하는 논리를 마련하고, 각각의 점수를 바탕으로 원인규명을 구체화해야 한다고 생각한다.

이에 지역책임자로서, 지역 현상을 반영한 다양한 댐방류 시나리오에 대한 댐운영 결과를 공개 제시하여 원인규명에 조금이라도 독려가 되었으면 하는 마음을 먹게 되었다.

5월20일 익산에서 책임자가 댐운영에 대해 협의하겠다는 말을 듣고, 구례에서 발표한 내용을 추가하여 다양한 분석을 하였다. 지역의 의견을 청취하여 반영한 댐운영 결과다. 나름대로 현실성 있는 결과라고 평가한다. 전체 내용을 공유하고자 하며, 의견을 수렴하는데 도움이 되었으면 한다.

1.11 배운 게 도둑질이다

ONE 모형의 우수성을 믿고, 저수지 유입량을 모의하고 방류량을 계산하여, 저수지 운영자료를 10분 단위의 준실시간으로 생산하는 그림을 그린다. 또 이 바탕으로 다목적댐의 운영자료의 신뢰도 개선에도 기여한다. 저수지는 저수지 수위만 있고, 다목적댐은 계산된 유입량이 있지만, 유입량의 과도한 진폭으로 10분, 1시간 단위 유입량은 신뢰하지 못하고 있다. 그림을 그리기 위해, 아오원 연구회(AOS)를 만들고, 실무자와 연구자의 긴밀한 교류, 공유 체제를 확립하여, 세계적 물관리 혁신을 이루고자 한다.

저수지에서 수문관측은 10분 단위의 저수위와 일부 수로수위 관측에 불과하다. 다목적댐은 유역에 다수의 우량, 수위 관측, 유량측정 등을 실시하고 있으나, 유량측정 성과를 댐 유입량 해석에 적극 활용하지 못하고 있다. 저수지도 다목적 댐도 저수량은 실시간으로 관측하고 있다. 이 저수량 자료를 활용해야 한다. 저수량 자료를 활용하면 수문관측을 획기적으로 개선할 수 있다. 수문자료의 신뢰도를 크게 향상시킬 수 있다.

다목적 댐에서 유입량은 방류량과 저수량 변화를 더하는 물수지에 의해 계산되고 있으나, 넓은 수면적으로 계산유입량은 진폭이 크고, 음유입량 까지 발생되는 어려움을 겪고 있는 상태다. 농업용 저수지는 취수탑과 여수로를 통과하는 방류량을 관리하지 못해 유입량을 계산하지 못하고 있다.

ONE 모형의 우수성은 탱크 모형, SWAT 모형, HMS, PRMS, COSFIM, K-drum 등과 비교하여 신뢰성이 우위에 있으며, 또한 AI의 모의 결과보다도 신뢰성이 더 높게 나타나고 있다. 그 이유는 ONE 모형이 유출퍼텐셜의 균형에 기반하고 있다는데 있다. 또 유출 퍼텐셜은 10분, 1시간, 일 단위의 물수지에 의해 연속적으로 균형을 찾는다. ONE 모형은 수문 현상의 개념을 완전히 갖추고 있다고 할 수 있다. 또 ONE 모형의 장점은 매개변수가 단 하나로 세상에서 가장 단순하여, 누구나 쉽게 사용할 수 있다는 데 있다. 순식간에 결과가 도출된다. 그러나 AI는 속이 보이지도 않고, 알 수도 없는 것을 한참 동안 계산하고 결과를 내놓는다. 수자원 분야의 실용성에서는 AI 마저 비교할 대상이 되지 못한다.

수문학은 균형에, 수리학은 운동에 기반한다. 수문학은 숲이고, 수리학은 나무와 같다. 수문학은 넓은 지역에, 수리학은 좁은 지역에 적용한다. 수리학에서 계산오차의 누적은 물수지의 불균형을 가져온다. 수문학의 물수지 균형을 바탕으로 수리학의 계산오차의 불균형을 해소할 수 있다. 이처럼 모든 것은 상호보완하며 균형점을 찾아야 한다.

ONE 모형은 균형 물관리에서 중추적 역할을 기대할 수 있다. 저수지와 하천의 유량관리는 기본이고, 밭관개, 포장 배수관리, 지하수, 수질해석 등에 확장 가능성이 무궁하다.

수문관측은 불확실성이 매우 높다. 실무자의 관심이 상대적으로 낮게 평가돼, 자료 신뢰도는 더욱 낮아지고 있다. AI 기술이 아무리 발전해도, 신뢰도 낮은 자료로는 AI의 도움을 받는데 한계가 있다. AI는 자료 먹고 산다. AI의 생명은 자료다. 자료는 생명이다. 늘 존재 상태로 맞이해야 한다. 벗어나면 생명 작동을 중지한다. 바로 가짜가 된다. 자료는 진짜여야 한다. 저수량 자료는 수문관측을 진실의 길로 안내하는 등불과 같다.

ONE 모형은 진실을 구현하는 도구다. 연구도, 실무도 진실을 기반으로 해야 한다. 어렵게 연구하고, 배우고, 일하면서 거짓을 행할 수는 없지 않은가? 속고 속이는 세상을 탈피하는 유일한 방법은 진실의 구현이다. 진실은 모두를 위한 것이고, 거짓은 혼자만을 위한 것이다. 정년을 기념하여 평생 배운 도둑질로, 진정 인간의 꽃을 피우는 아름다운 세상을 가꾸기 위해, ONE 모형을 기반한 AOS를 운영하고자 한다.

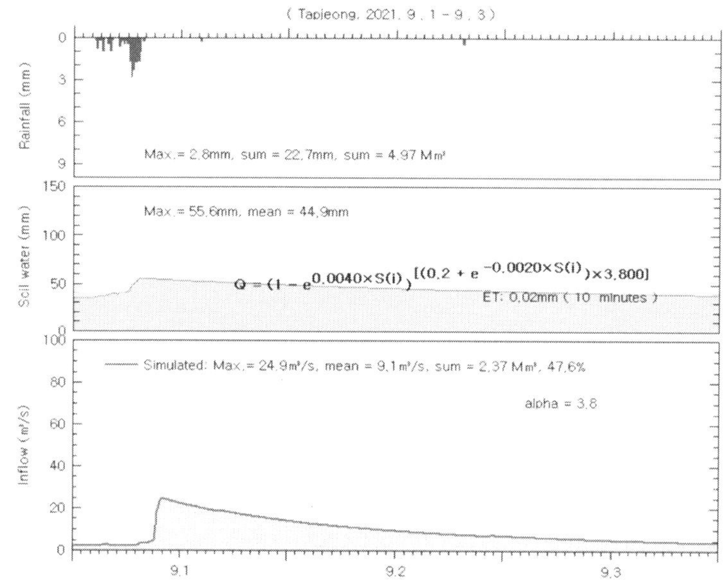

[그림 12] ONE 모형에 의한 10분 단위 저수지 유입량 모의 예 (탑정지, 2021.9.1.~9.3.)

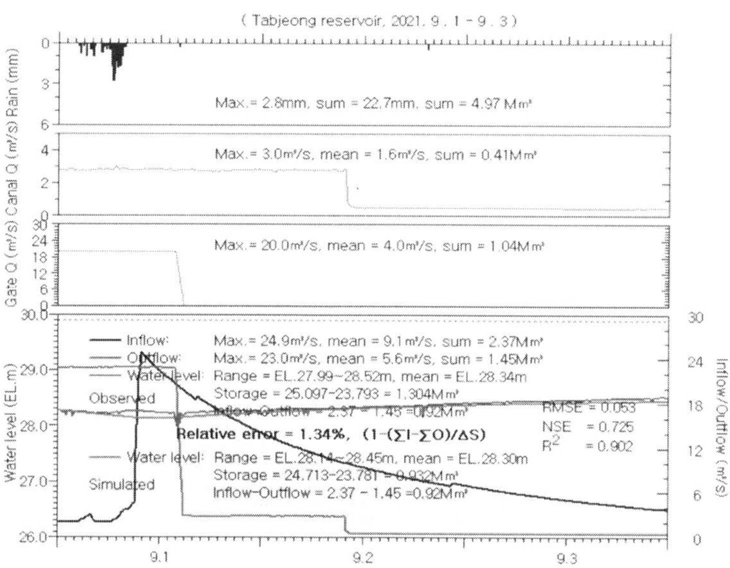

[그림 13] 10분 단위 저수지 운영자료 생산 예 (탑정지, 2021.9.1.~9.3.)

[표 8] 아오원 연구회 구성

아오원 연구회(Ahoh ONE Society), AOS	
뜻	아(御, Ah): 맞이하다. Welcome 오(寤, Oh): 깨닫다. Enlighten 원(元, One): 으뜸, 근본, 하나. Base
삶	깨달음에 이르면 조화와 균형의 삶을 찾는다. 이는 치유(Healing)와 행복(Happiness)의 삶이며, 누구나 누려야 할 인간 삶의 근본(One)이다. 이를 더하면 두문자로 물(H_2O, Hydrology)이 된다. 물은 생명의 근원이다. 생명 삶의 근본은 균형의 삶이다. 이 힘으로 누구든 치유가 가능하고 행복한 삶을 보장한다.
이치	치유(Healing): 부조화를 조화로 바꾸는 생각. 둘을 하나로 하는 마음. 에너지 수준을 높이는 행위. 생명 작동. 행복(Happiness): 진실 바탕의 몸과 마음의 균형에서 나오는 편안함. 균형은 있는 그대로 상태. 배움의 대상. 하나(One): 세상 모든 것은 하나의 에너지 장으로 연결돼 있음. 생각과 마음으로 정보와 에너지가 작동함.
역할	1. 아오 치유 교육연구 - 자가치유(몸, 마음 스트레스 해소) 교육 - 인성교육, 직장 인성관리 2. ONE(One parameter New Exponential) 모형 교육연구 - 균형 물관리 연구, 홍수·이수 통합 물관리 연구 - 저수지 운영자료 복원, 다목적 댐 운영자료 개선

1.12 저수지 운영 자료 복원 가능하다

농업용 저수지는 저수량 자료만 있다. 100년 이상 농업용수 관리 역사에도 1991년부터 저수위 자료만을 관리했다. RAWRIS에는 2008년부터 일자료, 2018년부터 일부 수로수위를 포함해 10분, 1시간 자료가 제공되고 있다. 과거 자료도 과학적 계획, 관리를 위해 저수량, 유입량, 방류량, 강우량 등 저수지 운영자료는 필요하다. ONE 모형으로 저수지 운영자료를 복원하여 ONE 모형이 얼마나 탁월한 지를 살펴본 사례다.

첫째 사례는 저수량 자료만을 이용하여, ONE 모형에 의한 10분 단위의 저수지 유입량 모의, 인근 저수지 수로유량 패턴 이용, 필터링과 보간 방법을 이용한 물수지에 의한 방류량 계산, 관측 저수위와 비교 검증 등 과정을 거쳐, 강우량, 유입량, 저수량, 수로유량, 방류량 등 저수지 운영자료를 준실시간으로 생산하는 방법을 연구한 결과다. 2023년 1월1일부터 7월10일까지 10분 단위로, 유역면적 17.40km^2, 총저수량 569만m^3, 수혜면적 765.1ha인 반산저수지에 적용한 결과, 관측-모의 저수위의 NSE는 0.984, R^2는 0.984로 매우 높게 나타났다. 특이점은 수로수위 관측이 전혀 기록되지 않은 상황에서 나온 결과로, 그저 놀라운 일이 아닐 수 없다.

둘째 사례는 유역면적 920ha, 총 저수량 277.7만m^3, 수혜면적 275ha인 중흥저수지에 대해 2023년 1월 1일부터 7월 16일까지 저수지 운영자료를 10분 단위로 복원한 결과이며, 반산지 경우와 같이 NSE 0.987, R^2 0.991로 신뢰도가 매우 높았다. 이상의 결과는 과거 저수지 운영자료를 복원할 수 있는 가능성을 나타낸 것이다. 위 방법으로 주요 저수지의 운영자료는 과거 자료라도 복원하여, 물관리 과학화의 기틀을 마련해야 할 것이며, 또 그 자료를 공유할 가치가 충분하고, 그 의무도 있다. 또 이것이 바로 역사 복원이 아닐까 그려본다. 자료는 진실 바탕이어야 한다. 진실은 사라지지 않는다. 영원하다. 복원은 진실 구현의 바탕이다. 이는 현재 저수지의 물관리 실태를 반영한 자구책이기도 하며, 농업용수를 살리는 구세주와 같은 결과라 말해도 지나치지 않다.

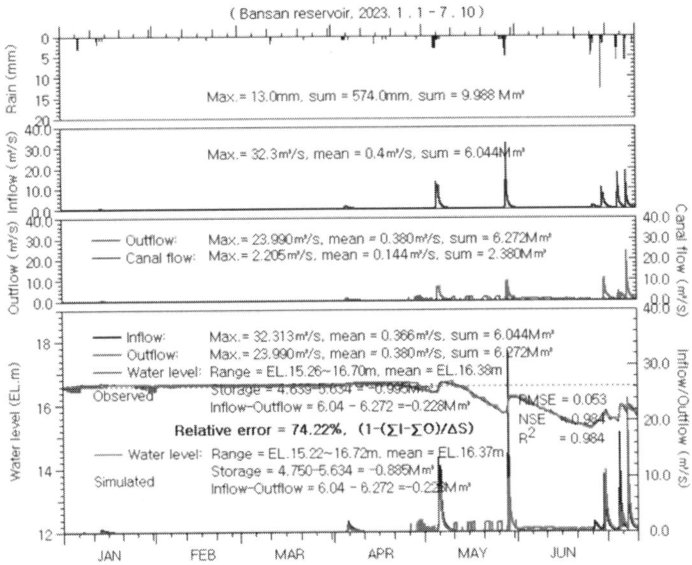

[그림 14] 10분 단위 저수지 운영자료 복원 사례 (반산지)

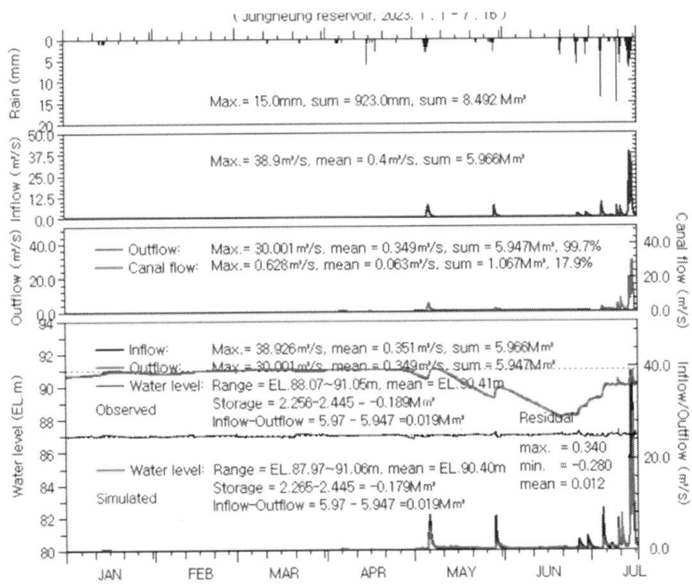

[그림 15] 10분 단위 저수지 운영자료 복원 사례 (증흥지)

1.13 다목적 댐 유입량 자료도 개선할 수 있다

다목적 댐은 방류량을 철저하게 기록한다. 유입량도 저수량 변화에 방류량을 더해 계산한다. 그러나 계산 유입량에서 진폭이 크게 나타나는 현상을 모면하지 못하고 있다. 더구나 음 유입량도 계산돼, 영으로 처리하고 있다. 이는 특히 10분, 1시간 자료에서 심하게 나타난다. 따라서 다목적 댐의 유입량 자료는 신뢰도가 낮다.

여기서는 저수지에서 시도한 저수량 자료만으로 유입량 모의 고정, 방류량 계산 필터링, 통관 방류량 설정, 물수지 분석 등 과정을 거쳐 저수지 운영자료를 복원하는 방법을 적용하지 않고, 방류량은 그대로 적용하고 유입량을 모의하는 것만으로, 다목적 댐 유입량의 신뢰도가 얼마나 개선되는지 연구했다. 물론 유입량 모의는 ONE 모형에 의했다.

유역면적 163.6km^2, 총 저수량 1억1,160만m^{3}인 보령댐에 대해 2023년 1월 1일부터 7월 28일까지 적용한 결과, 1시간 자료는 저수량 오차 신뢰도가 계산유입량을 적용한 경우 RMSE 1.221, NSE 0.798에서, ONE 모형의 모의유입량을 적용한 경우 RMSE 0.369, NSE 0.984로 크게 개선되었고, 10분 자료에서도 각각 1.412, 0.730에서 0.393, 0.979로 크게 개선되었다.

이는 ONE 모형으로 10분, 1시간 단위 연속 유입량 자료를 크게 개선시킨 사례이며, 이 결과가 시사하는 의미는 매우 깊다. 실시간으로 유입량, 방류량을 조정하면, 거의 완벽에 가까운 자료를 구현할 수 있는 바탕을 제시한 결과이기도 하다. 또한 농업용 저수지에서 유입량을 고정시키고, 방류량을 계산하여 저수지 운영자료를 복원하는 방법의 타당성을 입증하는 것이기도 하다. 자료는 존재로 맞이해야 한다. 존재 떠나면 생명은 없다. 즉 신뢰도는 떨어진다. 자료는 기술의 바탕이다. 자료 없는 어느 기술도 포장에 불과하고 가짜다. 다목적 댐 유입량 자료는 개선해야 한다.

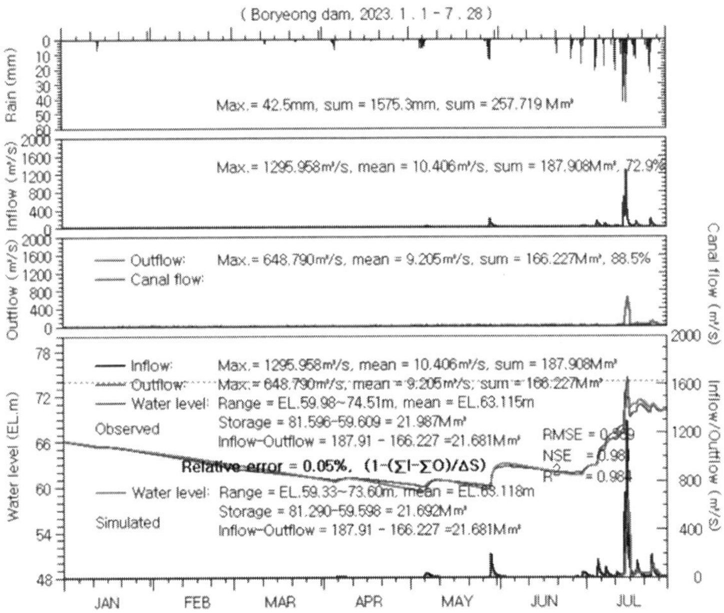

[그림 16] 다목적 댐 유입량 자료 개선 사례 (보령댐, 1시간 단위)

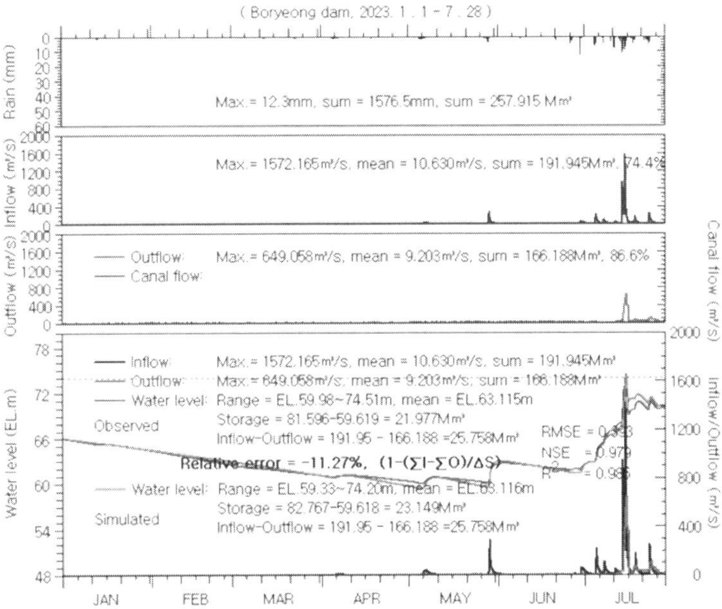

[그림 17] 다목적 댐 유입량 자료 개선 사례 (보령댐, 10분 단위)

1.14 국가 홍수통제 저수지 운영자료 필요하다

우리나라는 홍수관리를 위해 홍수통제소를 운영하고 있다. 홍수기에는 다목적댐과 보, 그리고 농업용 저수지 중에서 규모가 큰 저수지의 운영자료를 고려하여 주요 지점의 홍수량을 계산하고 예보하고 있다. 그런데 저수지의 운영자료는 저수위 자료만 제공하고 있다. 정작 필요한 방류량 자료는 제공하지 못하고 있다. 이들 저수지는 여수로에 전동, 롤러, 테인터게이트 등이 설치돼 있다. 현장에서 이들 수문조

작의 실적을 제대로 관리하지 못하는 실정을 고려하여, 여기서는 저수량 자료만으로 방류량을 계산하는 방법을 제시했다. 그 방법은 유입량 모의 고정, 방류량 계산 필터링, 통관 방류량 설정, 물수지 등 과정으로 구성된다. 이를 통해 10분 단위 방류량을 계산하고, 물수지에 의해 모의 저수위를 관측 저수위와 비교하여 계산 방류량을 검증했다. 유입량은 ONE 모형에 의해 모의했고, 나머지는 다양한 기법을 동원하여 관측-모의 저수위를 그림으로 비교하고, 그 신뢰도를 쉽게 판단할 수 있는 툴을 만들었다.

이를 이용하여 금강하류 홍수통제 적용저수지인 백곡, 초평, 고복, 중홍, 탑정 저수지 중에서, 유역면적 21,880ha, 총 저수량 3,498.3만m^3, 수혜면적 5,713.3ha인 탑정저수지에 대해 2023년 7월 13일부터 16일까지 적용한 결과, 강우량은 10분 최대 11.0mm, 총 강우량 354.0mm(7,745.5만㎥), 유입량은 10분 최대 2,291.498㎥/s, 총 유입량 323.7mm(7,083.3만㎥)로, 유출률은 91.5%, 방류량은 10분 최대 1,876.92㎥/s, 총 방류량 7,295.7만㎥(유입량의 103.0%), 수로 용수공급량은 10분 최대 0.754㎥/s, 총 공급량 7.2만㎥이었고, 총 방류량의 0.1%에 상당했다. 10분 단위 저수위 검증 결과는, 관측저수위 EL.27.43~30.12m(평균 EL.28.33m), 모의저수위 EL.27.32~30.16m(평균 EL.28.33m)로 나타났으며, 신뢰도는 저수위 잔차 최대 0.260m, 최소 -0.100m, 평균 0.039m, RMSE 0.082, NSE 0.989, R^2 0.992로 매우 높았다. 위의 결과는 홍수통제에서 요구하고 있는 방류량 자료의 과학적인 생산기반이 되며, 이수기에도 연속적인 방류량 자료를 제공하여, 효율적인 하천유량관리의 바탕이 되기도 한다.

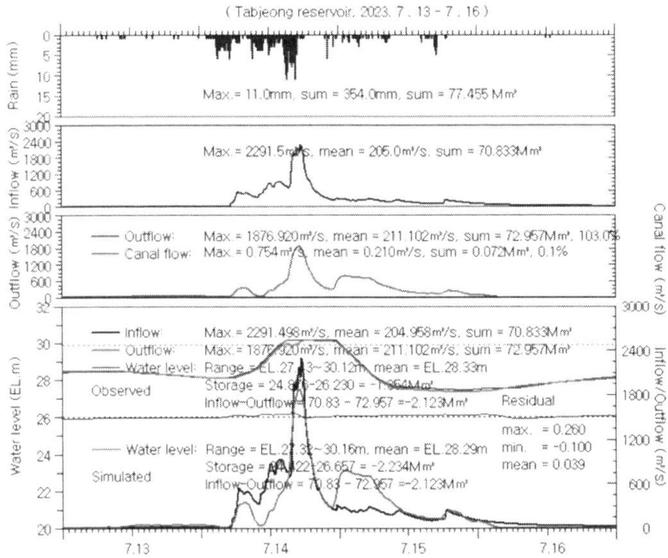

[그림 18] 10분 단위 저수지 운영자료 생성 결과 (탑정지, 2023.7.13.~7.16.)

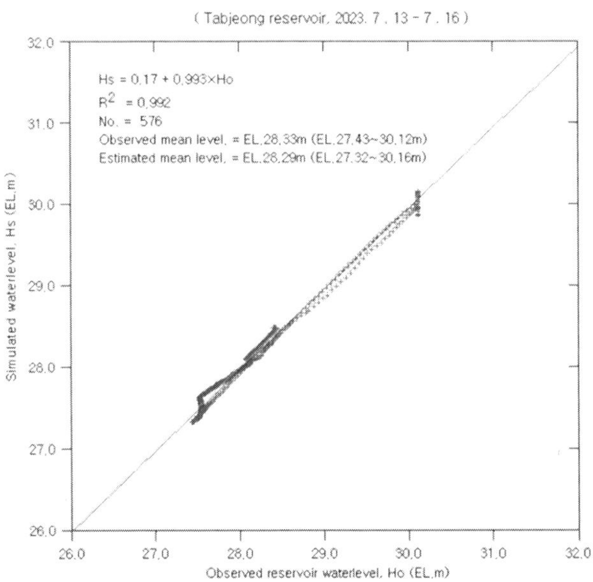

[그림 19] 10분 단위 관측-모의 저수위 비교 (탑정지, 2023.7.13.~7.16.)

물은 인성이다

Chapter 02

각론

물은 인성이다

Chapter 02

각론

2.1 마음 (2016.3.11.)

내 마음 나도 모른 체, 마음대로 사용하고 있는 줄도 모르고, 이리저리 오락가락 잠시도 멈추지 않는다. 마음대로 사용하는 만큼 과거를 아쉬워하고, 미래를 걱정하며 엉뚱한 짓 일 삼으며 틀에 갇힌다. 틀은 각자 쌓은 고정관념으로 형성, 모든 판단의 기준으로 작동하며, 모든 것 마음 틀 속에 구속한다. 많이 배우고 지식이 많을수록, 기준 틀은 단단해져, 좀처럼 남을 받아들이지 못하는 외톨이가 된다. 인위는 부분지식, 무위는 전체진리의 틀에서 나오는 것으로, 무위의 마음은 항시 둘이 아닌 하나다. 내 마음 인위로 부리는 만큼, 본심에서 멀어지고 에고가 쌓여가는 작동을, 이해하고 경계해야 한다.

마음은 잠시도 가만히 있지 못하니, 묘하고도 요상한 것, 신비가 가득한데 그런 줄도 모르고 지낸다. 하고자 마음먹으면 인위가 돼 그르치기 쉽고, 추구 없이 자연스럽게 하면 무위가 돼 최고 일 한다. 자연은 부족함이 없이 절묘한 조화를 이루듯, 사람도 본래 자연과 같이 조화를 이루는 신성이 있다. 살아가며 이미 갖추고 있는 줄도 모르고, 마음대로 유위로 지어낼수록, 앞을 가리고 찌꺼기 쌓인다. 마음은 전체이며, 끝이 없는 크기로 무한 가능성이 내재해 있으며, 신성을 발휘하려면 무위여야 한다. 신성의 접근은 에고로는 불가능하며, 에고가 사라지면 비로소 몸으로 느끼기 시작하며, 끝이 없는 깊이가 있다.

내 마음 갈대와 같이 이리저리 흔들리고, 고정된 관념의 틀 속에 사로잡혀, 벗어나면 감정의 노예가 된다. 마음을 마음대로 굴리며 굴리는 만큼 상처 받는 줄도 모르고, 마구 별짓 다하며 어지럽게 살아간다. 감정의 상처는 희노우사비공경 여러가지 감정의 치우침으로 파생되며, 본인이 지어내고 본인이 떠받는 묘한 신비가 있다. 보통 사람이 마음을 부리는 것은 모두 본심이 아니고, 대부분 외곽만 쌓아 영원히 저장하고 있다. 이 모든 것 한 생각 일으킴까지 영원히 저장하여 업장이 되며, 나중에 장애로 나타나는 묘한 것이다. 본심은 선업, 본심 아닌 것은 악업으로 되기 쉬우며, 누구도 피할 수 없는 신비란 것 알아야 한다.

내 마음 그 속을 알 수 없는 이유는, 신비가 가득하기 때문이란 놀라운 사실을 모두 인지해야 한다. 걸핏하면 걱정하고, 아쉬워하고, 오락가락 가슴 아파하며, 본심은 온데간데없고, 소유 분별만 일삼는다. 본심을 드러내는 무위는, 고정관념의 틀을 깨고, 에고를 완전히 버려야 시작되고, 모두 이롭게 한다. 마음을 잘 쓰는 방법은, 다함께 더불어 잘 사는 방향이어야 하고, 존재의 기쁨을 느끼게 된다. 마음을 잘 못쓰면 소유, 분별, 경쟁, 다툼, 분노, 스트레스, 발병 등 수순을 밟으며 왜소한 삶을 살아간다. 마음을 다스려 찾는, 본심의 무위의 삶은, 존재 기쁨의 삶으로 모두가 좋아하게 되고, 인생의 꽃을 피운다.

2.2 생각 (2015.9.12.)

생각은 마음을 일으켜, 분별 판단하는 의식이 작동하여, 느낌을 일으킨다. 대상이나 시간 공간을 가리지 않고, 시도 때도 없이 쉬지 않고 일으킨다. 본래 조화의 고요 바탕에서 나오나, 부조화가 되면 생각도 그에 따른다. 언제나 조화를 이루는 게 필요하며, 그 바탕은 생각을 바르게 한다. 아상 바탕의 부조화는 불균형의 마음으로 생각이 바르지 못하게 된다. 조화로운 마음은 올바른 생각으로 이끌어, 나의 상을 버리는 게 우선이다.

생각은 쉬지 않고 작동한다. 몸도 휴식이 필요하듯이, 생각도 그러하다. 생각이 지금여기에 머무를 때만 존재이고, 나머지는 소유가 된다. 존재에서 벗어날수록 마음의 걸림은 많아지고, 생각도 분별망상으로 간다. 알아차려 반조하고, 삼자 관점에서 바라보고, 생각을 내려놓아야 한다. 생각을 내려놓을수록, 마음은 편해지고, 본래 자리를 찾아간다. 본래 자리의 마음에서 나온 생각은, 신과 같이 모두를 이롭게 한다.

한 생각 일으킴도 물결같이 파동으로 전파되어, 모든 것에 영향을 미친다. 행위처럼 장식에 저장되어, 영원히 남게 된다는 사실을 알아야 한다. 아상이 없는 본성의 자리에서는, 신과 같이 모든 장식의 정보가 감지된다. 보지 않아도, 듣지 않아도, 장식의 정보는 정확하고 시공을 떠난다. 과거 일의 진위, 미래 일의 예측, 모두가 이 정보를 이용하는 것이다. 아상이 없는 자성의 자리에는 누구나 가능한 일이고, 거짓 없는 세상이 된다.

아상이 쌓이면 생각이 앞을 가려, 개인 위주로 흘러 외톨이가 된다. 심하면 병으로 신호하여 제자리 찾게 안내하고, 찾게 되면 병은 사라진다. 반대로 아상이 사라지면 생각이 공감되어, 모두 좋아하고 신도 반긴다. 못하는 일 없게 되며, 진정 인간으로 즐겁고, 행복한 삶 누리게 된다. 어려움이 닥쳐도 생각이 바르면, 쉽게 극복하고 쉬운 일이 된다. 누구나 공감하고, 신도 반기는 세상 최고의 선물, 아니 즐길 수 있으랴!

2.3 삶 (2016.2.10.)

영과 혼에 몸을 받고, 생명이 붙어있는 것이 삶이고, 단 한 번의 소중한 기회다. 몸이 붙어 있으니, 의지에 따라 몸을 부리고, 무엇이든 할 수 있는 자유가 있다. 생과 생 사이는 기억이 단절되니, 기억의 생은 단 한 번, 소중한 삶의 의미 찾아야 한다. 칠십억 인류 역사에서, 단 한 번인 일백년 생은, 점 하나에 불과한 찰나이다. 이 소중한 시간을, 따지면서 분별망상으로 허비하기에는, 너무 허무한 것이다. 오직 무상으로 본래면목의 제 갈 길 걷는 것이, 인생을 제대로 즐기는 삶이다.

목숨이 붙어 있는 것은, 대부분 생명력의 신비란 것을, 명확히 인식해야 한다. 나머지는 의지력이라 할 수 있으며, 의지와 의욕이 있어야 삶을 즐길 수 있다. 이 세상 모든 것, 모든 사람, 절묘한 조화를 이루며 살아 숨 쉬고 있는 낙원이다. 어느 일도 가치가 있는 것, 소중하지 않은 일은 없다는 것, 깊이 새겨 즐겨야 한다. 어느 어려움도 주저하지 말고, 달갑게 맞아 상을 짓지 말고, 마땅히 대해야 한다. 이 좋은 세상 살아가는 즐거움, 모두 함께 누리며, 소중한 삶의 의욕을 불태운다.

햇볕이 고르게 비추듯, 생명력을 고르게 부여받고, 삶을 살아가는 것이 자연이다. 생명도 자연도 신비이고, 사람과 사물도 절묘한 신비의 조화에 어우러져 있다. 생명도 자연도 언제나 조화 찾아 흐르는 것이 순리이고, 그 적응이 순응이다. 생명력은 조화와 순응에서 높고, 벗어날수록 낮아지며, 심하면 병으로 나타난다. 병도 조화 과정으로, 찾으면 병이 사라지고, 찾지 못하면 생명력도 사라진다. 조화와 순응의 바탕에서, 왕성한 생명력과 강한 의지력의 진정한 삶을 즐긴다.

한 순간의 짧은 생애, 손실 없이 즐겨야 하며, 시간의 구속을 벗는 삶이어야 한다. 어느 일도 가리지 않고 마땅히 대해야 하며, 언제 어디든 지금여기 일 뿐이다. 지금여기를 벗어나는 순간, 어느 것도 분별망상으로 방황하며 현실을 도피한다. 이것이 시간의 구속을 받는 것이고, 분별하며 자유롭지 못한 삶을 사는 것이다. 어느 일도 상을 짓지 않고 대하는 것이, 지금여기 자유로운 영혼으로 사는 것이다. 누구든 어디든 있는 자리가 최고의 자리로, 구속받지 않는 한가한 삶이어야 한다.

2.4 죽음 (2016.12.19.)

죽음은 살아 있는 육신의 옷을 벗는 것인데, 육신의 수명을 다하고 영혼만 남아, 더 이상 몸을 부릴 수 없게 되며, 영계의 새로운 세상을 맞이하지만, 살아생전의 조화롭고 조화롭지 못한 생활의 선호에 따라, 계층을 나누어 사후세계를 맞이하게 된다.

살면서 배워 익힌 지식으로, 내 기준이 강한 사람은 상대를 좀처럼 받아들이지 못하고, 못하는 만큼 스트레스 받고 병을 자초하고 죽음을 재촉하는데, 모두가 자기의 욕심으로 자초하는 것이고, 죽고 나서도 이에 적합하게, 사후세계의 거처로 자리 잡게 된다.

삶과 죽음은 모두 생명으로 사는 것인데, 생명은 신과 함께하는 것이니, 존재조화를 벗어나면 생명을 저버리게 되고, 살아서나 죽어서나 신과 함께하지 못하는 생활을 따르게 되는 놀라운 이치가 있으니, 존재조화의 삶은 살아서 편안함은 물론 죽어서 안락함으로 인도된다.

살아서 이기심으로 욕심을 부리면, 존재를 벗어나 분별하고 스트레스 떠받으며, 몸과 마음의 부조화로 생명을 저버리고, 아픔으로 이어지고 죽음을 재촉하고, 죽어서도 떠돌며 안정을 취하지 못하고, 이리

저리 기웃거리며 못된 짓을 일삼게 된다.

살아서 욕심 부리면, 거짓도 서슴지 않고, 남의 불편쯤은 거리낌이 없으며, 진실을 외면하는 삶을 살며, 잡신을 불러들이고, 죽어서도 여기에 익숙해져, 그 상황을 직접 수행하는 잡신의 역할을 하며, 조화를 헤치며 몸을 빌려 온갖 못된 짓을 하게 된다.

2.5 인생 (2016.3.31.)

인생은 단 한 번의 소중한 기회다. 가치 있고 보람되게 살아야 한다. 선택받은 것이고, 되돌릴 수 없는 것이고, 다시 오지 않기 때문이다. 지나간 것 아쉬워하고, 오지 않은 것 걱정하는 것, 모두 부질없다. 모두 손실로 작동하고, 더구나 그 때마다 비교하고 분별하기 때문이다. 비교 분별은 상에서 나온 것이며, 그럴수록 철옹성에 갇혀 더욱 외롭다. 비교, 분별 상을 벗는 일은, 너와 나의 행복을 위하는 것이며, 의식이 깨어난다.

보람된 인생은 돈도, 명예도, 지위도 아니고, 인간의 신성을 회복하는 것이다. 돈 있어도 모두 위하지 않고 욕심 부리면, 스트레스로 병이 작동한다. 명예 있어도 내가 누군데 하면, 바로 수자상이 작동하여 편안하지 못하다. 지위 있어도 어깨 힘주고 에햄하면, 나만 아는 에고 작동하여 의식은 더욱 낮아진다. 이 모두 인간의 신성으로 살아가는 인생과는 거리가 있다. 본래 인간은 더불어 서로 돕고, 모두 어깨 나란히 행복하게 사는 것이기 때문이다.

사노라면 어려움, 괴로움, 외로움, 서러움 여러 가지 겪을 수 있다. 어찌하면 좋을까, 피하지 못하고 어차피 겪을 거라면 순응해야 한다. 인생은 다 그런 것, 이럴 때도 저럴 때도 있는 것, 물결은 가라앉는다. 그러니라 다 이유가 있으니까, 때가 되면 무르익어 드러나게 돼 있다. 사는 것은 다 그런 것, 이런 사람 저런 사람 다 이유가 있을 것이다. 그래서 존재하는 것이고, 존재의 이유, 맡은 역할 제대로 하라는 것이다.

꿈도 있고, 희망도 있고, 야망도 있고, 인생은 다 그런 것이다. 그런 것 모두 외적인 것으로 추구하는 것이고, 분별하는 것이고, 따지는 것이다. 분별은 경쟁으로, 다툼으로, 동물 같이 의식이 낮은 곳으로 향하게 한다. 그래서 분별하지 마라! 따지지 마라! 있는 그대로 보라! 하는 것이다. 그러면 인생은 꽃이 피기 시작하고, 무한의 신성을 발휘하기 시작한다. 비로소 풍류로 인생을 맞이하고, 남의 행복을 위할 줄 아는 인간이 된다.

2.6 진실 (2018.9.23.)

진실은 진리의 실상이다. 진리의 구현이 실상이다. 이것이 진실이다. 인간이 걸어야 할 길이다. 전체와 함께 하고 생명과 함께 한다. 진정 살아가는 길이다. 누구에게나 가장 편안한 길이다. 나머지는 고통의 가시밭길이다. 지식으로 분별하여 불편하고, 불안하게 한다. 존재를 무시하고, 전체를 망각한다. 진실은 존재와 함께 한다. 존재의 이유는 진리를 구현하는데 있다. 이것이 진실이다.

진실은 의식과 함께 한다. 의식이 깨어나야 진실을 실천한다. 이는 생명과 함께 하는 정도이다. 생명과 함께 하지 못하면 인간으로 죽음이다. 항시 분별하며 존재를 저버린다. 이때는 하는 짓이 모두가 허상이다. 진리는 없고 모두가 허위다. 겉만 포장하고 거짓으로 일관한다. 모름지기 진실은 의식과 함께 한다. 속이 가득 차 있는 것은 지식이 아니고 생명이다. 여기서 진실이 나온다.

지식은 항시 진실을 외면한다. 본바탕이 그렇다. 지식의 속성은 분별이다. 영원히 전체에 이르지 못한다. 그래서 지식은 전체를 위해야 하고, 전체와 함께 해야 한다. 이것이 지식의 의무이고 초월이다. 생명과 함께 하는 방법이고, 진리를 구현하는 방법이다. 이것이 진실이다. 의식이 한없이 깨어나고, 생명의 신비를 느낀다. 진실을 구현하는 방법은 지식의 초월이고, 전체와 함께 함이다.

진실은 분별을 멀리 한다. 분별은 진실을 위장한다. 지식으로 분별하고 부분에 머무른다. 전체에는 영원히 이르지 못하고, 진리의 실상을 외면한다. 지식으로는 진실의 실천이 불가능하다. 오직 지식은 생명과 함께 할 때 진실을 실천한다. 이는 지식의 초월이고 분별의 사라짐이다. 옳고 그름이 없고 전체를 수용한다. 분별없음은 존재로 있으며, 생명과 함께 하는 바탕을 이룬다.

살아가는 의미는 진실을 구현하는데 있다. 진실이 아닌 삶은, 살아있는 것이 아니다. 인간의 삶이 아니다. 인간으로 진실의 삶이 아니면, 인성이 사라지기 때문이다. 생명을 외면하기 때문이다. 지식의 덫에 사로잡혀, 속고 속이는 허상을 추구하며, 인생을 허무하게 보낸다. 이렇게 진실을 외면하는 삶은, 인간으로서 죽음이다. 의식은 추락하고, 인성은 사라져, 동물성을 나타내며, 욕심을 부린다.

2.7 전체 (2018.11.5.)

전체는 시공을 망라한다. 모두를 포함한다. 하나로 움직인다. 이것이 생명이다. 우주의 원리다. 크고 넓고 원대하다. 끝이 없다. 시작도 없다. 그렇게 움직인다. 알 수 없는 신비다. 이를 알려하는 것은 무모하다. 알려 하는 순간 전체에서 벗어난다. 지식의 분별 때문이다. 소멸의 과정을 겪는다. 그래서 지식은 죽음이다. 전체에서 이탈하기 때문이다. 전체와 함께 하는 것이 진정한 삶이다.

전체는 삶과 죽음까지 포함한다. 이렇게 전체는 모든 것을 포함한다. 그리고 절묘하게 하나로 움직인다. 그 이치는 알 수 없는 신비다. 신비는 그 자체로 받아들이면 그만이다. 생명은 그렇게 받아들일 때 작동한다. 받지 못하면 생명에 대한 거부다. 생명이 작동하지 않아 부조화가 형성된다. 불안과 불편을 지속한다. 알아차려 제자리 찾는 것은 존재이고, 전체와 함께 함이다.

전체는 존재하는 모두와 함께 한다. 잘나고 못나고도 없다. 잘하고 못하고도 없다. 한데 어울려 하나로 있다. 그것이 전체이고 생명이다. 거기 진리가 있다. 전체와 함께 할 때, 존재 상태에 이르고, 생명이 작동한다. 이렇게 전체의 의미는 크다. 지식으로 분별하며, 진리에 이르고자 하는 것은 무모하다. 지식도 전체 속에 함께 해야 한다. 그렇게 할 때만 지식은 온전하다.

전체는 신도 잡신도 함께 한다. 신은 전체와 함께 하지만, 잡신은 전체를 벗어나려 한다. 잡신은 온갖 수단을 다하지만, 전체를 능가할 수는 없다. 진실을 행하지 못하고, 거짓을 행한다. 위장과 포장을 거듭하며, 거짓을 행한다. 그렇게 잡신은 전체를 수용하지 못한다. 지식이 하는 일이 그와 같다. 지식에 머무는 한 언제든 잡신의 역할을 한다. 지식을 탈피할 때만 전체가 되고, 신의 역할을 한다.

전체는 늘 존재로 있다. 존재는 분별없는 상태다. 있는 그대로이다. 이 상태를 유지하면 전체와 함께 한다. 생명과 함께 한다. 깨달음에 이른다. 본성을 발휘한다. 못하는 것이 없다. 어느 일을 해도 상관없다. 귀천이 없다. 존재로 맞이하면 전체와 함께 한다. 그렇게 전체는 절묘한 조화를 이룬다. 이렇게 존재하는 모두는 꼭 필요한 존재로 전체를 이룬다. 이것이 생명이고, 우주의 원리다.

2.8 생명 (2015.9.4.)

생명은 모든 대상에게 목숨이 붙어살아 있게 하는, 무진장의 원력의 존재다. 보이지 않지만, 본래 무한의 힘과, 무궁의 에너지가 잠재하고 있다. 인간은 본성을 되찾으면, 생명력을 극대화할 수 있는 신성이 있다. 생명은 아상에 반비례하며, 아상이 사라지면, 생명력은 증가한다. 아상을 버릴수록 의식수준이 향상되어, 생명으로 살아간다. 생명으로 사는 것은, 기쁨과 환희의 존재의 삶이 된다.

목숨은 생명의 힘이고, 목숨이 다하면, 생명은 떠나간 것이다. 목숨을 다 바쳐, 이 생명 다 하도록, 존재의 기쁨을 누려야 한다. 지난 일, 앞 일 방황하면, 지금여기를 떠나 존재가 사라지며, 생명도 없다. 인연따라 받은 생명, 소중한 단 한 번의 기회, 고맙고 감사해야 한다. 생명 덕분으로 존재하며, 존재로서 살아가는 것이, 누구에게나 의무이다. 존재에서 벗어날수록, 생명도 멀어지니, 무념무상이 최고이다.

내가 중심이고 기준이 되면, 나머지는 그릇된 것으로 된다. 호불호로 분별이 발생하고, 항시 불평불만으로, 하나에서 멀어진다. 하나가 될 때 생명이 약동하고, 의식수준도 향상된다. 의식수준이 향상되면, 신비로운 체험을 할 수 있는 신성을 갖춘다. 받아들이면 둘이 아니고, 하나가 되는 것이니, 생명이 넘쳐흐른다. 하나가 되면 전체가 되고, 조화를 이루는 것이니, 생명도 춤을 춘다.

이 세상 모든 것 필요하고, 소중하고, 절묘한 조화를 이루고 있다. 나 혼자면 외로움, 고통, 번뇌이고, 다 함께이면 기쁨, 즐거움, 환희이다. 인생은 다 함께 더불어 사는 것, 햇빛은 모두에게 아낌없이 비춘다. 나 혼자면 생명은 위축되고, 다 함께이면 약동하고 넘쳐흐른다. 이 고통, 이 괴로움, 생명으로 벗어나는 것, 너무나 쉬운 것이다. 인간은 본래 그런 것, 생명으로 다 함께 더불어 사는 것이다.

2.9 의식 (2016.3.30.)

깨어 있는 상태로 동물은 좁게 부분만을, 인간은 넓게 전체까지 본다. 동물은 의식이 낮게, 인간은 동물보다 높게, 신의 수준까지 끝이 없다. 의식은 하는 일이 동물 같으면 낮게, 신과 같으면 높게 나타난다. 동물이 욕심가득 자기이득 취하듯, 인간도 자기기준이면 의식이 낮아진다. 신의 역할 모두 이롭게 하듯, 인간도 모두 위하면 신의 수준까지 높아진다. 의식이 높아지면, 어느 것에도 걸림 없이 편안하고, 신비의 체험을 한다.

의식이 높아지면 깨달음에 이르며, 모두 이롭게 하는 것을 기본으로 삼는다. 보이지 않는 영역까지 접할 수 있는 혜안이 열려 진리에 접촉한다. 모든 것 체득한 것 바탕으로 하며, 끝없는 신비의 체험을 하게 된다. 보통 이해할 수 없지만, 체득을 바탕하니, 믿지 않을 수도 없다. 체득을 거듭하면 신뢰가 쌓이고, 여러 가지 이로운 일을 하게 된다. 비로소 신성의 인간으로 살아갈 수 있는 자격을 부여받는 것이다.

깨달음에 이르렀다고, 겉으로 변하는 것은 전혀 없어 보인다. 다르게 보이지 않지만, 수준 높은 자는 높은 자를 알 수 있고 알아본다. 겉으로 깨달은 척 드러내는 것은, 덜 깨어나 그런 것이라 보면 틀림없다. 경험자만이 알 수 있는 것이고, 수준에 따라 무한의 일을 할 수 있다. 드러내는 자는 대부분 잿밥에 관심 있는 자로, 아직 상이 덜 벗은 자이다. 진정 깨달은 자는 오직 다함께 행복에 이르는 길에, 모든 관심 가 있다.

인간은 끝없는 무한 의식을 지니고 있는데, 그런 줄도 모르고 지낸다. 온갖 머리 동원하고 지식 모으지만, 그럴수록 의식은 더욱 낮아진다. 모두 개인영달을 위하는, 의식을 낮추는데 방향이 맞춰있기 때문이다. 의식을 높이는 방향은 상을 벗고 모두의 행복을 위하는 것이다. 이 방향이면 서로 따질 일 없고, 서로 돕는 일에 관심이 있다. 햇빛이 비추듯, 서로 돕는 일인 신의 역할을 하며, 의식은 깨어나고 신성을 발휘한다.

2.10 순수 (2016.3.31.)

마음에 때가 끼지 않고 맑은 상태가 돼야, 분별없는 잠재력이 나타난다. 누구나 태어날 때 순수한 상태지만, 살아가며 삶의 찌든 때 낀다. 사람 따라 관리상태 다양하고, 순수 가려 있는 자는 본심을 드러내지 않는다. 온갖 못된 짓 다하고, 항시 혼자 잘 사는 궁리만 일삼고 있다. 이런 자 반드시 등 돌리고, 조직의 손해 끼치는 재주가 뛰어나다. 순수성 회복은 개인 잠재력을 회복하여, 편안한 생활로 이끄는 바탕이다.

순수 없으면 항시 분별하며 가슴 졸이고, 혼자 살 궁리만 한다. 이해는 온데간데없고, 오직 혼자 이익만 바라보는 몰염치를 서슴지 않는다. 겉으로는 점잖은 체, 잘하는 체 포장하고 떠벌리지만, 속은 비어 있다. 속이 비어 있어, 언제나 마음은 허전하고 채우기 위해, 이상한

짓 한다. 순수 잃으면 인생은 항시 괴롭고, 고달프고, 불안하고, 굶주림 속에 살아간다. 순수 찾으면 언제나 맑고, 밝고, 떳떳하고, 남을 위하고, 편안하다.

깨달음은 때가 완전히 벗은 순수 상태여야 시작하며, 본심을 드러낸다. 사람의 본심은 언제나 맑고 영롱한 것, 그런 줄도 모르고 가리고 살아간다. 인간성 회복은 순수 찾아 본심을 드러내기 시작한다. 인간은 본래 함께 더불어 살고, 서로 돕고 사는 것이 기본이다. 순수를 찾아야 비로소 인간이 되는 것, 찾지 못하면 동물 수준이다. 이 아름다운 세상, 순수 찾아 편안하게 살아야, 인생은 풍류가 된다.

무위는 순수 바탕에서 나오는 것, 그렇지 못하면 모두가 인위로 된다. 인위는 부분 바탕으로 거짓이 되고, 순수가 낮으면 못된 짓 다한다. 왜냐면 때가 껴 본심 가리고, 사리 분별력 떨어져 눈앞 이익만 보이기 때문이다. 수단방법 안 가릴수록, 때는 더욱 껴, 인간성은 완전 실종된다. 그때마다 악업 쌓고, 반드시 돌아와 악연으로 나타나는 묘한 이치 있다. 인생은 그런 것 아니고, 순수 찾아 무위로 기쁨과 행복을 나누는 것이 되어야 한다.

2.11 지식 (2016.3.21.)

배워 익힌 것이 지식이고, 누구나 추구하고 익히면, 안다고 우쭐하기 쉽다. 남이 알아주는 것으로 착각하고, 그 달콤함에 빠지면, 우물 안 개구리와 같다. 지식의 범위가 너무 좁기 때문이며, 지식만으로 왜소함은 벗을 수가 없다. 지식은 쌓을수록 그 울타리가 강해져 허물기가 더욱 어려워지는 특성 있다. 지식인은 본인이 최고라 생각하지만, 지식은 전체 진리의 일각일 뿐이다. 지식으론 전체 진리를 영원히 밝히지 못해, 선각자는 지식을 죽음이라 했다.

여러 경전에 생명은 길이요, 빛이요, 진리라 했고, 생명이 바로 신이라 했다. 생명인 신의 도움 없인 숨 하나 쉬는 것조차, 잠간동안도 지속하기 어렵다. 소화, 배설 등 신의 도움 없인 불가능, 그래서 생명이 신이라 하는 것이다. 병의 치유도 신의 이해, 도움 없인 완치는 불가능하다. 신의 역할은 조화 이루는 것, 몸과 마음 조화이루면, 모든 병은 스스로 물러난다. 지식은 전체 진리의 영역인 신에 비하면 빙산의 일각이고, 부분의 부분일 뿐이다.

에고가 있으면 신과 대화는 불가능, 지식은 에고 쌓는 마약 같은 존재다. 지식으로 쌓은 에고는 생명을 좀 먹고, 신의 외면을 받는 외톨이가 된다. 지식은 에고를 키우고, 에고가 높으면 스트레스 높아지고, 병으로 작동된다. 의식은 에고가 사라져야 깨어나고, 인간의 신성을 발휘하기 시작한다. 인간의 신성은 끝이 없으며, 보이지 않는 영역까지 확장하여 볼 수 있다. 지식은 소유분별 망상으로 이끌고, 기쁨과 행복의 삶과 거리를 두고 있다.

지식은 의식과 관계없지만, 지식은 에고 쌓기 쉽고, 에고는 의식을 낮춘다. 의식이 낮으면 지식이 높아도, 사고는 동물수준에 불과해 인간이 아니다. 의식이 높으면 지식이 낮아도, 사고는 신적 수준으로 행복이 넘쳐난다. 지식만 있고 순수가 낮으면, 항상 개인을 위하며 동물이하의 삶을 살아간다. 지식이 낮아도 순수 바탕의 의식이 깨어나면, 인간의 신성을 발휘한다. 의식이 깨어나면 어느 일도 기쁨으로 대하며, 항상 편안하고 행복한 상태가 된다.

2.12 고정관념 (2015.8.17.)

고정관념은 지식으로 배워 익혀, 머리에 자리잡아 고정된 기준의 잣대다. 좀처럼 움직이지 않고, 그 기준이 정확하고 최고로 인식한다. 그 기준에 맞지 않으면, 받아들이지 못하고 무조건 거부한다. 많이 배울수록 심하고, 수용력이 부족한 부분은 스트레스로 남게 된다. 바다처럼 모두 받아들이면, 스트레스를 받을 일은 없다.

지식은 일부분, 오류도 포함되며, 전체는 설명할 수 없는 신비다. 내가 아는 것은 지극히 일부분에 불과하단 것을 알아야 한다. 아무리 열심히 했어도, 나의 고정관념도 일부분일 뿐이다. 이를 의존하면 완전하지 못하고, 잘못 판단할 때가 많다. 전체 바탕의 판단이 온전하다는 것은 틀림없는 사실이다. 이래서 많은 사람의 의견을 수렴하는 것은 아주 중요하다. 중요한 사안일수록 시간을 충분히 활용하여, 전체를 아울러야 한다.

과학이 아무리 발달했어도 못 밝힌 것이 대부분이다. 지구상 인간의 지식을 총동원해도 전체의 0.4%에 불과하다. 나머지는 신비의 몫이란 걸 인정해야 한다. 이는 미래에도 변하지 않는다는 사실을 알아야 한다. 열심히 하지 말란 얘기가 아니고, 무위로 더욱 열심히 하란 얘기다. 겸손이 필요하고, 인간의 신성을 발휘하여 전체 보는 삶을 찾아야 한다.

고정관념으로 받아들이지 못할 때 겪게 되는 일이다. 우선 내 기준과 다르니, 상대를 이해하기 어렵고 이상하게 여긴다. 겉으로는 감추지만 속으로는 부글부글 욕구불만으로 스트레스 쌓인다. 지속되면 병으로 나타나 모두가 외면하는 외로운 인생 된다. 받아들임은 걸림이 없어 편안함만 남게 되는 최고의 선물이다. 고정관념은 철옹성 보다 더 단단해, 암 보다도 더 무서운 존재가 된다.

2.13 교육 (2015.8.25.)

교육은 지식을 가르치고, 인간 성품을 기르는 것이다. 가르치고 기르는 것 중에 어느 하나 빠지면 불완전하다. 지식은 인문사회, 자연과학 전체를 포함해야 한다. 인간 성육은 인간답게 더불어 살 수 있는 바탕을 갖추는 것이다. 지식은 부분이 아닌 전체를 볼 수 있는 능력을 갖추도록 해야 한다. 성육은 인간의 본성으로 존재의 기쁨을 누릴 수 있도록 해야 한다.

지식은 고정관념을 키우고, 수용력을 감소시켜, 왜소한 인간으로 만든다. 지식으로는 고정관념이 더욱 더 굳어질 뿐이다. 많이 배울수록 고정관념은 더욱 더 공고해진다. 고정관념은 배타적이 되며, 수용력이 부족하여, 매사 충돌을 야기 시킨다. 받아들이지 못하는 부분은, 몸과 마음에 스트레스로 작용한다. 지속되면 약한 부분에 반드시 반응하는 것이 특성이다.

인간 성육은 본성을 되찾는 것으로, 신성을 발휘케 하는 것이다. 신은 언제나 어디서나 모두에게 모든 것을 고르게 베풀고 있다. 무한의 신이지만 다툼이 없으며, 언제나 하나로서 답을 주고 있다. 신적 체험은 하면 할수록 좋은 것이며, 신비를 맛볼 수 있다. 누구나 신비를 맛볼 수 있으며, 이게 바로 인간의 신성이라 한다. 신은 언제나 아상이 사라진, 사랑으로 충만될 때만 함께 한다.

살아가면서 지식은 필요하지만, 배타적이며 왜소한 인간으로 만든다. 언제나 소유와 경쟁을 야기하며, 존재의 삶은 멀어져 간다. 존재의 삶은 인간의 본성을 발휘할 때만 가능한 것이다. 인간의 본성은 함께 더불어 살며, 서로 이롭게 하는 것이다. 분별망상 없이 언제나 하나로, 존재의 기쁨을 맛볼 수 있다. 교육은 지식 배타성을 인간성육 이타성으로 보전하는 것이어야 한다.

2.14 공부 (2015.8.17.)

공부는 인생을 풍요롭게 하기 위해, 몸과 마음을 갈고 닦는 것을 말한다. 교육을 통해 지식의 가르침과 품성의 함양을 받고, 인간으로 길러진다. 체육을 통해 몸을 닦고, 몸과 마음이 조화로운 인간으로 길러진다. 삶을 손실 없이 즐길 수 있는 방법을 터득하고 갖춘다. 성숙한 인간으로 거듭 태어나 본성을 되찾는다. 공부는 죽도록 해도 끝이 없는 것이고, 무위자연의 멋을 알 수 있는 것이다.

누가누가 잘 하나의 교육은 진정하지 못하다. 이 주입식 가르침은 수동적 인간만 양성하게 된다. 끝이 없는 경쟁과 소유의 삶을 부추겨, 온통 욕구불만의 세상이 된다. 인간으로의 성숙은 오갈 데 없고, 미성숙의 불량자만 양성된다. 더불어 함께 사는 존재의 삶은 이룰 수가 없다. 우리 교육의 현주소는 공부와는 거리가 먼 것이다.

단 한 번의 소중한 기회인 이 생애, 무심무위의 삶을 살기 위해, 지난 아쉬움, 오지 않은 앞날 걱정 등 분별망상의 소유의 삶을 피해야 한다. 사랑의 기쁨, 공존의 환희 등 존재의 삶을 위해, 칠정의 마음의 조화, 자연과의 순화, 우주의 신비를 따르고, 생사고락 등 모든 것 있는 그대로 받아들이는 순리를 따르기 위해, 죽는 날까지 갈고 닦아, 몸과 마음의 조화와 평화를 위해 공부한다.

산속에 혼자 있어도, 들판에 홀로 남아도 살아갈 수 있다. 빈부귀천 가리지 않고, 고르게 하나로 소통하고 교류한다. 수동적이 아닌 긍정적인 사고와 행위를 영위한다. 위로 올라갈수록 고개를 숙이고, 전체를 따른다. 우주조화와 자연 순응을 이해하여 모든 것 받아들인다. 인간의 본성을 발휘하는 영롱한 자유로운 영혼으로 삶을 즐긴다. 이를 위해 삶을 거듭하며, 공부하고 또 공부한다.

2.15 상식 (2015.8.18.)

상식은 일반인이 공유하고 있는 지식과 관습, 보편적 인식이다. 보고 배워 익힌 지식과 경험에 바탕을 한다. 상식은 널리 인식되는 것이라 올바르야 한다. 지식의 세계는 부분이고, 신비까지 포함돼야 전체가 된다. 신비는 신의 영역으로 일반인은 알 수가 없다. 신비를 받아드려 전체되는 상식이 절실히 필요하다.

법률에 오류 있으면 그의 판정은 그르게 되듯, 상식이 잘못돼 있으면, 그 피해 알 수가 없다. 상식은 잘못돼 있어도 대다수이면 그것이 상식이 된다. 속은 줄도 모르는 세상이 되니 너무 서글픈 것이다. 올바른 세상을 위해, 상식이 확장되고 바로 서야한다.

한 생각 일으킴까지 정보가 되어, 영원히 저장된다. 의식이 깨어나면 그 정보를 알 수가 있다. 안 보이는 마음도, 멀리 있는 정보도, 모두가 감지된다. 거짓은 시간이 짧고, 진리는 영원하다. 나의 일거수일투족 모두가 드러난다는 상식이 자리 잡으면, 거짓 없는 사회구현은 어렵지 않고, 이것이 상식의 확장이다.

이런 것이 상식으로 자리 잡으면 어떨지! 상식은 거짓 없는 진리가 바탕이어야 한다. 아상은 항상 내가 기준이고 중심이다. 아상이 높으면 항시 속으로는 족하지 못한다. 아상은 스트레스와 절친 이고, 병으로 반드시 연결된다. 아상은 부분이라 조화에서 벗어나는 것, 모두가 싫어하고, 신까지 외면한다. 아상은 지식이 모체이며, 오류투성이다. 상식에서 아상의 흔적은 지워져야 한다.

2.16 신비 (2015.9.14.)

일어나는 현상의 원리를 인간의 인문, 자연, 과학, 지식으로는 알 수 없다. 호흡 하나 지식으로는 알 수가 없고, 심장박동, 소화, 배설 등 모두 신비다. 어느 현상 하나 밝혔다고 모두 아는 것으로 착각하고 그렇게들 믿고 있다. 인간이 밝힌 것은 눈곱만큼도 못 된다는 사실을 알아야 한다. 보이지 않는 현상이 얼마나 많은지! 이를 인정하지 못하면 우물 안의 개구리와 같다. 넓고 넓은 끝이 없는 세상의 모든 것, 절묘한 조화와 신비로 가득차여 있다.

보이는 것도 얼마나 미숙하고 불완전 한 지 알 수가 없고, 알려고도 하지 않는다. 그냥 무조건 믿는 모습과 세태가 그야말로 한심하기 이를 데 없다. 그러면서 신비의 세상은 인정하지 못하고, 미신이라 매도하려 하고 있다. 가장 믿고 따르는 과학의 이론과 원리도 대부분 현상을 관찰한 것뿐이다. 그것도 전체가 아니고, 부분만을 관찰하여 정리한 것이란 것 알아야 한다. 그때 과학은 미신이다. 이 세상 일어나는 현상, 극히 일부분만 지식이고, 나머지는 신비이다.

신비는 신에 의한 것이라 알 수도 없고, 그냥 받아들이면 틀림이 없다. 신은 육근을 작동하고, 시공의 떠나 무시무거(無時無距) 무한의 일을 쉼 없이 한다. 신의 수는 무한이고, 모든 일 한 목소리로 모두 이롭게 한다. 이 세상 모든 일은 신비 없는 일은 없다는 것을 인정하고 알아야 한다. 신비는 알 수 없는 일이며, 신비로서 대하고, 고맙고 감사할 일이다. 받아들임은 걸림이 없는 것이고, 분별망상을 벗어나는 길로 인도한다.

인간이 하는 일이란 지어서 하는 일로, 거짓이라 인위 거짓이라 한다. 여기서 벗어나는 것은 인위가 아니라, 신위로서 신성을 발휘하는 것뿐이다. 신성은 모든 것을 이롭게 하는 일만 하는 것이다. 아상을 버리면 되는 일이다. 이러면 인간으로 신비의 일을 할 수 있는 초월의 삶을 살 수 있다. 지식을 초월한 신비의 삶을 살아도 달라진 것은 없다는 것도 알아야 한다. 오로지 여여하게 받아들이며, 마음의 제자리를 알고, 편안한 삶이 최고이다.

2.17 미신 (2015.12.13.)

미신은 미혹, 착각에 의해 사실이 아닌 것을 사실로 알고 의지하고 믿고 있는 것을 말한다. 일반적으로 무속 신앙을 미신이라 믿고 있지만, 그것은 형용할 수 없이 많다. 잘못 굳게 믿고 있으면, 그것이 바로 미신이란 것 알아 차려야 한다. 굴뚝 연기처럼 굳게 믿었건만, 안 나오면 마찬가지 잘못 믿은 것이다. 병원 가면 나을 것이라 굴뚝 같이 믿었는데, 악화됐다면 그것도 미혹이다. 인문, 사회, 종교, 과학 등 미혹된 부분 수없이 많다는 것을 모두 다 알아야 한다.

잘못 믿으면 속은 것, 효과 없어도 속은 것, 그런 것 수도 없이 많다. 약을 먹으면 나을 것이라 굳게 믿고 있지만, 그렇지 못한 경우 너무 많다. 모든 약은 부작용 없는 것이 없다는 것을 알아야 하고, 그 폐해 너무나 많다. 건강은 몸과 마음의 균형이고, 병의 작동은 조화에서 벗어나 시작한다. 몸의 조화, 마음의 조화 되찾으면 병은 스스로 저절로 사라진다. 만물의 조화는 음양으로 이뤄지듯 병의 작동도 음양으로 일어난다.

피안, 낙원과 천국이 따로 있다 믿는 것은 모두 다 미혹이고 미신이다. 이뤄지는 모든 것은 지금 여기이고, 이를 벗어나면 멀어져 간다는 것을 알아야 한다. 근심, 걱정, 분별, 망상 일삼으니, 손실이 작동하고 성사는 어려워진다. 지금을 벗어날수록 지난 일에 아쉬움, 미련, 오는 일에 근심, 걱정하게 된다. 현세가 아닌 내세에서 천국을 찾는 것도 마찬가지로 부질없는 미혹이다. 여기 아닌 다른 곳에서 이뤄지는 일 없으니, 피안, 천국도 모두 미혹이다.

마음이 몸에서 떠나면, 미혹에 빠지고 망상을 일삼는 것을 알아차려야 한다. 멀리 떠날수록 망상은 심해지니, 거꾸로 구속이 심해져 부자유해진다. 자유로운 영혼이란 몸과 마음이 함께 할 때만 가능한 일이다. 다른 생각이 날 때는, 마음이 몸에서 떠난 것이니, 마음이 편안치 못하다. 누구나 어디서든지 지금 여기를 떠나면 구속되고 불편한 세계로 간다. 자유로운 영혼이란 마음이 편한 상태로 지금여기 함께 할 때뿐이다.

2.18 자연 (2015.9.24.)

스스로 있는 그대로 모두 필요하고, 부족함이 없는 절묘한 조화의 상태다. 자연 속에서 자연스럽게 사는 삶은 조화와 순리를 따르는 것이다. 자연을 벗어나는 삶은 인위의 삶이 되고, 조화와 순리에서 멀어진다. 자연은 부족함이 없는 전체이고, 인위는 불완전한 부분이 된다. 자연을 벗어나면 인위가 되고, 완전에서 불완전으로 가게 된다. 자연과 동화하는 것은, 조화 속에 존재의 삶으로 즐기는 인생이 된다.

인간은 더불어 살아야 진정 인간이 되듯이, 자연과도 그래야 건강하다. 자연은 인간에게 안식처, 먹거리, 입을 거리 등 무한 혜택을 준다. 자연에 거스르면 안식처가 평안하지 못하고, 먹거리도 제 가치 못한다. 자연에 있는 어느 것도 필요하지 않은 것은 없다는 것을 인식해야 한다. 공존, 상생이 자연의 본성, 그를 따르는 것이 순리의 삶이 된다. 자연 있는 그대로 함께 더불어 사는 지혜이면, 행복의 삶으로 이끈다.

인간의 문명은 자연에 대한 끝없는 도전과 극복으로 점철돼 있다. 인간이 편의를 위해 인위로 자연에 손을 대는 만큼 그릇되어 간다. 어긋난 부분은 조화를 이룰 때까지 끝이 없는 변화와 조정이 일어난다. 조정작용은 지상과 지하에서 크고 작게 물질 구성 원소까지 작동한다. 균형과 조화의 원리에 따라 자연의 복원이 이뤄진다는 것을 인식해야 한다. 가능한 자연은 있는 그대로 부득이 한 경우 최소로 하는 것이 좋다.

자연의 신비는 오묘하고 절묘하여 인간의 지식으로는 알 수가 없다. 쌀 한 톨 생성의 원리조차 알 수 없는 신비가 가득한 것을 알아야 한다. 자연 만물의 존재와 역할을 모르는 것, 대부분 신비롭고 신비롭다. 신비로운 자연을 인위로 조정하는 것은 무모하고 그르치기 십상이다. 인간 편의의 부득이한 경우에도 자연 원리에 따라 한계를 둬야 한다.

자연은 신성으로 가득하며, 신비는 신비로 대하는 것이 최상이다.

2.19 관심 (2016.2.9.)

마음을 쓰고, 뜻이 있는 것이 관심이고, 행동과 일로 옮겨야, 가치가 나타난다. 일의 효율을 높여야 하며, 가장 좋은 방법은 집중으로 손실을 줄이는 것이다. 집중으로 손실 줄이는 방법은, 지금여기 즐기는 것이고, 벗어나면 모두가 손실이다. 관심과 호기심 있어야 하고, 어느 일도 즐겨 해야 효율이 높아지고, 성과 있다. 정신이든 육체든 관심 있는 것에 즐겨 몰두하는 것이, 성과가 좋게 나타난다. 이루려 추구하는 것은 비교, 분열로 손실 작동되니, 그저 하는 일 즐겨야 한다.

마음은 항시 오락가락 종잡을 수 없고, 불안정하고 평정을 이루기 쉽지 않다. 일하면서 다른 생각 하면 일의 능률 오를 수 없고, 지금여기를 떠난 것이다. 지금여기 떠날 때마다 마음은 몸을 떠나, 마음대로 떠돌며 방황하는 것이다. 마음 떠나 하는 일은 항시 눈치, 경쟁, 사적인 일에 관심 갖는 소유의 삶이다. 그래서 지금여기 하는 일에 몰두하는 것이, 어느 것도 걸림 없는 존재의 삶이다. 지금여기 즐기는 행복은 누구에게나 주어진 선물이지만, 관심에서 유발된다.

흔히 욕심 있어야 공부도 열심히 하고, 경쟁에서 이길 수 있다고 하고 있다. 하지만 욕심으로는 불완전하고, 오히려 효율이 떨어져 성과가 높지 않다. 욕심 자체가 추구, 경쟁 등으로 집중을 방해하여, 손실 작동되니 효율이 낮다. 목표는 뚜렷해야 되고, 목표를 위해 관심이 필요하고, 행위는 손실 없어야 한다. 행위는 목표에서 나오지만 그 집중은 무엇이든 지금여기 즐기는 데 있다. 언제나 지금여기, 어느 일도 욕심 아닌 열중으로, 즐기는 것이 열정이고, 진정 인생이다.

나가 싸워 이겨라 하지만, 이기는 것이 결코 편안한 행복의 가치는 아니다. 이기는 자 있으면 지는 자 있기 마련, 더불어 함께하지 못하는 에고가 쌓인다. 이기고자 하는 마음은, 지금여기 벗어나는 손실로 작동하니, 효율 낮아진다. 어느 어려운 일도 따지지 않고 즐겨하는 것이, 어렵지 않게 하는 것이다. 이기고자 하는 마음으로는, 이것저것 따지게 되고, 즐겨할 수 없게 된다. 관심에서 행위로 이기고자 하는 마음보다, 지금여기 즐기는 지혜 필요하다.

2.20 자유 (2015.9.11.)

몸과 마음의 걸림과 구속이 없는 상태로, 개인, 집단, 사회, 국가 등으로 분류된다. 나이 들며 분별하고 눈치 보며, 주변에 구속되고 걸림을 만든다. 잃어버린 본래 모습을 회복하여, 분별없는 삶이 자유이고, 존재이다. 존재의 삶은 남을 간섭해서는 이룰 수 없는, 상호 자유가 보장되는 삶이다. 존재로 사는 자가 많을수록 사회는 맑아지고, 상식이 통하게 된다. 더불어 사는 기쁨이 넘쳐나는, 즐거운 행복 사회의 구현은 자유가 받쳐준다.

지난 세월 아쉬움과 오지 않은 앞날 걱정은 분별이고, 소유 망상이다. 지금 여기 몸과 마음 함께 할 때 존재이고, 구속에서 벗어난 자유이다. 존재에서 멀어질수록 손실은 커지는 줄도 모르고 자꾸만 커진다. 분별하면 망상이고, 소유욕만 커지고, 모두가 싫어하는 외톨이가 되는 길이다. 자유롭지 못하고, 구속이 심해져, 수렁의 심연으로 점점 더 빠져드는, 외롭고도 외로운 모두가 싫어하는, 그 길의 선택은 누구의 몫이런가?

자유라 해서, 마음대로 내키는 대로 하란 것이 아니란 것을 알아야 한다. 그것은 방종이라 하고 걸림이 있고, 아상이 쌓이고, 손실만 일으킨다. 사람이 우선이라 잘못알고, 차도에서 차가 와도 모른 체 하고 그냥 간다. 몰라도 너무 모르는 행동이고, 그런 것은 자유가 아니고, 소중한 생명 저버릴 수 있다. 본성은 그런 것이 아닐 것인데, 지킬 것은 지켜야 자유가 보장된다. 자유로운 영혼은 따를 것 따르면서, 자성에서 우러나는 것이어야 한다.

사람은 서로 이롭게 하며, 더불어 살아가야 진정 인간이라 한다. 이 길은 아상이 사라지고, 의식이 향상되고, 깨달음에 이르는 길이다. 모두가 편안하고, 기쁨과 행복이 넘쳐나는, 살맛나는 세상이 된다. 서로 이롭게 하는 일에 방해가 되는 행위는 자유라 할 수 없다. 자유는 존재의 삶을 바탕으로, 서로 이롭게 하는 원천이 되어야 한다. 서로 돕는 인간 사회는, 자유가 바탕이어야 하고, 신도 하는 일이다.

2.21 행복 (2015.8.22.)

행복은 편안함, 즐거움, 기쁨, 조화 등 만족의 정도를 나타내는 척도다. 편안하기 위해서는 마음의 걸림이 없어야 한다. 즐거움을 위해서는 무위로 더불어 함께 사는 바탕이 되어야 한다. 기쁨을 위해서는 바램이 없는 존재의 삶이어야 한다. 그리고 몸과 마음, 사회와 자연의 조화가 이뤄져야 한다. 지난 아쉬움, 앞날 걱정 없는 지금 존재의 삶이 진정 행복이다.

행복은 부귀, 영화, 명예, 지위로 설명되는 것은 아니다. 돈이 많아도 근심 걱정 있으면 멀어져만 가는 것이다. 영화를 누리고 있어도 마음의 걸림이 있으면 어려운 일이다. 어떤 명예를 지니고 있어도 드러내는 마음이 있으면 어렵다. 높은 지위에 있어도 상을 짓고 분별하는 마음이면 어렵다. 안보여서 어렵지만 비교하고 나를 왜소하게 하는 것으로는 안된다.

이 세상 필요 없는 것은 없고, 모두가 소중하고, 부분이 모여 전체를 이루게 된다. 누구나 타고난 소질이 있는 법, 그를 찾아 사는 것이 최고의 기쁨이다. 먹는 것도 과하면 넘치고 독소가 남듯이, 갖는 것도 과하면 쓰레기가 된다. 이 세상의 일, 좋은 일 궂은 일 구분되어 있는 것은 아니다. 모두가 필요한 일, 소중하고 하나라도 빠지면 불편함이 있다. 행복은 필요한 위치에서 본래 모습으로 존재의 삶을 영위할 때 최고가 된다.

어려운 일을 어렵다고 받아들이지 않게 되면, 정말로 어렵게 된다.

받아들이지 못하는 부분은, 몸과 마음에 찌꺼기로 남아있게 된다. 이것이 지속되면 언젠가 약한 부분에 손상으로 나타난다. 어려운 일도 그 자체로 받아들이면, 남아있는 찌꺼기는 없게 된다. 몸과 마음에 걸림이 없으면, 자연과 인간에 어울림과 동화가 있다. 바로 이것이 인간으로서 존재의 기쁨을 누리는 것이 되고, 행복이라 한다.

2.22 용서 (2015.8.19.)

내 기준에 어긋나 쌓인 원한, 서운함의 절단 및 해소의 감정 처리가 용서다. 이해 없인 불가능한 일이고, 아상으론 할 수 없는, 어렵고도 어려운 일이다. 아상으론 끝이 없는 논쟁과 다툼만이 남는다. 용서는 악연의 고리를 단절하는 중류의 삶이 되는 최고의 묘약이다. 내가 항상 옳은 것이 아니란 것을 인지하고, 기준이 유연해야 가능하다. 참회 바탕의 용서는 인과의 소멸과, 진정 인간으로 존재하는 기쁨의 시작이다.

용서한다고 하지만, 좀처럼 하기 어려운 것이 그것이다. 조그만 걸림도 남아 있으면 안되는 것이라 더욱 그렇다. 그것은 상대의 입장과 하나가 될 때 가능한 일이다. 나를 버릴 때 분별할 대상도 사라져, 삼자의 입장으로 된다. 내가 사라지면 아상도 사라져, 모든 것 받아들일 수 있게 된다. 진정한 용서는 아상을 지우는 일로서, 깨달음에 이르는 길이다.

용서하기 어려운 자는, 싸워 이기려는 마음이 앞서 있기 때문이다. 좀처럼 타협하기 어렵고, 자기중심의 성향이 강하다. 속으로는 받아들이지 못해 걸림이 많고, 분별망상에 빠지기 일수 이다. 불평불만 끊이질 않고, 하는 일도 매진하기 어렵다. 이겨본들 모두가 싫어하는 외로움만 남아있는, 영원한 외톨이가 된다. 이 고통, 이 괴로움, 대를 이어 사라지지 않는, 무서운 놈이다.

용서할 수 있는 자는 용기와 아량이 있으며, 모든 것 협력하려 한다. 인생의 멋을 즐길 줄 아는 지혜와, 존재의 기쁨을 누리게 된다. 받아들이는 수용력이 크며, 아상이 사라져 모두가 좋아하게 된다. 하는 일이 즐겁고, 모두를 위하게 된다. 모두가 즐거워하고, 함께하는 즐거움을 맛보게 된다. 쌓아온 고통 해소하여, 절단중류의 최고의 삶을 누리게 된다.

2.23 수용 (2015.9.27.)

수용은 일어나는 현상과 상태를 거부하지 않고, 받아들여 관조하는 것이다. 누구나 배워 익혀 쌓은 바탕으로, 관점과 기준을 갖고 있다. 각자의 잣대로 분별 판단하지만, 부분에 의한 것이고 전체가 되지 못한다. 아무리 많이 배우고, 머리가 좋아도, 전체는 어불성설이고 부분에 불과하다.

부분은 불완전하다. 그로 인한 분별, 판단, 거부, 불평, 불만 등도 불완전하다. 자연은 전체를 아우르고 신비로운 것, 그대로 그저 그러려니 하면 된다. 바다가 모든 것을 받아드려 수용하듯 하면, 걸림도 없고, 모두 담을 수 있다. 모든 현상은 자연 이치에 따르는 것이고, 지극히 정상이니, 거부할 이유 없다.

모든 일 원인 있으니, 미움과 원한도 받아들이면, 흘러나가 내 것이 아니다. 받아들이지 못하고, 속으로 부디치는 만큼 내 것이 되어 찌꺼기가 된다. 찌꺼기는 없어지지 않고, 스트레스로 남게 되어, 언젠가 병으로 나타난다. 그저 그러려니, 어느 것도 걸리지 않고 흘러 나가려니 하면 된다.

세상은 자연 이치에 따라, 자연스럽게 제 자리 찾아 흐르고 흐른다. 즐거움도, 괴로움도 모두 다 흐르는 건 마찬가지, 여기 억매일 필요 없다. 흐름이 막히면 고이고, 정체되면 정도 따라 부패하니, 막지 말아야 한다. 막으면 막을수록 부담만 커지니, 가능한 막지 않는 것이 상책이다. 흐르는 강물처럼, 어떤 상황도 그러려니 바라보면 흘러내려 간다. 희노우사비공경 감정의 변화도, 생노병사 마저도 흐르는 건 같다.

춘하추동 절기의 변화도, 세월의 흐름도 거스를 수 없는 것이다. 감정의 변화도 흐르는 건 마찬가지, 흐르는 강물처럼 바라보면 지나간다. 그러므로 외부 요인은 받아들여, 물이 흐르는 자체를 바라보면 된다. 그러나 내부는 자성으로 나오는지 바라보아야 하며, 항상 지금여기다. 자성은 지금여기에서 나오고, 분별없는 전체이며, 존재의 삶이 된다. 외부에서 오는 것을 내 것으로 하면, 바로 걸림 조화과정이려니 하면 된다.

2.24 겸손 (2017.3.6.)

겸손은 잘남을 나타내지 않는 것이고, 자랑은 거꾸로 잘났다고 겉으로 드러내는 것이다. 누구나 잘나고 못나고 없으며, 저마다 꼭 필요한 존재로 조화롭게 존재하고 있다. 누구나 전체하나의 사랑을 이루는 바탕이 되기 때문에, 서로 서로 겸손해야 한다.

겸손은 분별 없음이고, 자랑은 분별이 강한 것이다. 겸손은 양보와 이해를 낳아, 전체하나의 사랑으로 안내한다. 자랑은 시기와 질투를 낳아, 소유경쟁의 부분 수렁으로 인도한다. 이 이치를 인식하고, 분별 없이 모두를 받아들여, 전체하나의 사랑으로 존재조화의 전체진리를 행하기 위해 겸손해야 한다.

공부를 많이 하여 지식의 달콤함에 빠져, 자기가 최고란 착각을 거듭하면, 관념이 고착화된다. 분별이 강하게 작동하고, 부분의 수렁에 빠져 의식수준은 급락한다. 전체진리에는 이르지 못하고, 거짓 정보를 접하게 된다. 속는 줄도, 속이는 줄도 모르게 되니, 겸손해야 한다.

세상에 필요하지 않은 것은 없으며, 모두 어우러져 절묘한 조화 이룬다. 전체하나의 사랑의 상태가 된다. 이 덕분으로 존재하는 줄도 모르고 우쭐대면, 전체하나의 사랑의 그늘을 벗어나 외톨이가 된다. 점점 외롭고 쓸쓸한 곳으로, 자꾸만 빠져 들어가는 이치가 있으니, 겸손해야 한다.

인간의 본성은 신성이다. 신성은 전체진리의 생명으로, 보이지 않게 널리 이롭게 하는 것이다. 지식 분별로 부분을 추구하며, 전체 속의 신성은 가려진다. 인위는 진리가 아닌 거짓을 행하며, 조화균형을 깨뜨린다. 분별없이 어느 것도 겸손하게 받아들여야 한다.

2.25 존중 (2021.11.6.)

겸손은 내 주장의 누그름이다. 내 주장은 지식에서 나온다. 내가 옳다고 주장한다. 상대의 거부감을 부르는 환경을 조성한다. 말을 하지 않아도 속으로 그런 조건이 성숙된다. 주장이 강할수록 더욱 그렇다. 그래서 겸손의 가치는 뚜렷하다. 상대와 함께하게 하는 매개체다. 지식의 폐단을 방어하는 도구다. 중요하고 소중한 것은 전체의 안정이다. 누구도 전체와 함께하는 것이, 가장 편안하고 행복하기 때문이다. 겸손과 함께, 존중은 전체 화합에 이르는 길이다.

존중은 상대를 귀하고, 소중하게 받드는 것을 말한다. 결코 상대를 우러러 보는 것이 아니다. 대등하게 소통의 대상으로 여긴다. 반대로 존중하지 않는 것은 상대를 무시하는 것과 같다. 차등을 두며, 불통으로 이어진다. 전체생명의 작동을 차단하는 효과가 있다. 겸손과 마찬가지로 존중은 전체의 삶으로 이끈다. 상대를 존중할 수 있는가 없는가는, 전체를 선택하느냐 부분을 선택하느냐와 같다.

겸손과 존중은 모두 전체를 선택하는 방향이다. 전체와 교류하며, 에너지와 정보를 공유한다. 아울러 전체는 생명이 작동하는 대상이다. 따라서 겸손과 존중은 생명이 하는 역할을 대행하는 것과 같다. 생명은 구분하지 않으며, 널리 이롭게 베푸는 일을 습관적으로 쉬지 않고 수행한다. 따지는 일은 결코 없다. 빈부귀천 따지지 않는다. 잘나고 못나고도 따지지 않는다. 옳고 그르고도 따지지 않는다. 이를 사랑이라 한다. 겸손과 존중도 생명과 같이 사랑으로 이끈다.

그러나 겸손과 존중이, 무조건 나의 의견을 아래로 하고, 상대의 의견을 위로 하라는 뜻은 결코 아니다. 상대와 대등한 관계를 유지하라는 뜻이다. 이와 같을 때 전체조화의 길이 되며, 상호소통의 길이 된다. 그런데 여기서 거짓의 경우는 예외다. 거짓은 전체도 무시하고, 생명도 없는 방향이 되기 때문이다. 거짓은 말할 가치가 없다. 변명과 합리화는 거짓의 시작이고, 이를 넘어서면 논리로 포장하며, 거짓은 끝이 없다. 지식은 거짓 행위의 주동자다.

2.26 소통 (2015.12.22.)

소통은 마음과 몸의 어느 막힘도 걸림도 없는, 서로 통하는 것이다. 개인, 집단, 인류, 모두 통해야 한다. 마음이 걸리면, 체증으로 스트레스 작동하고, 지속되면 반드시 일 난다. 못 받아들이면 막히고, 내가 중심이고, 스스로 고통을 자초한 꼴이 된다. 받아들이면 걸릴 것 없는 소통이고, 모두가 중심이고, 모두가 좋아한다.

세상일은 모두 조화와 균형을 찾아 가며, 소통도 그 소중한 과정이다. 받아들이지 못하면 소통하지 못하고, 조화에서 멀어지고 모두가 외면한다. 소통하지 못하면 내가 중심으로, 에고가 작동하여 울타리를 쌓는다. 그 울타리 쌓을수록 받아들이지 못하고, 고통 받고 모두에게 외면 받는다.

받아들이지 못하는 이유는 분별에서 오며, 바로 분별하는 교육이 문제이다. 원인도 모르고, 스스로 고통에 빠져 헤어나지도 못하게 하는 교육이다. 지식은 한계에 이르며, 고해를 헤맨다. 이를 벗는 길은 받아들이는 길 뿐이다. 받아들이면 지식의 한계인 고해를 벗고, 에고가 사라져 신비의 맛을 볼 수 있다.

소통은 상하좌우, 남녀노소 구분 없이, 아래에 서고, 하나가 되는 것이다. 아래 서면 이해되고, 하나 되면 분별없는 사랑에 이르는 길이다. 따라서 소통은 사랑에 이르는 길이고, 다함께 잘 사는 바탕이고, 반석이다. 아래에 서야 소통이 되는 법이니, 지위가 높을수록 아래 서야 한다. 지위가 낮아도 아래에 서야, 소통 이해로 함께 하는 바탕을 이룬다. 모두가 편안하고 행복에 이르는 길이니, 서로 받아들여 소통해야 한다.

누구나 저마다 배워 쌓은 지식과 경험의 기준으로 모든 것을 분별한다. 그것은 내가 중심이 되는 기준이고, 훨씬 더 다양한 상대방의 기준은 간과된다. 모두 만족하는 데 이르기 어렵고, 편협되기 십상이고, 불만이 쌓인다. 소통은 나의 기준 없이 나를 버리고, 무심무위로 모두를 위하는 것이다. 모두가 중심되어 각자 입장을 반영된 것이니, 모두가 즐겁게 되는 바탕이다. 모두 이롭게 하는 세상을 가꾸게 되니, 여기가 지상낙원이고, 행복이 흘러넘친다.

2.27 병 (2015.8.28.)

만병은 조화를 이루지 못해, 빨강 등이 켜지는 것과 같다. 병은 조화를 이루란 신호이니, 마땅히 받아들이고, 고마워해야 한다. 조화는 몸과 마음으로 구분되며, 마음은 눈에 보이지 않아 어렵다. 조화는 모든 것을 받아들이면 되는 것으로 이해하면 틀림이 없다. 문제는 안받아들여 발생하는 것으로 몸과 마음에 상처 되어 나타난다. 조화를 이루면, 모든 병은 스스로 사라진다는 신비를 알아야 한다.

받아들이지 못하는 것은 아상에서 나온 것이며, 객관적이지 못하다. 아상은 부분에 의한 것으로, 전체를 아우르지 못한 것이다. 완전하지 못할 수 있으며, 부족한 부분은 흠집으로 남아있다. 받아들이지 못해 거부하는 부분은, 마음의 걸림으로 남게 된다. 스트레스로 남게 되며, 지속되면 약한 부위에 손상돼 나타나게 된다. 받아들이면 조화이고, 받아들이지 않으면 부조화가 되는 것이다.

조화를 이루는 것은 필요하고 최고의 선물이지만, 어려운 일이다. 쌓은 인연으로 인과돼 나타난 것과 훈습의 태세가 조합되어 어렵다. 어려운 일도 그 자체로 받아들이면, 상을 짓지 않아 걸림이 없다. 좋고 나쁘고 분별하는 데서 모든 걸림은 나오며, 스트레스로 작용한다. 대상을 아상으로 대할수록 부조화가 되어, 몸과 마음에 병으로 나타난다. 아상이 사라질수록 조화를 이루게 되어, 모든 병은 자취를 감춘다.

신과 잡신은 음양으로 작용하며, 신은 양으로, 잡신은 음으로 작용한다. 신은 모든 것에 이롭게, 잡신은 모든 것에 불리하게 작용하고 있다. 신은 진실을 행하고, 잡신은 거짓을 행한다. 신은 병을 고치는데, 잡신은 병을 발생하게 하는데 작용한다. 마음의 부조화는 병을 발생하게 하고 잡신이 담당한다. 마음의 조화는 병을 사라지게 하고 신이 담당한다. 더불어 함께 사는 일은, 인간의 신성이며, 병도 없고, 신도 반긴다.

2.28 약 (2015.8.30.)

병은 수도 없으며, 약도 그와 같으며, 병을 치료하는 역할을 한다. 약은 양약, 한약, 민간약 등 다양하며, 대량 및 맞춤형으로 생산되고 있다. 마음의 부조화로 오는 병에 적합한 약은 조제하기 매우 어렵다. 마음의 근병은 십분지구를 차지하고, 맞춤형 약제가 필요하다. 대량 생산 약제는 적합성이 떨어지고, 맞춤 약제는 생산성이 떨어진다. 최상의 약제는 마음의 조화를 찾아주는 약이 없는 것이다.

인체는 신비롭고 신비로워, 인위의 부조화를 신비의 조화로 대해야 한다. 대부분 약제는 인위이며, 신비의 조화작용을 방해하는 수가 많다. 인체는 모든 병에 스스로 치유할 수 있는 능력이 갖춰져 있다. 인체의 자가 치유력은 사용하지 않으면 스스로 감퇴한다. 약을 과용하면 고유의 자가 치유력은 기능이 상실되어 간다. 약은 부득이 한 경우에만 최소한으로 사용해야 한다.

약화는 병화보다 더 무섭고도 심하고 어려운 것이다. 약화는 인체의 자연치유력을 훼손시키는 것이 우선된다. 다음은 약으로 부작용되고 부조화되어, 다른 병을 새로 만드는 것이다. 새로운 병은 약에 견디는 내성이 증강돼 나타나는 게 대부분이다. 약화가 심해지면, 신체의 물리적 손상으로 나타나곤 한다. 약은 최소한으로 하고, 자연치유력을 키워야 한다.

병은 조화를 찾으라는 신호등인데, 약의 과용은 부조화를 조장한다. 인위의 약은 적합처방으로, 최소로 복용하는 것이 최상이다. 나머지는 조화를 찾아, 자연에 의존 공존하는 것이 지혜로운 것이다. 무엇보다 중요한 것은 분별망상을 벗어나, 번뇌갈등을 피하고, 분노, 화냄, 설움, 슬픔, 바램, 짜증, 욕심 등 부정적 마음에서 탈피하고, 모든 것 여여히 받아들여, 지금여기 존재의 기쁨이, 최고의 명약이다.

2.29 겉과 속 (2016.1.28.)

겉은 드러난 것, 속은 드러나지 않은 것, 같아야 하지만 포장하면 다르게 보인다. 곡식의 속이 차지 않으면 쭉정이가 되듯, 인간도 공부하지 않으면 쭉정이가 된다. 겉은 아무리 포장해도, 속이 비어 있으면 채울 수 없으니, 속을 채워야 한다. 속이 차 있는 것이, 겉만 번지르르 한 것 보다 나은 것, 스스로 내실을 다져야 한다. 속을 지식만으로 채우면, 자기가 최고란 관념에 빠지기 쉽고, 에고가 쌓인다. 에고는 쌓을수록 속은 약해지고, 버릴수록 강해지고, 버린 만큼 신성이 쌓여간다.

에고가 쌓이면 배타적이고, 외면 받고, 스트레스 받고, 병이 작동되기 까지 한다. 속이 약하기 때문이며, 에고를 버리고 수용하면, 속이 강해지고, 신성으로 가득찬다. 신성이 가득하면 속이 꽉 차게 되어, 스트레스와 병이 사라지는 것은 기본이다. 신성은 체득되는 것이며, 지식으로는 불가능, 에고가 사라진 무상에서 시작된다. 과정은 끝이 없으며, 우선 본인의 몸과 마음의 조화를 찾아 편안하고 한가해진다. 종국에는 타인의 몸과 마음의 조화를 이루는 신의 역할을 함께 수행하게 된다.

속을 채우고 강화시키는 방법은, 신성을 쌓고 높이는 방법으로, 무상에서 비롯된다. 햇볕이 어디든 누구에게나 고르게 비추듯, 분별없이 베푸는 마음이 되어야 한다. 몸과 마음의 조화에서 가능한 일이며, 지식 바탕은 항시 부조화 상태이다. 학습하지 말란 것이 아니고, 지식은 극히 부분, 신성은 전체란 인식 필요하다. 책을 봐도 무상에서 봐야 손실 없고, 효율이 극대화되어, 속이 꽉 차게 된다. 속이 차 넘쳐흐르면, 넘치는 만큼 주변을 조화롭게 하고, 세상을 윤택하게 한다.

과도한 겉의 포장은 속을 가리고, 내실화에 방해만 될 뿐이란 것을 알아야 한다. 분별하여 걸림으로 작동하는 것은, 모두 겉포장에 불과하여, 내실화를 약화시킨다. 남 눈치 보는 것, 모두 손실로 작동하고, 도덕, 예의, 허례, 허식, 의리 등 많다. 모든 사고와 행위는 속에서 우러나와야 하며, 도덕, 예의도 눈치 보지 말아야 한다. 계율, 율법은 포장에 불과할 뿐, 끊임없는 분별로 속은 들어가지도, 찰 수도 없다. 겉도 순수 바탕으로, 속과 다른 둘이 아닌 하나의 바탕으로 짝을 이뤄야 한다.

2.30 거짓과 진실 (2020.6.24.)

거짓은 가짜고, 진실은 진짜다. 거짓은 인위적이고, 겉과 속이 다르다. 진실은 있는 그대로 이고, 겉과 속이 같다. 거짓은 의식을 잠재우고, 진실은 의식을 일깨운다. 거짓은 포장을 일삼고, 진실은 속을 드러낸다. 본래 누구나 속은 영롱하고, 투명한 생명체다. 전체와 함께 어울리는 조화 역할을 하는 생명이 작동한다. 이는 무한한 힘을 발휘한다. 이를 위해 겉과 속이 같아야 하고, 진실을 행해야 한다. 거짓은 그 무한한 힘을 원천적으로 차단하고, 조화의 역할을 포기하고, 부조화의 일을 할 뿐이다. 그래서 온갖 못된 짓을 다하고, 주변을 괴롭히고 오염시킬 뿐이다. 인간이기를 스스로 포기한 것과 같다. 거짓을 행하는 자는 인간이 아니다.

거짓을 하는 것은 그 끝이 없다. 오직 본인만을 위해 온갖 못된 짓을 다한다. 지식, 재산, 지위, 명예 등에 완전히 사로잡혀 시야가 아주 좁아진다. 보이는 것이 없다. 지식을 뽐내며, 온갖 위장을 하며, 못된 짓을 한다. 재산으로 위세를 부린다. 지위로 남의 말 안듣고 배격한다. 명예로 스스로 발목 잡는다. 이 모든 것 존재를 내던지는 행태이고, 쓸데없는 짓에 몰두한다. 여기 진실은 없다. 거기 생명이 작동할 리 없다. 홀로 남아있을 뿐이다. 스스로 아프고, 고통 받는다. 세상 이치를 모르기 때문에 그렇게 한다. 정신 나간 상태다.

겉과 속이 다른 자는, 반드시 거짓을 행한다. 겉만 보고 사람을 판단하면, 반드시 속는다. 거짓을 행하는 자는 포장의 포장을 거듭하며, 속의 진실을 완전히 가리기 때문이다. 그리고 거짓을 진실처럼 하며, 그 주장이 매우 강하다. 그 주장이 얼마나 강한지 모른다. 지독하고 지독하다. 그래서 거짓과 맞서 싸워 이기는 것이 쉽지 않다. 그렇게 거짓을 행하고, 겉으로도 속으로도 얼마나 떳떳한지 모른다. 이를 이해하려는 것은 무모하다. 내 판단기준과 달라도 너무 다르기 때문이다. 거기 상대를 배려하거나 이해하려는 것은 없다.

2.31 죄와 벌 (2015.9.28.)

전체는 절묘한 조화 이루는데, 이를 벗어나면 복원 위해, 죄로 작용하고, 벌로 나타난다. 더불어 사는 삶은 전체를 위한 것으로, 조화로운 삶이 된다. 나의 기준으로 부분의 삶이 지나치면, 조화의 삶을 살라고 벌을 준다. 알아 차려 전체 보는 조화로운 삶을 살게 되면, 벌은 저절로 없어진다. 벌로 나타남은 조화 이루라는 뜻이니, 고맙고도 고마운 일로 여겨야 한다. 모든 대상, 모든 일, 조화 위해 절묘하게 작용하니, 신비로울 뿐이다.

이 세상 모든 일, 영원히 기록, 저장, 공유되는 사실, 누구나 알아야 한다. 한 생각 일으킴 까지 빠짐없이 기록 되니, 놀랍고도 놀라운 일이다. 이로 바탕한 조화 작용은 개인, 사회를 가리지 않고 인문, 자연을 포함한다. 인간이 이해하기 어렵지만, 신비의 전체를 위함이고, 완벽을 이룬다. 음양의 조화는 짧게 당대에서, 길게 다음 생에, 인과로 반드시 나타난다. 생애 간의 기억 단절로 인지하지 못하지만, 모든 현상은 이를 따른다.

내가 판단하는 기준인 아상은 쌓을수록 나의 앞길 가로막게 된다. 잘하든 못하든 나를 기준하면, 무조건 우물 속 울타리의 아상을 쌓게 된다. 아상은 분별망상, 불평불만, 스트레스 누적, 만병유발 등 수순을 밟는다. 아상이 높으면 죄가 유발돼, 반드시 언젠가 병으로 벌을 받게 된다. 벌이라 알아 차려, 아상 버려, 전체 보는 조화의 삶 되찾으면, 병은 없다. 부분의 삶은 죄와 벌로 신호주니, 전체의 삶으로 조화 찾아야 한다.

죄와 벌 신호로 전체의 삶 되찾으면, 분별망상 사라지고 존재의 삶이 된다. 존재의 삶 벗어나면 부분의 삶이 되어, 외로운 철새의 방황길을 걷는다. 전체 보는 삶 되찾으면, 누구나 좋아하는 본성으로 행복을 누린다. 이 세상 모든 것은 절묘한 조화 이루며, 죄와 벌도 조화과정, 고마운 일이다. 알아 차려 받아들이면 조화의 길 되고, 거부하면 심연의 수렁으로 빠져든다. 모든 존재, 쉼 없이 조화 이루고자, 죄와 벌 과정 거쳐, 존재의 삶이 된다.

2.32 있는 그대로 (2016.3.25.)

가꾸지 않고 자연스럽게 있는 그대로가, 최고의 품성, 품질을 나타낸다. 대부분 문명의 혜택으로, 겉은 많이 포장하고 가꾸었다. 그러나 속은 그대로 이고, 오히려 속알이 없고, 갈피를 못잡고 있다. 많이 배울수록 있는 그대로가 아니고 속을 가리고, 겉만 포장하고 있다. 안다고 으스대고, 자랑하고, 은근히 뽐내고자 하는 것이 드러난다. 그럴수록 의식수준은 떨어지는, 묘한 이치를 모르니까 더욱 그런다.

의식수준 낮은 인간은, 뭐든지 지으면 지을수록 거짓으로 된다. 나의 기준으로 사는 것은 상대 기준을 무시하며 사는 것과 같다. 욕심이 많아지고, 분별하고, 속으로 부대끼고, 의식수준이 낮아진다. 심해지면 의식수준이 사람 이하의 동물 수준으로 떨어진다. 인간은 한자의 형상이 뜻하는 대로, 더불어 사는 것이 기본 바탕이다. 상을 짓지 말고 있는 그대로 보면, 걸림 없고 편안한 삶을 영위한다.

세상에 존재하는 만물은 모두 필요하고 저마다 역할이 있다. 절묘한 조화를 이루며, 음양으로 서로 도우며, 균형을 이루며 살아간다. 자연 속의 동식물은 자연에 적응하며, 필요한 만큼만 취하며 살아간다. 유독 욕심 많은 인간들은 자연의 뜻을 거스리며, 조화를 헤치고 있다. 있는 그대로 조화 속에 있을 때만이 편안하고 평온해지는 것이다. 욕심부리지 않으면, 나 자신은 물론 상대도 좋아하니, 최고가 된다.

뭐든지 분별하고 따지는 데서, 마음의 걸림 작동하고, 문제가 발생한다. 인간 지식은 일부분이고, 불완전하기 때문이고, 오류가 있을 수도 있다. 그렇게 하고 속으로 반드시 부대끼고, 속을 끓이는 모순이 있다. 자연이나, 사람이나, 대하는 모든 것, 있는 그대로 보면 거리끼지 않는다. 모든 게 필요하고, 있는 그대로 조화를 이루고 있으니 그러하다. 나의 기준 없어야 무위가 되고, 있는 그대로 바라볼 수 있는 것이다.

2.33 조화와 순리 (2016.1.29.)

본래 사람과 사물 구성요소까지, 제자리 있는 그대로, 절묘한 조화를 이루고 있다. 그를 따르는 것이 순리이고, 조화에서 벗어나면, 순리가 되지 못한다. 조화를 찾아가는 과정도 순리로 보아야 하며, 누구나 순리를 따라야 한다. 조화는 몸, 마음, 영, 사회 등의 균형으로 편안하고, 부조화는 불균형으로 불안하다. 개인, 가정, 사회의 업장이 모두 조화에 영향을 미치며, 복잡 다양하게 작용한다. 모든 병은 몸과 마음의 조화, 영의 균형, 조직 사회의 조화에서 완전히 사라진다.

조화를 이루는 것은 순리로 보고, 조화를 헤치는 것은 역리로 보아야 한다. 자연은 조화를 찾아 움직이며, 언제 어디서나 자연스럽게 순리에 따른다. 조화를 벗어나면 스트레스 받고, 에고가 쌓이고, 다양한 병이 작동된다. 병의 경중은 조화를 벗어난 정도에 따라 다르며, 심할수록 장애도 심하다. 조화 찾으면 본래 모습으로 돌아가며, 모든 것 기쁘게 맞는 존재의 삶이 된다. 조화 벗어난 시간이 지속되는 만큼, 언제 어디선가 반드시 장애로 나타나게 된다.

부조화에서 조화로 돌아가는 것은 매우 어려운 일이고, 돌아가도 장애가 남아있다. 조화로운 삶을 유지하는 것이 무엇보다 중요한 일로, 둘이 아닌 하나이어야 한다. 언제 어디나 분별없는 존재로 있으며, 진정 살아 생명력이 약동하고 있다. 존재를 벗어나는 부분은 죽어있는 것으로, 언제나 분별과 소유, 다툼뿐이다. 존재를 벗어나면 사는 게 분별망상의 방황으로, 부조화의 흔적만 깊어진다. 장애 피하는 최고 방법은, 지금여기의 조화에서, 기쁨의 존재 즐기는 것이다.

궤도를 벗어난 부조화로는 순리를 따를 수 없고, 무질서만 난무하게 된다. 지울 수 없는 상처만 만들며, 쉼 없이 정처 없는 방황으로, 시간을 허비하게 된다. 방황이 길면 상처는 깊어져, 회복하는데 시간 걸리고, 회복해도 완전치 못하다. 항시 조화 이루는 것 필요하고, 이를 살피는 것 자기성찰이라 하며, 순리로 이끈다. 몸과 마음의 조화 위해, 지금여기 존재의 기쁨을 알고, 어려움마저 여여히 대한다. 영과 사회의 조화를 위해, 널리 이롭게 하는 조건없는 자비와 사랑을 베풀어야 한다.

2.34 책임과 도리 (2015.12.26.)

맡은 바 마땅히 해야 할 일 하는 것이 책임 도리이고, 조화에 이르는 길이다. 전체 일은 부분 일이 모여 이뤄지니, 부분의 책임과 도리를 다 해야 전체 이룬다. 전체는 완전하고, 둘이 아니고 하나가 되니, 분별없는 존재의 삶을 이룬다. 부분은 불완전하고 부분만이 반영되면, 전체 아닌 왜곡되는 결과를 낳게 된다. 부분 아닌 전체가 길이고, 생명이 되는 법이며, 존재의 기쁨으로 이끈다. 책임과 도리는 다 함께 널리 이롭게 하는 바탕으로 이끌어야 한다.

개인 집단 모두, 책임 도리 다 해야 하고, 대의를 따르고, 전체 이뤄야 한다. 개인이든, 집단이든, 전체 위하는 길이 도리가 되어야 하고,

존재로 이끈다. 부분 위하는 길은 분별 망상, 소유 경쟁으로 이끌어 불평과 손실을 낳는다. 일도 사람도 부분 아닌 전체로 보는 길이, 존재와 기쁨의 삶으로 이끈다. 개인 위하는 일은 부분의 삶이 되어 분별, 소유, 경쟁, 불평, 갈등, 손실 낳는다. 책임과 도리는 전체 보는 것이 되어야 하고, 존재, 기쁨, 조화, 행복 가져온다.

중요한 일은 전체의 뜻 모아야 하며, 올바른 결정 내릴 수 있어야 한다. 전체의 뜻은 대의이며, 개인의 뜻을 모아야 하며, 불참은 대의를 져버린다. 의사결정도 마찬가지 전체 뜻을 반영하는 것이, 전체 위한 길이 된다. 각종 위원회, 이사회, 전체회의 모두 전체 뜻 수렴하는 바탕이어야 한다. 참여는 전체, 불참은 부분으로 이끄니, 참여는 전체가 되는 기본이다. 불참은 전체를 외면하고, 존재, 기쁨 외면하니, 인간 도리 져버리는 것이다.

인간은 서로 기대며 더불어 사는 세상을 가꾸는 것이, 책무와 도리이다. 전체로서 하나인 조화로운 세상은, 행복과 기쁨이 넘쳐나는 세상이다. 전체는 하나가 되는 길로, 분별없이 모두가 존재의 삶 누리는 바탕이다. 부분은 하나가 안되니, 분별망상, 불평불만, 소유경쟁 이끄는 바탕이다. 전체는 하나이고 분별없고, 이해 바탕의 사랑으로 이끄는 길이다. 책임과 도리는 전체를 위해야 하고, 전체의 바탕, 전체의 삶이어야 한다.

2.35 건강과 치유 (2023.6.14.)

건강은 균형이다. 몸과 마음, 그리고 사회적, 영적 균형이 바로 건강이다. 물질과 비물질을 포함해서, 모든 것은 에너지와 정보로 구성된다. 또 건강을 크게 육체 건강과 정신 건강으로 분류할 수 있다. 건강은 에너지 균형이다. 몸의 에너지 균형, 마음의 에너지 균형을 이뤄야 건강하다. 몸은 마음의 지배를 받는다. 마음이 조화를 잃으면, 몸의 균형도 틀어진다.

건강을 잃는 것은 균형을 잃은 것이다. 몸의 균형은 바른 자세가 되지 못하는 원인으로 잃는다. 마음의 균형은 전체와 함께하지 못하는 만큼 잃는다. 감정의 치우침으로 나타나고, 이것이 바로 스트레스다. 부연하면 마음의 균형을 잃는 것은, 지식의 에고가 잣대가 되어, 전체에 이르지 못하게 하고, 부분에 머무는 데 있다. 그런 만큼 오만가지 스트레스가 작동하며, 각각 신체의 해당부위의 압박으로 작동한다. 이처럼 정신은 육체를 완전히 지배한다.

치유의 과정은 거꾸로다. 균형을 찾아가는 과정이다. 균형은 전체의 균형을 말한다. 신체도 전체의 균형을 살펴야 한다. 현대 의학에서 부분만을 보는 것은 의학이라 말할 수 없다. 내 병은 내가 고친다. 의사가 고쳐주는 것이 결코 아니다. 의사는 부분만을 고집하는 불통의 소유자다. 그에게 전체를 맡기는 처사는 조심하고 조심해야 할 일이다. 병은 내 생명의 힘으로 고치는 것이다. 생명은 언제나 조화균형을 찾는 일을 한다. 이의 도구는 사랑이다.

그렇다면 치유는 내 생명이 정상가동할 수 있는 바탕을 마련하는 것이라 말할 수 있다. 이것은 누가 시켜서 될 일이 아니다. 내가 하는 것이고, 내가 해야 하는 일이다. 지식의 굴레를 탈피하고, 드넓은 세상을 향해, 마음의 기지개를 활짝 펼치면, 마음도 넓어지고, 전체와 교류할 수도 있고, 사랑을 펼치는 것이기도 하고, 생명의 터전을 마련하는 것이기도 하고, 내가 신이 되는 과정이기도 하다. 일석이조가 아니고, 모든 것을 취하는, 아주 욕심이 많고, 지극히 이기적이고, 정말로 자유로운 영혼으로 거듭나는, 진정 인간이 되는 길이라 믿어 의심치 않는다.

2.36 흐름 (2016.4.15.)

물이 아래로 흐르듯 사물, 자연, 물리, 마음 모두 흐르고 흘러야 한다. 고여 있으면, 정체되어 있으면, 오래 묵을수록 신선도 떨어진다. 항시 새로움으로 바꾸고, 채우고, 조화 찾아 순환되어야 한다. 물은 오래 고여 있어도, 온도 차이에 따라 상하 교환한다. 흐르면서 일정 한도에는, 자정 작용 있는 것이, 자연의 조화이다. 한도 벗어나는 것은 인위이며, 쌓여 있고, 언젠가 부작용으로 나타난다.

마음도 깨끗하게 흘러내려 맑게 하는 것, 인생에서 해야 할 일이다. 마음은 씻고 씻어도 씻기지 않는, 묘하고도 묘한 것이다. 내 마음, 내 맘대로 하지 못하고, 종잡을 수 없는 존재이다. 분별없는 마음이 마음을 씻는 것이며, 그 바탕에서 본성 드러내게 된다. 분별은 유위로 소유

망상 하게 되고, 분별없음은 무위로 존재기쁨 누린다. 본심은 순수하고, 무심으로 드러나며, 욕심이 지나치면 순수를 해친다.

상을 지어 순수를 가리게 되고, 빛이 나지 않고 흐리게 된다. 의식수준이 낮아지고, 걷잡을 수 없는 욕심으로, 가득 차게 된다. 상은 흐르고 흘러 새롭게 해야, 정체성을 벗어나고, 전체를 보게 된다. 지식으로 쌓은 상은 부분 중의 부분이라, 이를 벗어나는 것이 우선이다. 사람이 지은 상은 인위가 되어, 신의 상을 가려, 전체를 보지 못하게 한다. 마음을 닦는 것은 인위 상을 벗어, 무위로 전체 진리와 교류하는 것이다.

사람과 사물 모두 자연에서, 흐르고 흘러 조화 찾고 이뤄야 한다. 거부하면 거부하는 만큼 부하가 커지고, 한도가 지나면 이상이 드러난다. 건강도 흐름이 정체되면, 고이고, 뭉치고, 균형을 잃어, 손실로 나타난다. 마음이 서로 흘러 씻기면, 본성이 드러나, 소통되고, 널리 이롭게 된다. 흐르지 않고 정체돼 있으면, 부분만을 보게 되고, 전체 진리는 멀어진다. 아래에 서면, 흐르는 모든 것 받아들여, 전체하나가 되는 토대 마련한다.

Chapter 03

인생 길

물은 인성이다

Chapter 03

인생 길

| 1부 생각하는 대로 |

3.1 나를 위하여 (2022.1.10.)

나는 누구인가? 어느 마음먹고 있나? 어떤 생각하나? 모든 생명체는 몸과, 마음, 그리고 영으로 구성된다. 마음은 보이지 않는 물질이다. 모든 물질은 에너지를 갖는다. 마음은 에너지다. 영은 마음과 소통한다. 영은 물질이 아니고 신이다. 마음은 몸보다, 영은 마음보다 더 큰 힘을 발휘한다. 어느 마음을 먹느냐는 중요하다. 적어도 영과 소통할 수 있는 마음의 크기를 갖는가? 그것은 나만의 마음인가, 전체의 마음인가의 문제다.

나를 얼마나 사랑하나? 사랑은 분별도 구분도 없다. 내편을 드는 것은 사랑이 아니다. 사랑은 균형을 이뤄야 한다. 상대와 대등해야 한다. 서로 좋아해야 사랑이다. 아니 서로 좋아한다는 마음도 없어야 진정 사랑이다. 좋아한다는 자체가 편을 드는 것이다. 완전한 사랑은 균형이다. 나를 내세우는 순간 균형은 무너진다. 내 주장이 강할수록 사랑은 멀어진다. 나를 위하는 것은 사랑이 아니다. 전체하나 되는 것이 사랑이다. 한 몸과 같으면 편들 일 없다. 다툴 일은 더더욱 없다.

일을 얼마나 좋아하나? 일을 해야 한다. 일하지 않으면 다른 생각한다. 다른 생각하면 에너지가 나간다. 다른 생각하는 만큼 스트레스 만든다. 일과 사랑해야 한다. 일하는데 다른 생각하지 말아야 한다. 이것이 나를 가장 위하는 길이다. 일의 귀천은 없다. 어느 일을 해도 사랑해야 한다. 그때 비로소 생명은 약동한다. 생명은 사랑 먹고 산다. 생명과 함께하는 삶이 나를 위하는 길이다.

몸과 마음이 얼마나 편안한가? 이는 행복의 척도다. 누구나 행복해야 한다. 행복은 진실 바탕의 균형 있는 삶에서 오는 편안함이다. 균형은 몸, 마음, 영의 삼위일체를 말한다. 건강은 몸, 마음, 영의 균형이다. 몸은 마음을 따르고, 영은 마음과 소통한다. 마음이 균형추가 되면 모든 것이 편안하다. 마음이 크고 넓어질수록 균형추는 무거워진다. 어떤 외풍에도 중심을 잡는다. 그 마음은 크고 맑은 마음이다. 모든 것을 수용한다. 모든 것을 사랑한다. 이것이 진정 나를 위하고 사랑하는 길이다.

3.2 진정 나를 위하다 (2018.9.28.)

진정 나를 위하는 길은 내가 없음이다. 내가 있으면 항시 나와 비교하며, 지금 이 자리를 떠나기 때문이다. 존재를 저버리는 것이고, 생명의 작동을 거부하는 것이다. 이는 나를 위하는 것이 아니고, 나를 가장 위하지 않는 길이다. 나도 모르게 그렇게 되는 것은, 습관이고 잘못 배워서 그렇다. 세상은 나 홀로 사는 것이 아니고, 전체 속에 존재하며, 전체와 하나로 어울려 있을 때 생명은 작동하게 되어 있다.

나를 위한다고 욕심을 부린다. 그 순간 나의 존재는 온데간데없다. 지식으로 분별하고, 재산을 탐내며, 지위로 비교하고, 명예로 뽐내며, 존재를 저버린다. 생명이 달아나는 줄도 모른다. 얼마나 어리석은지 모른다. 마치 목숨을 내놓는 것과 같다. 이렇게 욕심은 내 생명을 송두리째 앗아간다. 진정 나를 위하는 것은, 욕심을 버리는 것이다. 조금의 욕심도 내 인생에 방해만 될 뿐이다.

내가 존재하는 이유는 전체의 완성이다. 누구나 무엇이든 꼭 필요하여 존재하며 전체를 이룬다. 아무리 작아도 존재의 의미가 있다. 내가 있는 이유는 전체와의 조화다. 전체와 하나로 조화 이룰 때 나는 완성된다. 나의 완성은 내가 없음이다. 내가 있으면 비교하고 분별하며 전체와 어울리지 못한다. 내가 없음은 전체의 완성이다. 이렇게 너와 나 구분이 없을 때, 전체가 되고 생명은 약동한다. 이것이 진정 나를 위함이다.

진정 나를 위하는 것은 사랑이다. 사랑은 분별없음이다. 좋고 나쁨이 없다. 잘나고 못나고도 없다. 분별없고 구분 없고 모두가 하나다. 맞이하는 어느 것과도 하나다. 전체 위한 방법이고, 이것이 바로 사랑이다. 전체를 위하니, 나도 전체 속에 하나로 있다. 이것이 진정 나를 위하는 길이다. 전체는 내 몸이 움직이는 것과 같다. 내 몸 중에 어느 하나 이상 있으면 불편하다. 이렇게 전체는 존재하는 모두가 하나로 있음이다. 이것은 우주의 원리이고, 전체 하나로 움직인다.

진정 나를 위하는 것은, 생명과 함께함이다. 생명은 존재에서 작동한다. 존재는 분별없는 지금여기의 상태다. 존재는 생명의 바탕이다. 존재를 벗어나는 순간 생명은 작동을 중지한다. 이 모든 것 지식의 작동으로 비롯된다. 지식의 굴레에 머무는 한 생명의 자리는 없다. 이렇게 지식은 진정 나를 방해한다. 지식을 멀리하는 것이 아니고, 지식을 초월하면 생명과 만나고, 이때만 나를 위한다.

3.3 내 삶을 살다 (2018.1.30.)

존재하는 어느 것도 존재의 의미가 있다. 하늘은 꼭 필요에 의해 생명으로 모두를 만들었기 때문이다. 나도 그 속에 한데 어울려 있을 뿐이다. 이를 알아차려 있는 그대로 생명과 함께 하는 것이, 내 삶을 제대로 사는 것이며, 거꾸로 이를 거스를수록 내 삶은 사라지고, 구속의 삶을 살게 된다.

내 삶을 사는 것은, 나 혼자 사는 것이 아니고, 모두 함께 사는 것이다. 모두 함께 사는 의미는, 모두 함께 있는 것이 아니고, 모두의 뜻을 받아들여 이해함을 말한다. 산속에 홀로 있어도 모든 뜻을 받아들이면, 충돌할 일이 없는 것이고, 받아들이지 못하고 속으로 부대끼면, 함께 있어도 외로운 삶을 사는 것이다.

내 삶을 사는 것은, 생명과 함께 할 때뿐이다. 나머지는 명백하게 가식이고, 위장이며, 허상을 쫓아 인생을 허무하게 소비하는 것이다. 살아 있는 존재의 근원은 생명이며, 그 덕분으로 살아가고 있기 때문에 더욱 그렇다. 이를 알아채면 이미 깨어있는 것이고, 여기에 삶의 의미가 있다.

누구나 내 삶은 자유이고 평등하다. 또 당연히 그래야 한다. 자유는 구속이 아니며, 평등은 차별이 없음이다. 그러나 놀랍게도 스스로 구속하고, 스스로 차등을 둔다. 각자의 지식으로 분별 심판하여, 스스로 울타리에 가둔다. 항상 좋고 나쁘고 심판하며, 타고난 평등을 저버리고, 서열을 매긴다.

내 삶을 사는 것은, 생명과 함께 할 때이고, 그 때 행복하고 편안함을 느낀다. 생명은 비교 없음이고, 모두에게 고르게 조화 이룸이다. 전체가 하나가 되는 어울림이고, 진실을 구현하는 바탕이며, 사랑을 실천하는 기반이다. 내 삶은 나를 탈피할 때 비로소 시작되고, 자유를 느끼며, 체득에 의해서만 완성된다.

3.4 삶의 중심 (2021.9.24.)

언제나 어느 곳에서도 어느 상황을 맞이해도, 삶의 중심은 지금여기다. 이를 존재라 한다. 이를 즐기는 자는 현존이라 한다. 존재는 생명이 작동하는 터전이다. 여기서 멀어질수록 삶의 중심에서 멀어진다고 보면 틀림없다. 바로 우주 이치이기 때문이다. 몸이 있는 삶의 의미는, 중심으로 살라는데 있다.

누구나 기회를 균등하게 받고 태어났다. 이를 활용하고 즐기는 것은 자유다. 즐기는 자에게는 깨달음의 선물을 부산물로 받는다. 기회를 잡으면 선물을 준다. 선물을 받지 못하면 인생을 잘못 산 것이 된다. 몸이 필요 없는 삶을 산 것과 같다. 죽어서 산 것과 마찬가지다. 몸을 준 것은 제대로 한 번 살아보라고 한 것이다. 삶의 중심을 즐기라 한 것과 같다. 그래서 삶은 축제다.

존재 벗어난 행태는 이 이치를 명확하게 한다. 삶의 중심에서 벗어나면 근심, 걱정으로 얼마나 고통스러운지 모른다. 한두 가지가 아니다. 오만가지로 잡다한 불안, 불편의 바다에서 얼마나 헤매는지 모른다. 과거를 가 봐도 아쉬움과 미련뿐이고, 미래 가 봐도 찾을 수 있는 것은 근심, 걱정뿐이다. 경치 좋은 곳을 찾아 아무리 먼 곳을 찾아도 기대한 만큼 편안한 곳은 결코 찾을 수 없다.

이유는 간단하다. 지식으로 비교하기 때문이다. 나를 중심으로 비교하기 때문이다. 내 이익을 위해 비교하기 때문이다. 에고가 발현되기 때문이다. 이때는 반드시 존재를 벗어나고, 생명 작동이 중지된다.

스트레스 작동하기 시작하고, 온몸 구석구석 무거운 짐을 떠안고 살아간다. 에너지 수준은 저하되고, 또 에너지 수준이 낮은 것들을 끌어당긴다. 이를 벗어나기는 좀처럼 쉽지 않다. 에고는 한이 없고, 습관성이고, 인력이 작동하기 때문이다. 여기 종속되면 자유는 없다. 인생 망친다.

에고의 늪을 벗어나는 방법은 나를 없애는 데 있다. 그것은 바로 존재다. 이것이 바로 삶의 중심이다. 나를 중심으로 뭔가 도모하는 것은, 무조건 에고가 작동한다고 보면 된다. 에고는 나를 돕는 것이 아니고, 나를 가장 괴롭힌다는 것을 인식해야 한다. 에고는 나를 고립시키는 것이 기본 역할이다. 전체의 온전함, 완전함, 편안함의 근처에는 얼씬도 못하게 한다. 얼마나 내가 나를 괴롭히는지 모른다. 이는 인생의 족쇄로 작용할 뿐이다.

에고의 늪을 벗어나면 바로 지금여기 삶의 중심이다. 얼마나 가깝게 있는지 모른다. 삶의 중심인 보물은 항상 내가 가지고 있다. 그를 알아차리면 제정신으로 돌아와 몸도 마음도 편안하게 온전한 삶을 살아간다. 삶의 중심에 서면 세상이 밝아지는 것을 느낀다. 어찌 보면 그것은 삶이 목표이고, 깨달음이라 할 수 있다. 세상이 밝아지는 느낌을 한 번도 자각하지 못하면, 인생을 잘못 산 것이 된다. 잘못 태어난 것과 같다.

단 한 번의 기회인 소중한 선물을 즐기지 못하고, 그렇게 내팽개치는 것은 무모하기 이를 데 없다. 그를 즐기는 데 지식이 필요한 것은 결코 아니다. 학교 가서 배울 필요도 없다. 돈도, 명예도, 지위도 필요한 것이 아니다. 그런 것들은 오히려 방해물일 뿐이다. 오직 마음먹기 달려 있다. 어느 일을 맞이해도 삶의 중심에서 즐기면 그만이다. 살아 있다는 것은, 깨달음으로 삶을 만끽하는 데 있다.

삶의 중심은 에너지 수준이 최고다. 깨달음은 에너지 수준이 최고로 뭉친 상태다. 에고는 에너지 수준이 최저다. 그래서 에고를 버리는 것이 깨달음에 이르는 출발점이다. 거듭하면 애벌레가 허물을 벗듯, 개인 틀을 벗어나 전체 속에 합류한다. 전체와 함께 할 때, 비로소 깨달음을 알아가기 시작한다. 생명의 힘을 느끼고, 발휘하기 시작한다. 이는 삶의 중심에서 가능하다. 그래서 누구나 삶의 중심으로 살아야 한다.

어떻게 세상을 아름답게 볼 수 있는가? 똑바로 바라보면 아름답다. 똑바로 보는 것은, 전체로 보는 것이다. 전체로 보면 어울림의 아름다움이 보인다. 전체는 조화다. 생명은 그 일을 한다. 그러나 부분은 모든 지식을 동원해도, 부분에 불과하다. 아무리 많은 지식으로도 조화는 없다. 전체의 어울림이 없기 때문이다. 세상을 기울여 보기 때문이다. 전체 이르는 길은, 오직 지식의 초월에 있다. 에고가 남아 있는 한, 지식 초월은 없다. 아름다움은 지식 넘어 존재한다.

생각은 힘이 있다. 어떤 생각을 하느냐에 따라, 에너지 수준이 다르다. 삶의 중심에 있는 생각은, 에너지 수준이 높다. 바로 사랑, 기쁨, 감사 등이 그것이다. 전체와 어울리는 데 꼭 필요하다. 그러나 분별, 비교 등은 전체와는 거리가 있고, 나만을 위한 것이 된다. 전체와 어울리기 어렵다. 어떻게 생각하느냐에 따라, 전체로 작동되기도 하고, 개인으로 작동되기도 한다.

삶의 중심은 전체와 함께 하는 데 있다. 전체와 함께 하기 위해서는 내 주장이 지나치면 불가능하다. 내 주장은 상대와 함께 해야 한다. 상대와 균형을 이뤄야 한다. 이때 존재 상태로 생명을 맞이한다. 어느 일도 에너지 수준이 가장 높은 상태로 맞이한다. 일도 잘되고, 주변도 편안한 상태가 된다. 아무리 능력이 출중해도, 홀로 하는 어느 것도 힘은 약하다. 에너지 수준이 낮기 때문에 당연하다.

집중은 존재 상태다. 사람을 맞이할 때도, 일을 맞이할 때도 집중을 통해야, 존재로 에너지 수준이 높은 전체의 힘을 발휘한다. 집중은 삶의 중심이다. 일 할 때는 아무 생각 없는 분별없이 열중하는 것이 삶의 중심이고, 그를 통해 사랑과 기쁨이 흘러나온다.

3.5 인간의 삶 (2018.9.24.)

인간은 널리 이롭게 서로 도우며 어울려 살아야 한다. 이는 전체의 삶이고, 생명과 함께 한다. 여기 벗어나면 스스로 인간이기를 포기한 것과 같다. 지식으로 부분의 삶을 살며 생명을 외면한다. 생명이 작동하지 않으면, 지식의 분별로 조장된 부조화가 지속된다. 이 상태는 불안과 고통의 삶의 연속이다. 인간의 삶이라 할 수 없다. 사랑과 기쁨이 넘치는 존재의 삶이 바로 인간의 삶이다.

인간의 삶은 사랑이 가득해야 한다. 사랑은 둘이 아닌 하나의 분별 없는 상태다. 옳고 그르고, 좋고 나쁘고, 좋아하고 싫어하고의 분별은 둘로 갈라놓는다. 사랑을 다툼으로 바꿔 놓는다. 인생을 괴로움에 휩싸이게 한다. 모두가 분별에서 나온다. 분별은 사랑을 사라지게 한다. 인생을 다툼으로 안내한다. 사랑은 전체의 어울림 속에서 꽃은 피어난다. 전체하나의 삶으로 사는 것이 사랑이다.

인간의 삶은 겸손해야 한다. 겸손이 없으면 오만과 교만이 싹을 튼다. 지식에 오염되기 시작한다. 최고인 줄 착각한다. 분별하기 시작한다. 전체에 이르지 못하고, 부분에 머무른다. 생명은 멀어진다. 인간으로 죽음의 삶을 산다. 오직 겉으로만 살 뿐, 속은 텅 비어있다. 생명이 없기 때문이다. 그 속은 인간이 아닌 동물성으로 채워진다. 전체를 망각하고 오직 나만을 안다. 동물과 같다.

인간은 현존으로 살아야 한다. 현존은 생명과 함께 한다. 바로 신이다. 지금여기 존재로 생명이 충만한 상태다. 지금여기 떠나 하는 일은 인간으로 하는 일이 아니다. 욕심을 채우며 거짓을 행하기 때문이다. 지식으로 분별하며 이기심의 작동으로 비롯한다. 여기 생명은 없다. 인간으로 죽은 목숨이다. 오직 시기와 다툼, 거짓과 위장, 변명과 억지 주장만 있다. 스스로 현존이기를 포기한다.

나만 위하면 인생은 없다. 모두 위하면 인생은 꽃피운다. 전체 삶으로 생명이 가득하기 때문이다. 생명은 모두를 편안하게 한다. 사랑과 기쁨으로 가득하게 한다. 모두가 존재의 이유로 조화 이룬다. 이것이 인간의 삶이다. 나만 위하면 욕심이 넘쳐흘러, 본인은 물론 주변을 대를 이어 불편하게 한다. 잡신과 동물령까지 들러붙는다. 잠으로 묘하다. 인간은 모두 함께 할 때, 진정 신이 된다.

3.6 마음의 이치 (2021.1.28.)

마음은 계속 움직인다. 보이지도 않으며 움직인다. 지구에 있다, 별나라에 있다, 조선 시대에 있다, 오지도 않은 미래시대로 갔다 하며 시공을 초월한다. 이렇게 마음을 먹을 때마다 작동이 일어난다. 그런데 마음이 같은 마음이 아니다. 순수한 마음도 있고, 오염된 마음도 있다. 마음먹으면 그 마음의 상태가 작동한다. 순수한 마음은 고운 파장이 나오고, 오염된 마음은 거친 파장이 나온다. 고운 파장은 스트레스를 잠재우고, 거친 파장은 스트레스를 유발시킨다. 이는 아무리 멀리 있어도, 전화를 해도, 생각만 해도 그 파장이 전파된다.

거친 파장은 멀리서도 아프게 한다. 고운 파장은 멀리서도 스트레스를 사라지게 하고 아픔이 치유된다. 이는 양자 현상이고, 마음 물리학이다. 심리학이 여기까지 아울러야 한다. 이 이치는 많은 부분이 양자의학으로 설명돼 있지만, 자세한 것은 스스로 깨우쳐 체득해야 할 일이다. 방법은 오직 생명과 함께하는데 있다. 여기 조건은 존재다. 존재를 방해하는 요인은 지식, 재산, 지위, 명예다. 이 방해요인은 초월해야 할 대상이다. 이의 실천은 각자의 몫이다.

생명과 함께하여 파장이 고운 파장으로 바뀌면 마음먹으면 멀리서 스트레스가 쌓여있는 자도 스트레스가 사라지게 한다. 아픔이 영문도 모르고 저절로 사라진다. 감기도 떨어져 나간다. 어느 바이러스도 고운 파장에서는 활동이 멈춘다. 이런 것들이 마음의 이치다. 이는 마음 물리학이다. 어떤 마음을 먹을 것인가? 남을 아프게 할 것인가? 편안하게 할 것인가? 이도 스스로 마음먹기에 달려있다. 마음의 이치는 이와 같다.

마음의 순수는 지식, 재산, 지위, 명예 등 위험요소에 노출하지 않는데 있다. 지식을 쌓지 않는 것이 아니고, 열심히 쌓으며 생명과 함께하는데 있다. 이는 지식의 초월이다. 재산, 지위, 명예 등도 마찬가지로 맞이해야 한다. 마음 이치는 모든 것이 여기에 지배된다. 마음의 파장을 고운 파장으로 바꾸기 위해서는 끊임없이 공부해야 한다. 이 공부는 지식을 초월하는 공부다. 살아있는 동안 열심히 해도 부족하다. 이 공부가 이뤄질수록 본인도 편안하고 남도 편안하게 한다. 이런 자는 마음먹으면 주변을 편안하게 한다.

반대로 이 공부가 부족한 자는 지식의 울타리를 벗지 못하고, 어느 것도 따지며 본인은 옳고 남은 옳지 않다고 하며, 거친 파장으로 주변을 불편하게 한다. 이런 자는 마음먹으면 아무리 좋은 마음을 먹는다고 해도, 거친 파장으로 본인의 가족까지도 아프게 한다. 마음의 이치는 이와 같다. 똑같은 마음이 아니다. 마음 에너지가 모두 다르다. 이 보이지 않는 세계를 모두 공유해야 한다. 각자 마음 포텐셜을 높여야 한다. 세상이 얼마나 편안한지 모른다. 그런데 이를 누구도 가르칠 수 없다. 그러나 마음 역학으로 누구도 세상을 밝힐 의무가 있다.

3.7 마음의 양식 (2018.4.1.)

마음은 생명과 함께 하는 정도에 따라 천차만별이다. 그 정도는 하늘과 땅 사이에 아주 다양하게 나타난다. 본래 마음은 생명이 가득하다. 그러나 지식의 분별이 작동할수록 생명은 위축되고, 마음도 때가 끼어간다. 마음의 양식은 이 때를 벗기는 것이다. 지식을 초월해야 가능하고, 내 기준을 버리고 모두 받아들이는 기준이어야 한다. 지식을 쌓되, 생명과 함께 하란 뜻이다. 이것이 마음의 양식이다.

마음은 참으로 묘하다. 내 마음 나도 모른다. 변덕도 심하다. 변명도 한다. 포장도 한다. 고집도 부린다. 잘난 체도 한다. 이 모든 것 인성에서 나온다. 인성은 생명과 함께 하고 있는 정도이다. 인간의 됨됨이를 나타난다. 아주 정확하다. 인성이 높은 자는 본성에 가까운 인간의 성품을 나타낸다. 인성을 높이는 것이 마음의 양식이다.

책을 많이 읽으면, 마음의 양식이 된다고 생각한다. 좋은 글을 읽어도, 경전을 읽어도, 좋은 이야기 들어도, 마음의 양식이 된다고 생각한다. 그러나 아무리 좋은 글을 많이 읽어도, 모든 경전을 섭렵하여도, 체득의 깨우침이 없으면, 지식의 탈을 벗지 못한다. 깨달음은 지식의 틀을 깨고, 생명과 함께 할 때 나타난다. 이때 비로소 진정 마음의 양식이 되기 시작한다.

마음의 양식을 쌓아야 한다. 누구나 따라야 하는 길이기 때문이다. 인생을 풍요롭게 하기 때문이다. 그 자리는 언제 어디서 무슨 일을 맞이해도 편안하고 아늑하다. 생명과 함께 하기 때문이다. 생명과 함께

하는 만큼 인생을 풍요롭게 맞이한다. 생명과 함께 할수록 의식은 한없이 깨어나고 진정 인간의 존재로 모두 함께 어울려 조화롭게 살아간다.

인성 낮은 자는 마음의 양식이 부족하고, 인간의 모습은 좀처럼 찾기 어렵다. 생명과 함께 하지 못하고, 개인 위주로 하기 때문이다. 전체 뜻을 저버리고 내 뜻대로 하는 것은, 인간이라 볼 수 없다. 동물은 오직 필요할 때만 자신을 위하지만, 인성 낮은 자는 온갖 짓을 다하며, 시도 때도 없이 본인만을 위해, 동물 이하의 교활성과 악랄함을 나타낸다.

3.8 마음은 분별한다 (2018.9.19.)

마음은 잠시도 가만히 있지 못한다. 과거로 가고, 미래로 가고, 여기 가고, 저기 간다. 뭐 하러 가는가 하면 분별하러 간다. 어느 분별을 하는가 하면 나와 비교한다. 내 이익을 위해 분별한다. 끊임없이 다투고 분별한다. 분별하는 순간 존재를 벗어난다. 존재를 부정한다. 존재 떠나면 마음은 나를 괴롭힌다. 분별은 생명의 작동을 중지한다. 마음이 생명을 방해한다. 마음이 병들면 그렇다. 본래 마음은 분별이 없는 상태다.

내 마음 나도 모른다. 그렇게 마음은 신비다. 그런대도 내 맘대로 하려고 한다. 지식이 그렇게 하도록 한다. 애써 배운 지식으로 기껏 하는 짓이 그렇다. 그럴수록 마음은 분별을 거듭하며 오염되어 간다. 본래 모습은 온데간데없다. 분별하면 할수록 본래 마음은 자취를 완전히 감춘다. 도저히 인간이랄 수 없는 지경에 이르게 한다. 그래서 분별은 인간으로서 죽음을 재촉한다. 마음을 잘 못쓰면 그렇다.

마음을 잘 써야 한다. 분별하는 마음은 인간이 가는 방향이 아니다. 누가 시키지도 않는다. 내가 그렇게 한다. 내가 나만을 위해 그렇게 한다. 항시 전체를 망각한다. 그러면서 마음은 오염된다. 오염된 마음은 쉬지 않고 분별한다. 다람쥐 쳇바퀴 돌 듯 한다. 나도 모르게 그렇게 한다. 이를 탈피하는 방법은 오직 의식의 깨어남이다. 전체 생명과 함께 해야 한다. 이렇게 할 때 분별은 사라진다.

지식에 구속되면 마음은 쉬지 않고 분별한다. 이는 전체를 망각하고 생명을 저버리게 한다. 진실의 삶과는 항시 거리를 둔다. 그래서 지식은 죽음이라 한다. 잠시도 가만히 있지 못한다. 하는 짓이 모두가 죽음을 재촉한다. 인간으로 할 짓을 못한다. 사랑은 저만치 간다. 사랑과 함께 하지 못하는 것은 분별하는 마음 때문이다. 항시 둘로 갈라놓는다. 불안과 고통을 자초하는 삶으로 이끈다.

분별을 차단하는 것이 깨달음의 첫 단추다. 분별이 있는 한 깨달음은 없다. 순수도 잃는다. 마음은 점점 오염돼 간다. 오염될수록 인간의 모습은 사라진다. 속은 동물성으로 완전히 바뀐다. 오직 본인만을 위해 욕심을 부른다. 모든 것 마음이 앞을 가린다. 옳고 그름, 잘하고 못하고, 밉고 곱고 등이 분별이다. 항시 마음을 갈라놓는다. 이것을 차단해야 전체가 된다. 모든 것은 다 이유가 있다.

3.9 모든 것 마음이 지어낸다 (2018.9.27.)

마음은 종잡을 수 없다. 마음이 그냥 마음이 아니다. 마음은 천차만별이다. 마음이 없는 사람 없다. 그러나 마음의 상태는 다 각자 다르다. 다른 것은 하늘과 땅 차이다. 상태에 따라 하늘은 하늘이고 땅은 땅이다. 신과 잡신의 차이다. 마음이 신의 마음이냐 잡신의 마음이냐의 차이다. 지식은 어디 까지나 잡신의 마음이다. 지식을 초월할 때 비로소 신의 마음을 갖게 된다.

마음이란 알 수 없는 것이다. 마음에 집착하면 마음을 알지 못한다. 집착하는 순간 전체를 망각하고 부분에 매몰되기 때문이다. 이렇게 마음은 어렵다. 이 모든 것 내가 만들고 내가 거기서 빠져나오지 못한다. 이것이 그것이 마음이다. 마음은 그런 것 이런 것이다. 마음이 다 똑같은 것 아니다. 똑같지 않은 마음을 같은 마음이라 하는 것은 억지다. 그렇게 고집으로 인생은 허물어진다.

어느 것도 마음먹기 달려있다. 성공도 마음이고 실패도 마음이다. 한데 모으면 성공이고 흩어지면 실패다. 성공과 실패는 마음에 달려있다. 그 마음이 어떤 마음이냐의 문제다. 마음은 누가 주는 것이 아니다. 내가 스스로 만들고 간직하는 것이다. 아무리 주려해도 받지도 않는다. 그게 마음이다. 믿는 자 천국인데 그것도 모른다. 이게 마음이다. 믿으면 전체가 되고 믿지 못하면 부분이다.

모든 것 스스로 해야 한다. 누가 도와주려해도 도울 수 없다. 그저 그렇다 해야 한다. 멋도 모르고 그렇게 한다. 그걸 어떻게 돕는 방법은 없다. 효과가 없기 때문이다. 아무리 가르치려 해도 되지 않는다. 받으려는 마음이 없는데 줘봐야 소용이 없다. 참으로 묘한 것이 마음이다. 그것도 모르고 마음을 달래고 을러대는 것은 아니다. 정확하게 알아야 한다. 그게 마음이다. 묘한 마음이다.

묘한 마음을 알면 신의 경지에 이른다. 이런 것 저런 것 다 받으면 묘함을 알게 된다. 도저히 지식으로 알 수 없는 것 알게 된다. 전체에 이르며 생명의 멋을 알아간다. 이때 마음의 지음은 전체를 위한다. 생명과 함께 한다. 묘함을 경험한다. 경험은 믿지 않을 수 없다. 그렇게 경험의 바탕은 전체를 이뤄간다. 전체에 이르면 생명은 가득 찬다. 진정 묘함을 맛본다. 그 묘함도 마음에서 나온다. 마음은 이렇게 저렇게 모든 것 아우른다.

3.10 마음은 내가 고친다 (2019.10.3.)

마음은 한없이 넓기도 하고 좁기도 하다. 이 모든 것 내가 그렇게 한다. 누가 시켜서 그렇게 하는 것이 결코 아니다. 이는 하늘도 고쳐 줄 수도 만들어 줄 수도 없다. 오직 원인자인 나만이 할 수 있다. 오직 나만 넓은 마음을 갖게 할 수 있다. 지식으로 온갖 분별을 하며 움추러진 마음을 오직 나만 분별없는 생명의 힘으로 넓게 펼칠 수 있다. 이는 끝이 없고 누구나 할 수 있다.

마음은 속이 보이지 않는다. 어떻게 들여다 볼 수도 없다. 그런데 마음이 넓어지면 마음을 드려다 볼 수 있다. 생명과 함께 전체를 아우르기 때문이다. 이렇게 전체를 수용하면 마음은 한없이 넓어져 간다. 이는 누가 가르쳐 줄 수 있는 것이 아니다. 오직 스스로 체득으로 터득하는 것이다. 방법은 분별없는 마음이며 이는 수용이다. 무엇이든 받아들여 녹이면 전체와 일체가 되며 큰마음이 된다.

받아들이는 수용의 마음과 받아들이지 못하는 거부의 마음은 천지차이다. 속이 꽉 차고 속이 텅 빈 차이다. 속은 생명으로 차며 빈자리는 생명 아닌 것으로 찬다. 인성은 생명과 함께 하는 정도다. 따라서 무엇을 선택하냐에 따라 인간으로 사느냐 인간 아닌 것으로 사느냐로 갈린다. 인간으로 사는 것은 신처럼, 인간 아닌 것으로 사는 것은 동물처럼 살아간다. 내 인생은 내가 선택한다.

마음의 병은 지식으로 오염되는 병이다. 이 병에 걸리면 옹졸해지고 무엇이든 본인 위주로 하고자 한다. 마음에 들지 않으면 부조화를 만들어 본인은 물론 주변을 불편하게 한다. 이 병은 아무한테도 아주 몹쓸 병인데 본인 스스로 고칠 수밖에 없다. 본인을 위한 지식의 분별이 사라질 때 비로소 마음의 병은 치유된다.

3.11 기도의 마음 (2018.11.6.)

기도는 간절히 바라는 마음이 아니다. 존재로 함께 함이다. 생명과 함께 하는 바탕이다. 있는 그대로 전체와의 어울림이다. 이는 사랑의 상태이다. 존재하는 어느 것과도 어울림이다. 이것이 기도이다. 신의 역할과 똑같은 마음이다. 여기 내가 있으면 생명의 작동은 벗어난다. 전체를 이탈하기 때문이다. 전체는 이렇게 중요하다. 꼭 필요한 존재로 전체를 이루고 있음을 알아야 한다. 그렇게 있는 그대로 존재로 머무는 것이 기도하는 마음이다.

살아있다는 것은 존재하고 있다는 것을 뜻한다. 존재를 벗어나면 살아있어도 살아있다고 할 수 없다. 제 일을 하고 있는 것이 아니고 엉뚱한 일을 하기 때문이다. 기도는 존재로 돌아가게 한다. 생명과 함께 하게 한다. 부조화를 조화 상태로 한다. 생명의 힘이다. 기도하는 마음은 생명과 함께 함이다. 늘 기도해야 한다. 살아있기 때문이다. 진정 살아야 하기 때문이다.

생명은 존재 상태에서 작동한다. 과거나 미래에 작동하지 않는다. 언제나 지금여기 존재와 함께 한다. 이 소중한 존재를 거부하는 것은 생명을 거부하는 것과 같다. 기도하는 마음은 어느 존재도 소중하게 사랑으로 하나가 되는 것이다. 그러면 언제 어디서 무슨 일을 해도 생명과 함께 한다. 생명의 역할은 그런 것이다. 언제 어디서 무슨 일을 해도 존재로 있으면 생명은 작동한다. 이렇게 생명은 늘 전체의 조화를 이룬다.

기도는 평온하다. 생명과 함께 하기 때문이다. 내가 있으면 기도가 아니다. 바라는 마음이 생기기 때문이다. 바라는 마음도 에고다. 에고가 있는 한 생명은 작동하지 않는다. 존재를 벗어나기 때문이다. 에고로 나와 비교하고 분별하는 순간 존재를 벗어난다. 존재 벗어나면 생명은 작동하지 않는다. 인간의 생명은 온데간데 없고 저질의 동물의 생명이 자리를 차지한다. 기도하는 마음은 진정 인간의 생명과 함께 함이다. 인간은 신이다.

전체와 함께 하면 외롭지 않다. 생명과 함께 하기 때문이다. 생명은 전체와 조화를 이룬다. 기도하는 마음은 생명과 함께 함이다. 생명의 뜻대로 함께 한다. 신의 경지에 이르면 신의 역할을 한다. 기도하면 부조화 상태가 조화 상태로 바뀐다. 생명의 힘이다. 생명의 역할이다. 이렇게 생명의 작동은 중요하다. 누구나 존재 상태를 지속하면 신의 경지에 이른다. 이때부터 기도하면 생명이 작동하기 시작한다. 그러나 체득하지 않고는 이해될 수 없다.

3.12 좋은 마음 (2022.8.25.)

마음은 에너지다. 에너지는 정보를 갖는다. 정보에 따라 에너지 수준이 다르다. 에너지 수준을 높이는 마음이 좋은 마음이다. 에너지 수준에 따라 파장이 다르다. 파장은 정보를 갖는다. 파장에 따라 정보가 다르다.

좋은 마음은 전체를 위한다. 개인을 향하는 어떤 마음도 에너지 수준은 낮아진다. 그 마음은 반드시 하나를 둘로 가른다. 이원론이고 이분법이다. 좋고 나쁘고, 옳고 그르고, 시비를 가른다. 가르는 것은 거짓으로 흐른다. 전체하나로 하는 것은 진실로 흐른다.

좋은 마음은 파장이 고와 거친 파장을 잠재울 수 있다. 이는 치유의 근간이다. 치유는 부조화를 조화로 바꾼다. 파장은 시공을 초월한다. 바로 이 이치가 원격치유의 근간이 된다. 반대로 거친 파장은 멀리 떨어져 있서도 남을 아프게 한다. 동조현상이고, 끌어당김 법칙에 의한다.

마음 크기는 몸에 비할 수 없을 정도로 크다. 마음은 몸을 지배한다. 마음은 몸을 떠날수록 좁아진다. 몸을 떠난 마음은 오직 개인만을 위한다. 그렇게 하며 에너지 수준을 낮추고 파장을 거칠게 한다. 스트레스 유발하고 부조화 상태로 된다.

3.13 몸과 마음이 함께하다 (2019.7.16.)

몸과 마음이 함께 할 수 있으면 평화롭다. 조화를 이뤄 편안하기 때문이다. 그러나 마음이 몸과 함께 하는 것은 쉽지 않다. 내 이익을 추구하기 위해 경쟁하고 비교하고 분별할 때는 마음은 수시로 몸을 떠난다. 그렇게 하고 근심 걱정에 휩싸인다. 존재를 떠났기 때문이다. 생명이 작동하지 않기 때문이다. 이때 스트레스 받는다. 몸과 마음을 함께 하라.

마음이 몸을 떠나면 방황한다. 스트레스 받는다. 의지할 데가 없다. 집 떠나면 고생이다. 몸은 마음의 집이다. 몸을 떠나면 마음은 존재를 떠나 있다. 존재 떠나면 생명은 없다. 근심과 걱정으로 고난의 길을 걷는다. 그런데도 하늘은 도와주지 않는다. 약속한 것이 아니다. 존재를 떠나 하늘도 도와 줄 수가 없다. 몸은 존재의 바탕이다. 몸과 함께 하라.

에고가 강하면 자기중심적이다. 모든 것을 자기중심으로 해석하고 판단한다. 그런데 에고를 발휘할 때마다 존재를 저버리는 게 문제다. 생명이 작동을 멈추기 때문이다. 생명은 온세상을 하나로 작동시키기 때문에 바쁘다. 생명작동의 원칙은 존재다. 이것은 또한 우주 질서의 이치다. 생명은 존재 떠난 것을 돌아보지 않는다.

마음이 오염되면 마음은 수시로 몸을 떠난다. 이익을 추구하며 몸을 떠나 고생길을 걸어간다. 순수성을 잃어서 그렇게 한다. 마음이 몸을 떠난 빈자리는 심한 경우에 동물령이 자리를 차지한다. 이때부터 사고와 행동이 마치 동물처럼 한다. 욕심 부리며 오직 자기만을 위한다. 이는 의식을 향상 시킬 수 있는 단 한 번의 기회인 인생을 허비하는 것이다. 몸과 마음은 함께 해야 한다.

세상이 얼마나 아름다운지 알려면 전체를 볼 줄 알아야 한다. 전체 중 본 것은 눈곱만도 못한 부분에 불과하다. 이 부분에 빠져들면 좀처럼 빠져나오지 못한다. 이 부류에 속하는 자의 마음은 몸을 떠나 있다. 존재를 떠난 것이고 존재감을 드러낼 수 없다. 인간의 모습이 아니다. 빈자리를 동물이 차지하기 때문이다. 인간이 되려면 몸과 마음이 함께 해야 한다. 마음을 잘 써라.

3.14 생각의 근원 (2023.2.2.)

생각의 근원은 마음이다. 생각은 마음의 움직임이다. 마음 상태에 따라 생각의 질이 결정된다. 생각의 질은 파장이다. 마음은 에너지이고 생각은 힘이다. 마음의 범위는 전체다. 마음은 전체에 이르면 가장 편안하다. 생명과 함께하기 때문이다. 누구나 언제든 생각은 쉬지 않는다. 자면서도 생각한다. 그 영향은 전체에 미친다.

전체인 마음을 좁히는 만큼 스트레스로 작동된다. 그때 마음은 파장이 거칠어지고, 생각으로 거친 파장을 전체로 전파한다. 이는 이치다. 이치를 벗어나는 만큼 부조화로 몸에 부담으로 작동한다. 거친 마음은 스트레스다. 그 스트레스 전체로 전파한다. 생각의 흐름을 타고 전파한다. 생각이 미치는 곳으로 에너지 파장이 전파한다.

마음이 좁아지는 원인은 바로 나다. 나로 인해 마음이 좁아진다. 생각의 근원인 마음이 정상을 벗어난다. 마음은 나를 향할수록 좁아진다. 모든 것을 지식으로 비교하고 나눈다. 나를 향하지 않고 전체로 방향을 전환하면 마음은 균형을 찾는다. 전체의 균형을 위해 나에게 엄격해야 한다. 지식은 전체를 위해 활용돼야 한다.

생각의 파장은 전체다. 뭐든지 전체를 위해 나눠야 한다. 재산도, 지위도, 명예도 그렇게 활용돼야 한다. 그때가 최고로 편안하다. 행복의 파장이 나온다. 생명의 기운이 나온다. 전체는 생명이다. 파장이 곱다. 생각의 근원인 마음을 어떻게 먹느냐는 나를 우주만큼 크게 한다. 그 상태에 이르면 못 할 일 없다. 생명의 힘과 함께한다.

3.15 생각의 작동 (2021.1.21.)

생각은 마음의 움직임이다. 말하자면 마음의 운전이다. 생각의 범위는 시공을 초월한다. 그러나 생각하는 것은 보이지 않는다. 어떻게 생각하는지 겉으로 보이지 않는다. 그런데 그것은 분명한 작동이다. 또 작동한 만큼 흔적을 남긴다. 그 흔적은 영원히 기록돼 있다. 인간의 몸 안에, 우주에 기록돼 있다. 이를 아카식 레코드라 한다.

생각을 잘해야 한다. 궤도를 벗어나지 말고 본질에 머물러야 한다. 정상궤도는 생명의 길이다. 나머지는 파장이 거친 가시밭길이다. 진실이 아니기 때문이다. 진실도 거짓도 모두 기록된다. 거짓의 생각을 하면 에너지가 약하다. 에너지 강도에 따라 진위를 판단할 수 있다. 모든 물체는 에너지를 발산하기 때문에 생각이 기록한 물체가 발산하는 에너지 강도로 진위를 판단할 수 있다. 누구나 의식의 주파수를 동화시키면 진위 판단이 가능하다.

생각이 궤도를 벗어나면 거짓인데 이는 지식, 재산, 지위, 명예 등이 요인이 된다. 이들은 생각을 이상하게 하도록 한다. 생각을 이상하게 하면 바로 감정이 충돌하며 스트레스를 야기시킨다. 생각을 정상으로 하면 감정이 생길 일은 없다. 마음도 평온하고 평화롭다. 생명이 작동하기 때문이다.

생각을 잘하면 생명이 작동한다. 반대로 생각을 잘못하면 생명은 작동을 멈춘다. 생각이 정상궤도를 이탈하면 생명은 작동을 중지한다. 그것은 존재를 벗어날 때다. 존재는 지금여기를 말한다. 어느 상황에서도 존재로 맞이하면 일은 쉽게 풀린다. 생명의 힘이 작동하기 때문이다. 그러나 존재 벗어나면 생명의 파장은 사라지고 거친 파장에 휩싸인다. 생각이 궤도를 벗어나면 생각의 꼬리로 거친 허공을 벗어날 수가 없다.

생각을 잘해야 한다. 생각을 잘못하면 정신 나간다. 생명이 작동하지 않아 스트레스 계속 받으면 심한 경우 우울증, 정신분열, 자살 등으로 이어진다. 그래서 생각은 잘해야 한다. 생각은 항상 존재와 함께 해야 한다. 이는 아주 쉬운 일이다. 과거로 갈 필요가 없다. 미래로 갈 필요도 없다. 멀리 갈 필요도 없다. 바로 지금여기다. 바로 존재의 일만 생각하면 된다. 알고 보면 쉬운 일이다. 이는 생명과 함께하는 길이다. 가장 편안한 자리다. 이를 지상낙원이라 한다.

생각을 어떻게 하냐에 따라 자기 스스로 자기 몸에 스트레스를 쌓을 수 있다. 생각의 작동도 흔적을 남기는 것이 분명한데, 생각을 잘 하다 보면 생각하면 생명이 작동하는 것을 경험할 수 있다. 항상 생명과 함께하면 생각하는 자체로 생명이 작동한다. 이 파장은 시공을 초월한다. 그래서 멀리서도 치유능력을 발휘할 수 있다. 이를 원격치유라 한다. 생각을 잘못하면 반대로 작동한다. 치유되는 것이 아니고 아프게 한다. 주변을 아프게 한다. 가족까지 아프게 한다. 어떤 생각을 할 것인가는 자유다.

3.16 생각 영역과 힘 (2021.8.7.)

생각 영역은 전체다. 시공을 초월한다. 생각은 에너지 작동이고 미묘한 힘이다. 전달 영역은 전체다. 전달된 생각의 힘은 우주 에너지 장에 영원히 기록된다. 모든 기억은 그 속에 있다. 모든 생각 영역의 힘은 에너지 파장으로 저장된다. 모든 것은 서로 연결돼 하나인 것과 같다. 우주 에너지 장 정보를 추출하면 시공을 초월한 상황을 진단하고 판단할 수 있다. 멀리서 보지 않고도 진단하고 치유할 수 있는 것이 가능하다. 생각이 매개체고 시공을 초월하기 때문이다.

생각은 감정을 유발하고 그 정도에 따른 에너지 특성이 에너지 장에 영원히 기록된다. 그 에너지 특성을 추출하면 감정 상태를 판정하고, 스트레스 정도를 판단하고 몸과 마음의 건강 상태를 가늠할 수 있다. 생각은 에너지를 싣고 생각이 미치는 곳에 양자 현상으로 작동한다. 보이지 않지만 미시세계의 이치다. 생각 에너지 수준은 전체로 영향을 미친다. 우주는 생각 에너지 파장이 가득하다. 에너지 수준이 낮으면 거친 파장이, 높으면 고운 파장이 전달된다. 거친 파장은 스트레스 유발하여 몸과 마음을 아프게 하고, 고운 파장은 스트레스 잠재우고 치유작동이 일어난다. 이 이치를 알고 이를 활용하는 것은 인간 권리다.

스트레스는 무거운 짐을 들고 있는 것과 같다. 이는 몸과 마음 구석 구석 영향을 미친다. 스트레스는 에너지 수준이 낮아지면 만들어진다. 에너지 수준은 전체 조화 균형에 따른다. 전체 균형에서 멀어질수록 에너지 수준은 낮아진다. 스트레스는 조화 균형과 밀접하다. 내 기준으로 내 주장이 강할수록 균형은 어긋난다. 에고가 기준이 되며 에고가 강할수록 스트레스는 계속 유발된다. 나를 위할수록 스트레스는 영원히 떠나지 않는다. 나와 전체의 균형이 에너지 수준을 높이는 방법이 된다.

에너지 수준이 높은 상태면 생각이 미치는 곳으로 스트레스가 해소되는 에너지가 전달된다. 반대로 낮은 상태면 스트레스가 유발되는 영향을 미친다. 내 맘대로 생각 범위를 제한하면 에너지 수준은 낮아지고 스트레스 유발한 상태가 된다. 있는 그대로 맞이하여 내 맘대로 하는 것이 사라지면 생각 영역이 넓어질수록 에너지 수준은 높아지고 스트레스 잠재우는 생명 힘이 갖춰진다.

생각 영역은 스스로 정한다. 영역의 범위는 제한이 없다. 우주를 아우른다. 생각은 우주 에너지 정보와 함께하는 영역이다. 이 엄청난 이치를 무시하고 내 맘대로 하는 어느 행위도 거짓이고 인위다. 어느 일을 맞이해도 내 맘대로 하는 자세를 탈피하여 '있는 그대로 맞이하는 자유(무위)'를 찾아야 한다. '내 맘대로 하는 구속(인위)'은 자유를 포기하고 광활한 우주공간을 우물 안의 개구리 신세와 같게 하는 자해 행위다.

생각 힘은 에너지 수준에 따른다. 에너지 수준이 낮아도 모든 생각은 전체로 영향을 미친다. 수준이 높으면 고운 파장으로, 낮으면 거친 파장으로 영향을 미친다. 생각 힘은 보이지 않지만 미묘하고 절묘하게 영향을 미친다. 거친 파장은 몸과 마음의 균형을 잃게 한다. 이는 감정을 유발시키고 몸을 아프게 한다. 고운 파장은 몸과 마음의 균형을 찾아준다. 이것이 바로 생각의 힘이다.

생각이 열려 있으면 진실을 행하고, 닫혀 있으면 거짓을 행한다. 내 맘대로 하는 데는 애써 배운 지식이 거짓을 행하는 도구로 전락한다. 끝이 없는 다툼은 오직 나만을 위함이며, 에고 발현으로 에너지 수준은 점점 낮아질 뿐이다. 에고가 있는 한 우물 안을 벗어나기는 불가능하다. 평생 넓은 세상의 아름다움은 단 한 번도 보지 못하고 고통을 떠안고 살아갈 뿐이다. 생각이 전체를 향해 열리면 에고 따위는 안중에도 없다. 나도 모르게 에너지 수준은 점점 높아져, 상서로운 기운이 전체로 널리 퍼진다. 본인의 행복은 물론이고 주변을 편하게 치유할 수 있는 능력을 저절로 갖추게 된다. 인간이라면 누구나 이 길을 따라야 할 의무가 있다.

생각의 힘은 생각이 미치는 데로 영향을 미친다. 부모가 자식 걱정을 하는데, 에너지 수준에 따라 생각의 힘이 영향을 미친다. 부모가 에너지 수준이 낮으면 자식은 거친 파장을 받는다. 자식을 걱정하는 것이 아니고 에너지 수준을 낮추게 하여 자식을 타격하는 것이 된다. 에너지 수준이 높으면 자식 걱정도 하지 않는다. 그러나 어느 생각도 고운 파장이 나와 자식도 편안하게 한다.

생각에는 에너지가 실린다. 생각은 잠시도 가만히 있지 못한다. 그런데 에너지가 실려 있으니 에너지 수준은 중요하다. 전체에 영향을 미치기 때문에 세상을 아름답게 가꾸는 바탕이 된다. 세상은 전체와 어울려 돌아간다. 에너지 수준이 높으면 전체와 어울리는 수준이 높아진다. 조화와 균형에서 오는 아름다움은 세상을 밝게 한다. 모두가 편안하고 평온한 세상을 맞이한다. 살아있는 자체가 축복이고 축제다.

균형있는 생각은 에너지 수준을 높인다. 전체를 향하는 생각은 에너지 수준이 높다. 개인을 향하는 말은 에너지 수준이 낮다. 전체, 생명, 사랑, 감사, 기쁨, 진실, 배려, 양보 등 단어는 에너지 수준이 높다. 생각의 영역이 이들 단어로 펼쳐지면 에너지 수준은 높아진다. 모두 에너지 수준이 높아지면 본인의 건강은 기본이고, 세상은 힘이 넘쳐나고 활기차고 안정되게 변모한다.

누구나 생각의 힘을 길러야 한다. 생각은 먼저 가족단위로 영향을 미친다. 가족을 기반으로 사회의 건강은 보장된다. 생각의 힘은 전체에 영향을 미치고 전체의 힘이 된다. 생각은 힘으로 작동한다. 전체의 힘은 강하고 개인의 힘은 약하다. 생각은 전체를 향할수록 에너지 수준은 상승한다.

3.17 좋은 생각 (2022.8.22.)

좋고 나쁨은 분별이다. 분별은 전체를 나눈다. 전체는 온전하다. 분별은 온전함을 훼손한다. 좋은 생각은 전체를 훼손하지 않는 생각이다. 전체는 생명이고 조화이룬 상태다. 생명이 그 상태를 유지하게 한다. 생각은 에너지 흐름이고 힘이다. 에너지에는 정보가 실려 있다. 좋은 생각은 에너지 파장이 짧고 곱다.

생각의 파장은 전체에 이른다. 전체는 시공을 초월한다. 이처럼 생각의 영향 반경은 무한대다. 그래서 좋은 생각은 중요하다. 좋은 생각은 세상을 아름답게 한다. 좋은 생각은 개인을 탈피하며 시작한다. 개인에 머무는 한 좋은 생각이 될 수 없다. 개인에 머무는 것은 모두 분별의 파장을 조장한다.

분별의 파장은 존재 벗어나 거칠다. 존재는 생명의 터전이다. 존재 벗어나면 생명은 작동하지 않는다. 존재 벗어난 생각은 파장이 거칠다. 거친 파장도 시공, 생사를 초월하여 영향을 미친다. 분별은 나를 중심으로 일어난다. 나를 중심으로 하는 생각을 전체를 중심으로 하는 생각으로 전환하는 것이 좋은 생각이다.

생각은 시공 초월의 언어다. 생각만으로 전체에 정보를 알린다. 그 정보가 공유된다. 그 정보는 사라지지 않는다. 파동으로 기록된다. 그 파동은 조건에 따라 작동한다. 생각은 영원히 기록된다. 좋은 생각은 활력의 분위기를 나타낸다. 수준 높은 에너지가 작동되기 때문이다.

3.18 생각하는 대로 (2023.7.22.)

생각은 마음의 작동이다. 마음은 에너지고 생각은 힘이다. 마음은 아주 크기도 하고 아주 작기도 하다. 마음은 몸을 통솔하고 영과 통한다. 물질도 관여하고 정신도 관여한다. 마음은 혼과 같다. 생각은 그 마음을 작동시킨다. 큰마음은 전체와 함께하고 진실이 기반이고 작은 마음은 나만을 위하고 거짓이 기반이다.

진실은 전체를 위하고, 거짓은 개인을 위한다. 진실은 에너지 수준이 최고고 거짓은 최저다. 에너지 수준 따라, 생각하는 대로 그 힘이 작동한다. 또 생각의 수준 따라, 생각의 힘이 작동한다. 생각수준은 전체 향할수록 높아지고, 개인 향할수록 낮아진다.

욕하고, 자랑하고, 비방하고, 이간질하는 어느 행위도, 에고의 작동이고 개인 위하는 일이다. 그럴수록 에너지 수준은 추락하고, 생각하는 대로 거친 파장을 전파한다. 반대로 전체 위하고, 사랑하고, 기뻐하고, 감사하는 마음은, 에고가 사라진 상태다. 이럴수록 에너지 수준은 상승하고, 생각하는 대로 고운 파장을 전파한다.

사람들 생각 참으로 많이 한다. 쉬지 않고 한다. 그런 줄도 모른다. 생각의 파장은 온 우주에 가득하다. 거친 파장도 고운 파장도 가득하다. 파장은 에너지를 갖는다. 파장이 같으면 서로 끌어당긴다. 그 힘을 끌어당긴다. 거친 파장은 아픔을 고운 파장은 편안함을 끌어당긴다. 생각하는 대로 그 파장을 끌어당긴다. 생각을 잘 해야 한다. 생각은 영혼의 언어다. 생각에 뜻도 있고, 에너지도 있다.

3.19 진실은 인간의 기본 (2021.10.30.)

인간은 누구나 행복해야 한다. 행복의 출발은 진실이다. 진실은 에너지 수준이 최고이고, 힘이 강하다. 진실은 있는 그대로 존재와 함께 한다. 진실 바탕이면 어느 상황에서도 생명은 작동한다. 진실은 인간 덕목 네 가지 중 하나다. 진실은 기본이다. 진실이 아니면 전체의 접근은 불가능하다.

전체는 생명 작동의 대상이다. 전체는 시공을 초월한 영역이다. 의식은 전체로 확장되며, 진실이 사라지면 의식의 확장은 없다. 오히려 의식수준이 인간 이하로 추락한다. 행복의 출발은 진실이고, 과정은 건강이고, 도착은 안녕이다. 인간은 진실 바탕으로 전체생명으로 의식이 확장되어야 한다.

진실이 아니면 인간의 기본 역할을 할 수 없다. 인간의 탈을 쓰고 동물 역할을 한다. 이는 이치다. 기본이 중요하다. 기본은 바탕이고 출발이다. 기본이 되지 못하면 불안하고 약해지고, 출발해도 멀리 가지 못한다. 진실은 기본이다. 어느 상황에서도 있는 그대로 맞이하는 것이 기본이고, 진실이다.

있는 그대로 하지 않고 내 맘대로 하는 것은 인간의 도리를 벗어난다. 진실을 외면하고, 전체생명을 무시한 것이 된다. 본인의 부조화는 물론이고, 세상의 부조화로 이끈다. 진실은 건강의 근본이 되며, 행복한 삶으로 인도하고, 인간세상을 밝게 펼친다.

3.20 진실 외면하면 신의 외면 받는다 (2017.7.22.)

진실은 진리의 실상으로 참이다. 누구나 어느 일도 진실로 맞이하면 생명과 함께 온전하게 주어진 삶을 유지한다. 언제 어디든 신처럼 항상 지금여기 존재한다. 이를 벗어나면 소유분별로 지금여기 존재하는 신과 멀어져 신의 외면을 받고 불안 고통을 겪게 되어 있다.

욕심으로 개인의 욕구를 충족하기 위해서는 진실을 외면하고 비교하며 위장하고 포장하게 되어 있다. 널리 이롭게 조화이루는 신의 역할과 다르기 때문에 이를 미워하여 신이 벌을 주는 것은 아니다. 뜻이 다르기 때문에 신께서 관심이 없는 것이고 외면하는 것이다.

진실은 지금여기 신과 함께 생명으로 있는 것이다. 이를 벗어나면 신은 함께하지 않고 생명도 작동하지 않고 위축하게 되어있다. 이의 선택은 누가 도와주는 것이 아니고 각자의 몫이다. 신은 모두 함께 하기 때문에 나만을 위하면 신은 자연적으로 외면하게 되어 있다.

진실은 모두 위함이기 때문에 개인, 조직, 집단 등 부분에 머무르면 진실을 외면하는 것이라 보면 틀림없다. 신은 부분의 사랑에는 관심이 없고 전체의 사랑에 관심이 있다. 이를 아가페 사랑이라 한다. 누구나 부분 머무름을 벗어 전체하나의 사랑을 실천하여 진정 인생을 즐겨야 한다.

인간으로 살아가는 것은 전체를 위해 진리를 행하고 생명과 함께 하라는 뜻이 있다. 개인을 위해 전체를 망각하고 부분을 취해 전체진리를 보지 못하여 생명과 함께하지 못한다. 몸도 아프고 마음도 불안한 길을 걷는 것은 신의 외면을 받는 것이고 안타까운 일이다.

3.21 하나는 전체다 (2021.1.17.)

하나는 온전하다. 둘은 하나가 나눠져 있다. 어느 일도 동시에 둘을 하면 힘은 나눠진다. 집중이 분산으로 바뀐다. 그래서 뭐를 해도 하나만 하는 것이 집중도가 높아진다. 일이 온전하게 이뤄진다. 전체의 힘이 발휘된다. 그래서 하나는 전체다. 하나의 상태는 제 역할을 하는 상태다. 저마다 제 역할을 할 때 전체는 온전하다. 이때 하나는 전체가 된다. 몸의 건강을 살펴봐도 그렇다. 몸 구성의 세포하나까지 저마다 역할이 온전할 때 전체 몸은 건강하다.

건강은 균형이다. 세포 역할이 정상일 때 균형을 이룬다. 균형은 전체의 조화다. 하나의 역할이 정상일 때 전체의 조화는 이뤄진다. 이는 개인도, 가정도, 조직도, 회사도, 사회도, 국가도, 인류도, 우주도 마찬가지다. 모든 것은 하나가 온전할 때 전체가 온전하다. 이는 생명의 움직임이다. 생명 작동의 기반은 존재다. 과거도 미래도 아니다. 과거는 미련, 미래는 걱정이다. 그럴 때마다 존재 부정하고 하나를 둘로 나눈다. 스트레스 만들고 생명을 거부한다. 이치에 어긋난다. 이를 지속하면 정신 나간다. 이는 생명 물리다.

너무나 간단하다. 어느 일도 하는 일, 하나로 맞이하면 된다. 일의 귀천은 없다. 청소부도 일을 하나로 맞이하면 생명과 함께한다. 나중에는 성자가 된다. 대통령이라도 일을 둘로 맞이하면 생명은 없다. 나중에는 개인도 국가도 망한다. 인간 이하가 된다. 인간 생명이 작동하지 않기 때문이다. 잘 배워야 한다. 말로 표현하지 못하는 것을 배워야 한다. 이 글은 바로 그를 얘기한다. 이해하는 것은 실천에서 오는 자각뿐이다.

지식이 많아도 하나로 맞이하지 못하면 부분오류에 빠진다. 이는 둘로 나누고, 분별을 말한다. 이 상태로는 전체생명은 작동이 중지된다. 생명 정보의 접근도, 생명 작동도 없다. 생명 작동은 스트레스 해소 등을 말한다. 이 생명 작동으로 조화이루고 균형을 이룬다. 하나가 전체가 되는 원리다. 돈이 많아도, 명예가 높아도 마찬가지다. 하나로 맞이하지 못하는 어느 것도, 존재 벗어나 생명 작동을 거부한다. 그래서 욕심 많은 자가, 나와 상대를 둘로 나눠 내 중심으로 하는 어느 것도, 존재 부정과 생명 거부의 일을 스스로 작동시킨다. 그 자체가 스트레스 작동이고, 그 무거운 짐을 평생 짊어지고 살아간다.

지식이 많아도, 돈이 많아도, 지위가 높아도, 둘로 나누지 않고 하나로 맞이하면, 생명은 정상으로 작동한다. 이는 전체를 위하는 것이고, 조화를 이루는 것이다. 하나는 전체다. 이는 빈부귀천을 가리지 않는다. 어느 일을 해도 하나로 맞이해야 한다. 이는 열심히 할 때 저절로 발휘된다. 둘로 나눠 맞이하는 것은, 열심히 하지 못하는 것이다. 일이 온전하게 되지도 않는다. 하나로 맞이할 때는 모든 것이 편안하다. 이것이 삶의 시작이고 전체다. 하나는 이렇게 중요하다. 생명과 함께하기 때문이다.

3.22 전체에서 이탈하다 (2018.10.7.)

전체 속에 내가 있다. 존재의 이유도 전체와 함께함이다. 이때 생명은 약동한다. 어느 경우도 조화를 이룬다. 존재하는 이유가 여기 있다. 이것이 우주의 원리다. 그런데 전체에서 스스로 자꾸만 이탈한다. 지식으로 분별하며 나도 모르게 그렇게 한다. 이때부터 고통은 시작된다. 생명의 조화작용이 없기 때문이다.

전체에서 이탈하여 하는 일은 뭔가 궁리한다. 반드시 존재를 저버리고 이익을 추구한다. 그리고 스트레스 받는다. 생명이 작동하지 않기 때문에 불안한 상태를 유지한다. 뭐든지 내 뜻대로 하고자 한다. 그런 후 스트레스 받는다. 전체에서 이탈한 삶은 반드시 이와 같다. 인생을 허송한다.

전체에서 이탈하는 이유 단 한 가지이다. 혼자서 살기 위해서다. 혼자만 잘되면 된다. 전체는 망각한다. 지식으로 분별한다. 있는 그대로 보지 못한다. 욕심 부린다. 항시 균형을 잃는다. 자기위주로 생각한다. 생명은 없다. 뜻이 안 맞으면 스트레스 받는다. 그리고 그것을 소중하게 간직한다. 생명이 작동하지 않으니 스트레스 간직할 수밖에 없다.

전체에서 이탈하면 매사 혼자 해결해야 한다. 그리고 전체와 맞서 싸워야 한다. 그리고 반드시 패배한다. 전체는 생명인데 이와 맞서는 상황을 나도 모르게 끊임없이 반복한다. 그러면서 스트레스 받는다. 생명이 작동하지 않으니 천벌이다. 존재를 무시하여 받는 결과다. 이렇게 전체에서 이탈하는 결과는 무섭다.

우주는 전체로 움직인다. 쉬지 않고 절묘하게 조화를 이뤄 놓는다. 이것이 우주의 이치이고 순리다. 전체에서 이탈하는 것은 이와 역행하는 것을 뜻한다. 반드시 몸과 마음이 아프다. 여기 생명이 없기 때문이다. 전체는 생명이다. 전체와 함께해야 한다. 생명과 함께해야 한다.

3.23 내 의도일수록 전체에서 이탈한다 (2018.7.17.)

전체는 온전하고 분별함이 없는, 존재의 평온한 상태다. 사랑이 가득하여, 언제 어디서 무슨 일을 해도 기쁨이 샘솟는다. 그곳은 생명이 가득하고, 서로 다툼도 없으며, 한데 어울려 있다. 어느 일도 무위이고, 생명의 힘이 작동한다. 거기서 내 의도는 내 뜻대로 이고 인위를 말한다. 전체진리를 외면하고, 온갖 거짓으로 위장한 위선만 있을 뿐이다.

내 의도는 존재의 부정이다. 자꾸만 있는 자리를 떠난다. 마치 고삐

풀린 망아지와 같다. 여기 생명은 없다. 작동할 수가 없다. 아무리 노력해도 소용없다. 우주 원리가 아니기 때문이다. 내 의도는 전체를 이탈하여 우주를 떠난 것과 같다. 거기 생명이 작동할 리 없다. 온갖 거짓이 난무한다. 우주 질서를 어지럽히는 것과 같다. 항시 부조화 형성하며 주변을 더럽힌다.

내 의도는 모두가 허상이다. 평정심을 잃고, 전체를 보지 못한다. 항시 부분에 머무른다. 진리의 실상이 되지 못하고, 거짓 오류이기 일수다. 지식이 그렇게 부추긴다. 여기 이기심이 더하면 걷잡을 수 없다. 재산, 지위, 명예 등으로 몸부림을 당하고, 그런 줄도 모른다. 얼마나 불쌍한지 모른다. 어떻게 도와줄 방법이 없다. 하늘이 용서할 수 없는 의사결정을 한다.

하늘이 만들어 준 것은 존재이다. 어느 것도 필요에 의해 존재하게 하였다. 여기서 생명이 작동한다. 그리고 조화를 이룬다. 이 존재 부정하면 생명은 외면한다. 하늘이 용서하지 않는다. 내 의도는 지금여기 존재를 벗어난다. 전체가 될 수 없다. 생명의 작용이 위축된다. 그렇게 내 의도는 전체와 어울리지 못하고 삶을 부자연스럽게 한다.

내 의도에서 벗어나면 어느 일도 하늘의 의도대로 있는 그대로 맞이하게 된다. 이는 존재로 맞이하며 생명과 함께 함을 의미한다. 또한 인생을 풍요롭게 사는 바탕이 된다. 이를 위해서는 의식이 깨어나야 한다. 그 끝은 없으며, 스스로 체득에 의해서 가능하다. 방법은 내 기준을 모두 기준으로 바꿔야 한다. 지식의 분별을 벗고, 어느 것도 받아들여, 전체수용의 생명 진리의 길을 걸어야 한다.

3.24 생명 믿고 사람 믿지 마라 (2018.10.23.)

생명은 진실이고 지식은 거짓이다. 사람은 본래 신적 존재다. 생명으로 가득 차 있다. 그런데 살아가며 지식으로 오염된다. 지식에 머물러 있는 자 믿지 마라. 본인도 모르게 온갖 거짓으로 가득 차있기 때문이다. 본인도 속고 타인도 속인다. 지식 믿지 말고 생명 믿으라.

생명은 언제 어디서도 함께한다. 그런 줄 모르는 것은 겉으로 드러나지 않기 때문이다. 보이지도 들리지도 만져지지도 않는다. 이것이 생명이다. 가득 차 있으며 항시 함께한다. 함께할수록 편안하다. 하지 못하는 만큼 불편하다. 하지 못하게 하는 것은 지식이다. 이 사람들 믿지 마라.

생명은 못하는 것이 없다. 소화, 배설 등 모두 생명의 힘이다. 존재 벗어나 생명 작동을 방해하면 소화도 배설도 어렵다. 근심, 걱정, 미련, 아쉬움 모두 존재 벗어나는 사고와 행동이다. 지식의 작동은 비교와 분별이다. 그러면서 존재 벗어난다. 생명이 작동하지 않는다. 여기 오염된 자 믿지 마라. 동물의 기운이 나온다.

생명과 함께하는 것은 쉽지 않다. 지식, 재산, 지위, 명예 등에 초월한 자는 항상 생명과 함께 한다. 그러나 대부분의 사람들은 거기에 구속되어 있다. 아니 전적으로 그를 위해 살아간다. 본질은 잊은 지 오래다. 진실은 온데간데없고 그를 위해 거짓도 불사한다. 그래서 사람을 쉽게 믿는 것은 속기가 쉽다.

생명과 함께하면 인성이 가득 찬다. 무슨 일을 해도 진실하다. 생명은 진리이기 때문이다. 이를 이해 생명의 작동원리를 따라야 한다. 존재 상태에서 전체가 하나로 조화 이루는 작위가 바로 생명이 하는 일이다. 누구나 이를 따라야 한다. 그 길이 가장 편안하고 안전하기 때문이다. 그런데 사람들은 지식에 오염돼 생명을 망각하고 거짓에 현혹된다. 생명이 떠나면 속는 줄도 모르고 속는다.

3.25 생명을 채워라 (2018.12.4.)

생명은 전체다. 우주와 같다. 진리다. 존재의 근원이다. 신비이다. 지식으로 도저히 밝힐 수 없다. 오히려 지식은 생명의 작동을 방해한다. 생명은 전체가 하나된 상태로 움직인다. 지식이 자리를 차지하면 생명은 설 자리가 없다. 생명의 기능인 조화와 창조 작용을 방해받는다. 조화 작용이 없으면, 스트레스 받은 상태를 유지한다. 지식이 전체를 위하면, 하나로 어울리며 생명은 정상으로 돌아온다. 고통은 사라지고 인생은 즐겁다.

내가 있으면 나혼자 살아간다. 내가 없으면 전체와 함께 살아간다. 생명은 전체다. 내가 없어야 생명이 채워진다. 내가 없으면 지식의 분별은 없다. 오염된 마음이 깨끗하게 된다. 깨끗한 마음은 지식으로 오염되지 않은 본래 마음이다. 이 상태의 마음은 생명과 같다. 마음먹는 대로 생명이 작동한다. 못하는 일이 없다. 생명으로 채워야 한다. 그러면 경험으로 생명의 힘을 터득하게 된다.

생명은 오직 체득에 의해서만 인식된다. 이때부터 신비의 경험은 시작된다. 지식의 찌꺼기가 완전히 사라질 때 생명은 채워지기 시작한다. 그리고 그 끝은 없다. 한없이 생명이 채워진다. 이도 오직 경험에 의해서만 알 수 있다. 그러나 누구에게나 문은 열려 있다. 다만 생명이 작동할 수 있는 여건이 조성될 때 뿐이다. 어느 것도 지식으로 비교하는 순간 생명의 작동은 중지한다. 생각은 지식 분별의 연속이고 우주 전체로 전파된다.

지식은 인류의 적이다. 혼자 할 때 이야기다. 지식은 약점이 많다. 항상 부분에 머무르며 전체라고 착각한다. 그래서 최고라 여기며 마음이 지식으로 오염된다. 그 마음을 비워야 한다. 그래야 그 자리 생명이 채워진다. 지식을 비우지 않으면 생명은 없다. 지식을 비우는 방법은 모두를 위해야 한다. 지식을 쌓는 것은 존재로, 지식을 활용하는 것은 조화로 맞이해야 한다. 그것은 전체이고 생명이다. 그러면 지식으로도 생명은 채워진다.

생명은 오직 전체를 위해야 채워진다. 나만 위하면 생명의 역할은 없다. 생명은 항상 전체와 함께 하기 때문이다. 가릴 것도 없고 구분할 것도 없다. 그것이 생명이 하는 일이다. 그리고 절묘하게 전체를 하나로 어울려 놓는다. 인간이려면 생명을 채워야 한다. 삶이 윤택해진다. 항시 조화로운 상태로 있다. 생명과 함께 하기 때문이다. 나혼자만이 아니고 전체를 위하는 마음으로 나도 모르게 변해 간다. 진정 인간으로 거듭난다. 인생은 즐겁다.

3.26 의식은 변한다 (2020.7.20.)

인간의 의식은 전체와 함께 한다. 의식이 완전히 깨어나면 전체를 꿰뚫어 본다. 어느 한군데로 치우침이 없다. 그래서 생명과 함께 한다. 그런데 쉽지 않다. 지식에 노출되며 의식의 깨어남을 방해한다. 지식이 나를 기준하면 모든 것 내 위주로 판단하며 의식은 완전하게 차단된다. 의식이 많이 깨어나 있다가도 여기 위험에 노출되면 의식은 또다시 닫힌다.

의식을 완전하게 깨어난 상태로 유지하는 것은 쉽지 않다. 지식, 재산, 지위, 명예 등이 위험요소다. 그래서 이들을 항시 경계해야 한다. 여기 걸려들면 전체를 망각하고 부분에 머문다. 의식은 가려져 본래 생명을 발휘하지 못한다. 인성은 바닥난다. 생명이 외면한 자리는 욕심으로 가득 찬다. 의식도 한없이 추락한다.

전체를 외면하는 만큼 의식수준은 낮아진다. 이 상태에 이르면 생명의 수준이 인간 이하까지도 서슴없이 낮아지기도 한다. 내 위주로 내 멋대로 하면 누구나 이렇게 된다. 왠지 모르게 주변에서 싫어하고 멀어져 외톨이가 된다. 전체성을 상실하여 일어나는 현상이다. 모두가 전체를 무시하고 자초하여 일어난다.

의식수준은 인성과 일맥상통한다. 인성은 생명과 함께 하는 정도에 따라 쌓인다. 인성은 지식, 재산, 지위, 명예 등으로 이뤄진다. 이 네 기둥이 뒷받침되어야 하는데 이를 쌓는데 있는 것이 아니고 여기 자유로워야 한다. 여기 으뜸은 지식인데 여기 걸려들어 구속되면 삶은 불안과 고통으로 점철된다.

의식은 자유와 함께 한다. 구속이 되면 의식은 잠잔다. 구속은 지식으로 한다. 지식을 중심으로 재산, 지위, 명예가 합세하면 걷잡을 수 없다. 인성은 온데간데없고 의식은 한없이 추락한다. 이 상태에 이르면 인간으로서 죽음과 같다. 이처럼 사는 데 자유는 소중하다. 자유는 누가 주는 것이 아니고 본인이 간직하고 보전하는 것이다. 자유와 함께 의식은 깨어난다.

3.27 의식은 전체와 함께한다 (2023.1.26.)

의식은 보이지 않는다. 비물질이다. 그러나 모든 현상을 작동시키는 근원이다. 의식은 내 몸안에 국한하지 않는다. 전체와 함께한다. 시공을 초월한다. 이는 생사를 넘나든다. 원자, 아원자, 전자, 미립자의 운동에 영향을 미친다. 전체로 영향을 미친다. 의식은 전체와 완전하게 밀착돼 있다.

의식수준이 높은 것은 전체의 현상을 함께하는 것이고, 낮은 것은 그 현상을 거부하는 것이다. 진실은 함께하는 것이고, 거짓은 하지 못하는 것이다. 따라서 진실은 의식수준, 에너지 수준이 높고, 거짓은 낮다. 지식으로 혼자 잘났다고 전체현상을 외면하는 것은, 힘을 아주 많이 빼는 결과로 나타난다. 이는 인성이 사라지는 요인이 된다.

지식을 아무리 쌓아도 전체 현상을 이해할 수 없다. 그래서 그 현상을 신비라 한다. 의식수준이 높아지면 그 신비한 현상을 체득으로 이해할 수 있다. 의식수준이 낮으면 신비한 현상을 이해할 수도 없고, 인정하지도 않는다. 본인이 잘 난줄 착각한다. 그 자체가 가장 못난 것인데 그것도 모른다.

전체와 함께하면 편안하다. 생명이 작동하기 때문이다. 또 진실이 가득한다. 진실은 겉과 속이 같다. 진실은 항상 전체와 함께한다. 생명은 전체의 조화를 이룬다. 이렇게 할수록 의식은 더욱 깨어난다. 반대로 지식으로 인한 거짓은 나만을 위한다. 사기는 반드시 혼자만의 이익을 위한다. 항시 부분에 머물며 전체를 외면하게 하고, 생명의 작동을 방해한다. 인간은 의식을 깨어나는 것이 삶이 의무다. 이는 전체의 삶이다.

3.28 의식은 전체와 함께하는 만큼 확장된다 (2021.7.13.)

마음이 있으면 생각한다. 무생물도 생각한다. 의식은 생각하는 범위만큼 확장된다. 인간은 그것이 가장 넓다. 상상을 초월할 정도로 넓다. 마음은 에너지고, 생각은 힘이다. 의식수준이 높으면 에너지 수준이 높고, 그 활용성도 높다. 마음을 먹으면 힘으로 작동한다. 멀리서 보지 않고도 치유하고 진단한다. 생명의 힘이다. 생명은 못하는 것이 없다. 생명은 의식과 함께한다. 생명은 전체의 힘을 발휘한다. 모든 것이 모여 하나로 돼있는 것이 전체다. 의식은 이 정도를 이야기한다.

에너지 수준과 평형은 건강의 지표다. 에너지 수준이 높으면 양으로 생성의, 낮으면 음으로 소멸의 과정을 겪는다. 병이 발생한 곳은 에너지 수준이 낮은 상태며, 생명의 힘으로 전체의 균형을 찾으면, 에너지 수준은 평형의 상태로 회복되고, 병은 치유된다. 에너지 상태가 바로 건강의 지표가 된다. 지식으로 분별할 때, 전체를 이탈하고, 생명은 작동을 멈추고, 에너지 수준은 낮아지고, 음양의 균형을 잃어 발병하게 된다. 의식이 확장될수록 전체와 조화로운 삶을 살아가며, 에너지 수준은 높아져, 건강하고 편안한 삶을 누린다. 이는 우주 이치다.

지식을 지식으로 활용하는 것은 모두 가짜다. 가짜를 믿고, 우월감이나 열등감을 드러내는 것은, 참으로 우스운 꼴이다. 지식은 분별이 속성이다. 모든 것을 둘로 나눈다. 지식으로 분별을 거듭할 때는, 진리인 생명이 들어갈 자리가 없다. 분별은 나를 중심으로 한다. 나를 위해서 지식을 활용하는데, 나에게 가장 크게 영향을 미친다. 전체 하나가 되지 못하고, 둘로 나누면 나눌수록 힘이 빠진다. 의식은 더욱 좁아지고 생명이 작동하지 않고, 에너지 수준이 낮아지기 때문이다.

지식은 모두 위해 활용되어야 한다. 이때는 에고가 작동하지 않는다. 에고가 작동하면 반드시 존재 벗어나 생명은 작동이 중지된다. 이는 우주질서의 원칙이다. 지식은 개인을 위할 때는 에고를 강화시킨다. 세상을 넓게 보지 못하고 좁게 본다. 또 인간이 가져야 할 기본 의식을 잃게 한다. 이는 인간의 생명이 작동하지 않는 것을 의미한다. 지식은 의식과는 전혀 상관없다. 많이 배웠다고 의식수준이 높아지지 않는다. 지식은 쌓는 것보다 활용을 잘해야 한다.

의식수준이 높아질수록 의식은 전체와 함께한다. 모든 것은 에너지며 서로 연결돼 있다. 전체의 힘은 생명의 힘이며, 의식수준이 높아질수록 이를 활용할 수 있는 능력이 증가한다. 이는 초자연적 현상이 아니고, 지극히 자연스러운 우주의 이치다. 눈에 보이지 않게 작동하며, 잠시도 쉬지 않고 작동한다. 누구나 이 환경 속에서 함께하고 있다. 그런데 이 현상을 무시하면, 그 평화로운 전체의 환경을 스스로 이탈하는 것과 같다. 이탈은 생각만으로 이뤄진다. 전체와 함께하는 것도 생각만으로 이뤄진다. 마음은 에너지 수준이고, 생각은 에너지 작동이다. 이는 시공을 떠나 즉시 동시에, 양자도약 이치에 따른다.

어느 일도 존재로 맞이하는 데 답이 있다. 어느 일도 열심히 할 때, 존재 상태에 이른다. 쉬운 일은 아니다. 다른 생각하며 일할 때는, 존재 벗어나고 일의 효율도 오르지 않는다. 열심히 일할 때는 다른 생각할 겨를도 없고, 존재 상태로 생명이 작동한다. 어려운 줄도 모르고 일의 효율도 높아진다. 이를 지속할수록 의식은 확장된다. 지식에서 오는 에고로는 존재 상태에 이르지 못한다. 존재에 이르지 못하면 생명의 작동은 온전하지 못하다. 지식이 아무리 많아도 의식의 확장은 없다.

인간 의식이 사라지게 하는 것은 분별심이다. '나는 옳고 남은 그르다.'라고 하는 분별은 지식의 에고에서 나온다. 항상 존재를 벗어나 생명이 작동할 때가 없다. 정신이 나가 있는 상태가 되며, 불안과 불평에 휩싸여 있다. 이 상태는 하늘도 고쳐줄 수 없는 상태가 된다. 생명의 힘으로 고쳐줘도 또다시 스스로 생명을 저버린다. 그래서 하늘도 용서하지 않는다고 하였다. 배은망덕이고 버릇이 없어진다. 지식을 잘못 배워서 그렇다. 의식수준은 인간 이하 수준으로 급락한다. 그런 줄도 모르고 평생을 분별망상으로 잘난체하며 살아가고, 생명을 외면하며 수명을 재촉한다.

의식이 확장되면 어느 일을 맞이해도 편안하다. 전체 힘을 발휘하는 능력을 부여받는다. 생명의 힘이고, 공의 능력이다. 공은 비어있는 것이 아니고, 무한한 생명력으로 가득하다. 의식이 확장하는 만큼 그 신비의 힘을 체득한다. 실제는 이는 신비한 것이 아니고, 지극히 자연스러운 것이다. 눈에 보이지 않지만, 이는 실재고 이치다. 마음을 잘먹고 생각을 잘해야 한다. 끊임없는 에너지 평형과 작동이 일어나기 때문이다. 에고 마음을 작동하면, 에너지 수준은 낮아지고 평형을 잃는다. 반대로 에고가 사라진 생각은, 에너지 수준을 높이고 평형을 이루는 조화 작용이 일어난다.

긍정의 생각은 의식이 확장되고, 부정의 생각은 의식이 위축된다. 상대의 잘못을 긍정으로 맞이하는 것이 측은지심이다. 둘로 나누는 분별을 피하고 하나가 되는 사랑의 실천이다. 분별이 작동하는 한 생명도 힘이 없다. 생명의 작동을 지속적으로 방해하기 때문에, 측은한 마음을 가질 뿐이다. 이를 고칠 수 있는 것은 오직 본인이다. 모든 일은 생각하는 대로 이뤄진다. 긍정의 생각이 힘이 있다. 의식이 확장되고 생명이 작동하는 바탕이다. 자기주장을 고집하지 말고, 긍정의 마음을 갖는데 답이 있다. 이를 자립이라 한다. 의식을 확장하는 자립의 삶이 인생경영이다.

3.29 의식은 선물 지식은 뇌물 (2018.7.29.)

인간에게 의식은 선물이고, 지식은 뇌물이다. 왜냐면 의식은 생명과 함께 하고, 지식은 생명을 멀리하기 때문이다. 생명과 함께 하지 않으면 살아도 살아있다 할 수 없다. 존재를 무시하고 자꾸만 전체에서 이탈하기 때문이다. 이는 지식의 분별로 기인하며, 생명을 좀 먹게 한다. 생명이 작동하지 않으면, 창조와 조화 작용이 없다. 그래서 의식은 선물이고 지식은 뇌물이다.

생명을 외면하면 의식은 잠을 잔다. 심하면 의식수준은 동물 수준으로 추락한다. 이때 인간으로 생명의 창조 역할은 중단되고, 새 생명의 탄생도 불가능하다. 육체적으로 건강해도, 영적 불균형이 조성돼 어떤 방법으로도 불가능하다. 이와같은 영적 불균형은 지식의 뇌물로 말미암은 것이다. 오직 스스로 의식을 깨어나, 그 소중한 선물을 받들어 생명과 함께 해야 한다.

의식은 삶의 의미를 온전하게 하고 윤택하게 한다. 진정 인간으로 사는 자영분이고 선물이다. 따라서 의식수준을 가능한 높게 해야 한다. 의식이 깨어나야 가능하고, 이를 깨달음이라 하며, 스스로 체득에 의해 가능하다. 지식으로 할 수 없는 부분이기 때문에 더욱 어렵다. 오히려 지식은 의식이 깨어나는데 방해가 된다. 그래서 지식은 뇌물이다.

의식은 신과 함께, 지식은 잡신과 함께 하는 바탕이다. 그래서 의식은 선물, 지식은 뇌물이다. 신과 잡신의 역할은 정반대이다. 신은 조화의 일을 널리 이롭게, 잡신은 부조화의 일을 널리 해롭게 한다. 인간 누구에게나 신을 역할을 할 수 있는 의식을 부여하였다. 이를 받아들여 그 역할을 하면 선물이고, 지식으로 받아들이지 못하면 뇌물이다.

의식의 폐단은 없다. 지식의 폐단은 너무 많은데, 의식을 가리는 것이 첫째이다. 그래서 지식은 뇌물이다. 여기 맛들이면 인생은 없다. 지식의 폐단에 빠지지 않는 방법은 공유, 공존, 공생이다. 항시 겸손하고, 배려와 이해 필요하고, 분별없는 사랑의 상태 유지하는 것이 필요하다. 이것은 전체를 위하는 것이고, 생명이 약동하고, 마치 신과 같다. 의식은 깨어나고, 인생은 꽃이 핀다.

3.30 의식은 생명의 길로 안내한다 (2018.8.6.)

생명은 논리 대상이 아니다. 논리로 설명할 수 없다. 생명은 의식과 함께 한다. 생명은 영원한 신비다. 누가 가르쳐 줄 수 있는 대상이 되지 못한다. 생명은 분별이 없으며 존재로 있다. 존재로 맞이하면, 의식은 더욱 깨어난다. 반대로 지식은 논리가 바탕이다. 논리 없는 지식은 없다. 끝없는 논리와 경쟁이 지식의 근본이다. 여기 분별이 바탕이 된다. 분별할수록 의식은 가려지고, 생명은 위축된다.

생명의 길은 분별없는 존재이다. 신과 함께 하고, 전체하나의 사랑이 가득하다. 그러면서 못하는 것이 없다. 생명의 힘이다. 신비하고 신비하다. 오직 체득에 의해 이해될 뿐이다. 끊임없는 관찰에 의해, 신뢰를 쌓아가는 것이 생명이고 신비이다. 의식이 깨어날수록 생명의 길은 더욱 또렷해진다. 의식이 깨어나지 않으면, 생명이 있는지 조차 모른다. 오히려 생명 아닌 잡신만을 위한다.

인간으로 살아가는 의미는 더불어 전체와 어울려 조화 이루는데 있다. 이는 지금여기 존재로 맞이해야 가능하다. 생명으로 살아가는 길이고, 인성이 가득하고, 의식이 끝없이 깨어난다. 반대로 의식이 잠을 자면 인간이 아니다. 사고와 행동이 인간이랄 수 없다. 지식으로 분별하며 전체를 망각하고, 제멋대로 하기 때문이다. 여기 생명은 없다.

의식과 지식은 전혀 상관없다. 지식은 배우고 익힌 것 모두이다. 이는 분별의 바탕이다. 분별은 존재를 부정하고, 생명의 작동을 중지시킨다. 부수적으로 몸도 마음도 부조화 상태가 된다. 그래서 지식은 죽음이다. 그런데도 지식만을 믿고 따르니, 세상이 어지럽다. 오직 의식의 깨어남으로 생명의 길을 걸어야 한다. 그곳은 선악, 미추, 진위도 없고 경쟁도 없는 사회이다.

의식이 깨어나는 방법은 배워 익히는 것이 아니고, 자아발견에 의한 체득이다. 생명은 보이지 않아 어렵지만, 내안에 있어 의식이 깨어나면 누구에게나 길이 열려 있다. 이는 분별이 사라지고 에고가 사라진 상태로, 어느 것도 있는 그대로 받아들여 전체하나의 사랑의 상태로, 존재의 기쁨을 누리며 조화롭게 살아가게 된다. 이것이 생명의 길이다.

3.31 의식의 파장 (2018.7.30.)

의식은 신성을 담고 있다. 의식이 깨어나면 신과 함께 한다. 신은 모두에게 이롭게 하며, 분별없는 전체하나의 사랑을 베푼다. 그러면서 베푼다는 의식도 없을 뿐더러 한 점 바람도 없다. 여기 파장은 너무 잔잔하여 겉으로 드러나는 것이 없다. 주변이 아주 편안하다. 그러나 의식이 분별로 갇혀 있으면 파장은 거칠어지며, 잡신에 노출되고 주변은 불편하다.

의식의 파장은 보이지 않지만 그 영향은 분명하다. 의식이 깨어난 상태와, 잠을 자고 있는 상태의 파장의 차이는 극명하다. 마치 잔물결과 해일의 물결에서 오는 차이와 같다. 물결은 부조화 상태로 조화 과정이다. 잔물결은 조화 상태로 전체가 안정돼 있다. 큰 물결은 부분적으로 크게 부조화 상태로 있어 매우 불안정하다.

의식의 파장은 생명의 작동성이다. 의식이 깨어날수록 생명은 양으로, 잠을 잘수록 음으로 작동하며 전체의 음양 조화를 이룬다. 여기서 개인적으로 양의 상태는 편안한 상태이고, 음의 상태는 불편한 상태이다. 양의 상태는 인간성이고, 음의 상태는 동물성이다. 누구나 생명과 함께 해야 한다. 이렇게 되면 세상은 변한다. 모두가 편안한 상태가 되고, 전체하나의 사랑이 가득하여, 천지가 개벽한다.

의식의 파장은 묘한 힘을 가지고 있다. 그것은 동화 작용이다. 주변을 나와 같게 만든다. 부부가 닮아간다. 직장이 변한다. 사회가 변한다. 국가가 변한다. 어느 상태로 변해 가는가는 의식 수준에 달려 있다. 그것이 의식의 파장이다. 부분을 추구할 것인가 전체를 추구할 것인가가 중요하다. 이것은 지도자의 몫이다. 인간성이 높으면 인간 세상으로, 동물성이 높으면 동물 세상으로 변해간다.

물질 세상은 지식 기반에서 온다. 지식은 분별성이 내재하고 있어, 언제나 무엇이든 경쟁을 유발한다. 이는 동물성이 우세한 사회로 변해가게 한다. 의식의 파장이 동물성이란 뜻이고, 세상은 삭막해지고 인간 세상은 멸망으로 치닫는다. 물질 세상에서 무엇보다 중요한 것은 의식 개혁이다. 그것은 전체를 위해야 하고, 양보와 배려로 사랑을 채워가는 생명 운동이고, 세상을 밝게하는 유일한 방법이다.

3.32 행복은 의식에 비례한다 (2019.1.10.)

행복은 몸도 마음도 편안한 상태다. 지식도, 돈도, 지위도, 명예도 아니다. 의식은 인간의 특권이다. 인간은 의식수준이 가장 높다. 인간의 의식은 전체와 함께 할 때 깨어난다. 지식, 재산, 지위, 명예 등으로 비교하고 분별하며 개인만을 위하면, 의식수준은 추락한다. 이때는 감정의 치우침으로 몸도 마음도 부조화 상태가 되며, 불안과 불편을 함께 한다. 몸과 마음이 편안한 상태는 전체와 함께 조화이루고 있을 때이다. 행복은 의식수준에 정확하게 비례한다.

의식은 생명과 함께하면 깨어난다. 생명과 함께 하는 것은 존재 상태로 머물 때다. 어느 일도 분별없이 열심히 하는 자체가 존재 상태다.

따라서 불평 없이 맡은 바 열심히 일하는 자는 이미 의식이 깨어나 있다. 그리고 몸도 마음도 편안한 상태로 있다. 행복한 삶을 영위하고 있는데, 그 자체도 모르며 살아간다. 산다는 것은 그런 것이다. 있는 그대로 기쁨으로 삶을 맞이하며 감사한다. 이와 같은 삶은 자신도 모르게 의식을 한없이 깨어나게 한다.

지식, 재산, 지위, 명예 등은 인생의 걸림돌로 작동한다. 분별로 인성이 사라지기 때문이다. 분별은 에고에서 나온다. 에고가 있는 한 의식은 깨어나지 않는다. 따라서 에고가 있는 한 행복은 없다. 생명력도 의식수준도 추락한다. 분별로 부분에 머무르며 전체를 망각하기 때문이다. 생명이 멀어지는 한 행복은 없다. 생명의 창조와 조화 작용이 없는 것은 인간의 삶이 아니다. '나는 옳고, 상대는 그르다'는 지식의 분별은 '하늘이 용서하지 않는 죄'로 생명은 멀어진다.

에고는 지식에서 나온다. 지식은 오히려 불편하게 한다. 살아가며 지식으로 인해 인간은 오염되기 시작한다. 지식은 의식과는 전혀 상관이 없다. 아무리 똑똑해도 의식과는 무관하다. 지식의 폐단은 분별이다. 진실을 구현하는 것이 아니고 거짓을 추구한다. 항시 존재를 벗어나 생명이 작동하지 않는다. 행복을 위해서는 지식을 초월하는 것이 우선이다. 이때 비로소 의식은 깨어나기 시작한다. 삶의 의미는 오직 의식의 깨어남에 있다. 그때 행복은 보장된다.

지식은 인간을 착각하게 한다. 최고인 줄 착각하고, 잘난 줄 착각하고, 행복한 줄 착각한다. 끝없는 비교를 거듭하며, 결국은 부분에 머문다. 전체에는 영원히 한 번도 이르지 못한다. 신비의 경험은 단 한 번도 하지 못한다. 어떠한 것도 신비는 전체에서 나온다. 신비는 사랑의 상태이고, 잘나고 못나고도 없고, 평온한 상태이다. 의식은 깨어나고 행복의 상태에 이른다. 그러나 지식으로 그런 것이 어디 있나 분별하는 순간, 행복은 물거품이 되고, 의식은 추락한다.

3.33 의식과 인성 (2020.2.29.)

인간이라면 살아있는 동안 의식이 깨어나야 한다. 이때만 살아있는 의미가 있다. 나머지는 역행이다. 의식은 생명과 함께하는 정도에 따라 깨어난다. 생명은 영원하다. 인간에게 삶의 의미를 그와 함께 하라 부여하였다. 이를 따르면 인성은 가득 채워진다. 의식은 인성과 함께 한다. 인성이 높은 자는 의식이 깨어있다. 인성은 지식, 재산, 지위, 명예 등과 아무 상관이 없다. 오히려 이런 것들은 걸림돌이 되기 쉽다. 의식은 아무 분별이 없을 때 깨어난다. 둘이 아닌 하나의 상태에서 깨어나는 것이 원리다.

의식이 깨어날수록 편안하다. 분별이 사라져 있기 때문이다. 분별은 잘하고 못하고, 잘나고 못나고, 나누는 것이다. 이 분별로 여러 감정을 유발하여 스트레스를 쌓는다. 분별은 의식이 깨어나는 것은 고사하고, 몸과 마음을 불편하게 할 뿐이다. 이 상태로는 인성도 있는 것조차 사라지게 한다. 분별은 나를 기준으로 한다. 그래서 내가 문제다. 균형을 찾는 것이 중요하다. 나와 전체의 균형을 찾는 것이 중요하다. 전체 속에 내가 있음을 인식해야 한다. 균형을 찾아라. 전체로 생각하라. 그때 의식은 깨어나고 인성은 채워진다.

의식은 생명이다. 의식이 깨어나지 않으면, 생명이 작동하지 않는다. 바로 인간으로 죽음이다. 인간의 생명이 작동하지 않는다는 뜻이다. 의식은 인간 이하수준으로 추락한다. 인성도 동물성으로 변한다. 생명은 영원한데, 인간의 생명을 종식시키는 것과 같다. 인간으로 살면서 인간이기를 포기한 것과 같다. 바로 죽음이다. 잘못 배워서 그렇다. 욕심 부려서 그렇다. 이렇게 의식과 인성은 작동한다. 인간으로 살면서 이것만큼 소중한 것은 없다. 인생은 의식이 깨어날 단 한 번의 기회다. 인성이 가득 찰 때 비로소 인간은 성숙한다.

의식이 깨어나면 절대로 나홀로 생각하지 않는다. 자의로 분별하지 않는다는 뜻이다. 전체로 생각한다. 그래서 항시 균형을 이루고 조화를 이룬다. 나아가 생명과 함께 전체의 조화의 작동을 함께 한다. 인성은 가득 찬 상태가 된다. 항시 사랑이 넘쳐 있다. 좋은 기운이 사방으로 퍼져 주변을 편안하게 한다. 이는 시공을 초월한다. 의식과 인성은 이렇게 작동하게 되어 있다. 의식이 깨어나야 하는 이유다. 인성이 가득차야 하는 이유다. 인간으로 산다는 자체가 전체로 사는데 있다. 생명과 함께 전체의 조화를 이루는데 있다. 그래서 인간은 만물의 영장이다.

존재는 분별하지 않는 상태다. 있는 그대로 함께 어울림이 바로 존재다. 이때 비로소 생명이 작동하게 되어 있다. 생명과 함께 하는 만큼 의식은 깨어나게 되어 있다. 생명은 전체라 전체로 사고하고 행동한다. 이를 사랑이라 한다. 서로 사랑하라. 의식은 깨어나고, 인성은 가득 차게 된다. 누구라도 이를 따르면 진정 인간이 된다. 이 상태에 이르면, 누구도 생명의 신비한 힘을 발휘하게 된다. 이는 경험하지 않고는 도저히 이해할 수 없다. 끝없는 경험을 통해야만, 겨우 이해하기 시작한다. 서로 사랑하라. 모두 의식이 깨어나라. 진정 인간이 되리라.

| 3부 인성과 싸가지로 |

3.34 인성을 말하다 (2021.1.5.)

인성은 보이지 않는다. 바로 알기 어렵다. 겪어보고 나중에 안다. 모든 것 끝난 뒤 안다. 그러나 인성은 중요하다. 모든 것 그를 따르기 때문이다. 인성에 따라 관계, 분위기, 성과 등이 좌우된다. 인성이 가득 찬 자는, 누구와도 잘 어울리고, 어느 일도 열심히 한다. 인성이 바닥난 자는 반대다. 직장이든, 가정이든 인성은 고스란히 나타난다. 눈에 보이지 않게 나타난다. 보이지 않지만 미시세계의 물리 현상이다. 여기서는 한 생각 일으킴도 작동이 된다. 미묘한 에너지가 흐르기 때문이다.

그 에너지는 멀리서도 어디서도 동시에 전체로 작동한다. 그리고 관찰자 효과로 나타난다. 이는 생명의 작동이고 양자의 원리다. 관찰자 효과는 관찰할 때만 나타나는 현상이다. 인성은 생명이다. 인간의 생명이다. 생명은 의식수준에 따른다. 인간에게는 의식수준이 높게 부여돼 있다. 의식이 깨어나지 못하는 것은 인간의 도리를 하지 못하기 때문이다.

인간의 도리는, 널리 이롭게, 전체와 함께 생명을 다하는 데 있다. 도리를 다 하지 못하는 것은, 지식 분별로 에고의 발현 때문이다. 이는 중요한 이치다. 또 교육의 전부라 해도 지나치지 않는다. 인성이 바닥난 자는 모든 것을 자기 기준으로 한다. 그리고 절대로 그 기준을 바꾸지 않는다. 그런 자와는 상대하지 말아야 한다. 항시 분열 상태로 남기 때문이다. 분열은 생명과 정반대에 서 있다.

생명은 어떠한 경우도 전체와 함께한다. 지식의 속성은 분열이다. 생명은 전체고, 지식은 부분이다. 지식이 생명과 함께하려면, 지식의 속성을 버려야 한다. 이는 지식의 초월이고, 그 방법은 겸손이다. 아무리 높은 지식이 있어도, 그 오염은 피하지 못한다. 오직 겸손과 수용만이 이를 방지한다. 이 배움의 기초가 없이 지식을 쌓는 것은, 입에 화살을 물고 있는 것과 같이 위험하다. 지식은 생명이 작동하지 않아 바로 죽음이라 하였다. 인간의 생명이 작동하지 않는다는 뜻이다. 이런 자는 배움이 많고 적음에 상관하지 않고 반드시 혼자만을 위한다. 그때 배운 지식은 수단방법을 가리지 않고 오용된다. 심하면 거짓을 불사하는데, 이때는 인성이 완전하게 거덜 나고 동물성으로 변한다. 이는 의식수준으로 말하는데 아카식 장에 영원히 기록돼 있다.

인성은 어느 지식, 재산보다도 더 높은 곳에 있다. 어느 지식, 재산도 인성과 함께해야 한다. 그렇지 못하는 어느 것도, 전체 분위기를 헤친다. 이는 에너지 파장으로 나타난다. 존재하는 모든 것은 에너지 파장의 영향 아래 있기 때문이다. 인성 함양은 누가 가르쳐 줄 수 있는 것이 아니다. 스스로 마음먹는 자세에 달려 있다. 분별없는 존재의 자세로 열심히 살아가는 자체가, 바로 생명과 함께한다. 이를 지속하면 본인도 모르게 인성이 가득 차게 되는 현상을 체득하게 된다. 몸과 마음의 편안한 정도가 인성의 증거다.

3.35 인성의 속성 (2021.1.9.)

인성은 순수다. 오염된 만큼 기능을 상실한다. 인간의 기능을 상실한다. 겉으로는 보이지 않는다. 결과를 지켜봐야 비로소 안다. 시간이 지난 나중에서 안다. 모든 상황이 지난 다음에 알게 된다. 본래 인성은 겉과 속이 같다. 같지 않은 만큼 기능이 상실된 것으로 봐야 한다. 배우고 분별하며, 인간의 순수성을 상실해 간다. 이는 이치다.

인간의 순수가 사라지면 사고와 행위는 겉과 속이 다르다. 반드시 다르다. 배운 지식으로 겉을 포장하기 때문이다. 많이 배우면 포장을 더 잘한다. 겉만 보고 판단하면 속기 쉽다. 순수는 드러나게 되어 있다. 순수가 사라지면 텅 빈다. 드러낼 것도 없다. 텅 빈 속은 거짓으로 가득 찬다. 숨기려 해도 결국은 그 거짓이 드러나게 되어있다. 인성이 사라진 자는, 거짓을 알면서도 진실처럼 행한다. 반드시 이중성을 드러낸다. 겉으로는 그럴듯하게 표현을 더 잘한다. 그리고 반드시 남 탓을 하며, 주장이 강하다.

그러나 인성이 살아있는 자는, 거짓을 알면서 거짓을 행하지는 안한다. 여기 이중성은 없다. 인성이 사라지는 요인은 대부분 분별의 이중성이다. 어찌 보면 잘못 배워 이중성을 연습한 당연한 연유다. 인성이 사라진 자는 절대 양보가 없다. 겉으로 포장한 입으로, 억지 주장만 펼친다. 진정한 배움이 없어서 그렇다. 인성은 의식수준이 높은 고운 파장을 전파한다. 이는 주변과 조화를 이루고, 모두를 편안하게 한다. 반대로 인성이 사라진 자는, 거친 파장을 내며 주변을 불편하게 한다. 이는 의도하지 않아도 자연스럽게 일어난다. 에너지 흐름이기 때문이다. 이렇게 인성은 아주 중요하다. 그래서 어느 조직의 구성도, 인성을 우선해야 한다.

인성이 사리지는 것은 돈, 지위, 명예 등 유혹의 에고 지식으로 분별하며, 진실을 외면하는데 있다. 거짓을 행할 때는 인성은 반드시 사라진다. 존재 벗어나 생명이 작동하지 않기 때문이고, 이때는 겉과 속이 다르다. 생명이 작동하지 않으면 에너지 파장은 거칠어진다. 인성이 사라진 자가 많아지면, 인류는 멸망으로 치닫는다. 이는 개인도, 조직도, 국가도 마찬가지다. 이때는 자유가 사라진다. 모든 것이 구속되는 완전한 노예 사회로 변한다. 개인도 자유가 없다. 지식이 많아도 자유가 없고, 재산이 많아도 자유가 없고, 지위가 높아도 자유가 없고, 명예가 있어도 자유가 없다. 생명이 작동하지 않아, 온갖 스트레스로 몸도 불편하고, 마음도 불안하기 때문이다.

인성 함양은 겉과 속이 한결같은 순수를 찾아야 한다. 주변의 거친 파장에서는 분별 방해를 받아 생명이 작동하지 않는다. 인성은 혼자 열심히 한다고 함양되는 것이 아니다. 함께해야 하고, 어울려야 하고, 서로 사랑해야 한다. 이는 전체의 사랑이고, 누구나 인생의 좌표다. 진정 인성은 세상을 밝게 한다.

3.36 인성이 사라지는 이유 (2021.1.19.)

인성은 인간다움이다. 인간의 생명을 말한다. 생명의 작동은 언제 어느 상황에서도 존재다. 말하자면 인성은 삶을 얼마나 존재로 맞이하느냐에 달려 있다. 존재로 맞이하지 못하는 것은, 에고의 작동으로 지식의 분별이다. 지식의 열매를 따먹는 순간, 존재를 부정한다. 순간적으로 생명은 작동을 중지한다. 이렇게 인성은 존재를 부정하는 만큼 사라진다.

존재는 지금여기다. 과거도 아니고 미래도 아니다. 여기가 아닌 곳은 존재가 아니다. 생명은 반드시 존재 상태에서 작동한다. 존재 벗어나는 이유는 대부분 지식의 분별이다. 분별은 나를 기준으로 한다. 내 기준은 에고라고 한다. 지식은 에고를 강화한다. 많이 배운 자일수록 에고가 강화되기 쉽다. 고집이 더욱 강해진다. 본인만 옳고 타인은 그르다는 오만에 빠지기 쉽다. 그것은 가짜다. 생명이 작동하지 않기 때문이다. 아무리 지식이 높아도 가짜다. 예술 작품도 겉으로 아무리 고상해 보여도 그것은 가짜다. 생명이 없기 때문이다.

지식은 이렇게 위험하다. 잘못 걸려들면 가짜 인생을 살아간다. 거짓은 힘이 약하다. 진실은 힘이 강하다. 미소에너지가 작동하는데, 이는 우주에 가득한 미묘에너지다. 그 속에 진실은 강하게, 거짓은 약하게 저장돼 있다. 그 에너지 강도를 감지하면 인성을 테스트 할 수 있다. 인성은 크게 지식, 재산, 지위, 명예 등으로 구분된다. 여기 사로잡히면, 인성은 사라진다. 지식에 집착하고, 돈에 집착하고, 지위에 집착하고, 명예에 집착하는 등 대략 부류가 이렇게 나뉜다. 이런 것들로 존재를 부정하고 허공을 헤맨다. 거기 생명은 없다. 모두가 가짜다. 이렇게 인성은 사라져간다.

사고와 행위가 인간이 아니다. 인성이 사라진 자는 특기가 거짓의 실천이다. 겉으로는 반드시 진실을 위장한다. 여기 속아 넘어가기 아주 쉽다. 여기 방어하는 방법은 오직 생명과 함께하는 데 있다. 진실과 거짓은 근본적으로 다르다. 작동하는 힘이 다르다. 진실은 고운 파장이 나오고, 거짓은 거친 파장이 나온다. 고운 파장은 스트레스를 잠재우는 조화 작용을 한다. 이것은 생명의 작동이다. 거꾸로 거친 파장은 스트레스를 부추긴다. 스트레스는 생명이 작동하지 않는 한, 죽어서도 사라지지 않는다.

생명은 죽지 않는다. 그런데 인성이 사라진 자는 인간의 생명이 작동하지 않는다. 이는 인간으로 사망을 말한다. 인간으로서 삶의 뜻을 저버린 것을 말한다. 더욱이 이런 자는 몸이 사라진 죽은 후에도 스트레스가 그대로 남아있다. 인성은 이렇게 중요하다. 이런 줄도 모르고 인성이 사라진 자는 진실을 가장하며 거짓을 실천한다. 인성은 누가 채워주지 않는다. 스스로 채워야 한다. 어느 상황에서 어느 일을 맞이해도 존재로 맞이하는데 답이 있다. 거기 생명이 함께하기 때문이다.

3.37 인성이 다다 (2019.1.6.)

인성은 인간의 본성이고, 생명이다. 인성은 수준이 다양하다. 일정 수준에서 시작하며, 그 끝은 한이 없다. 인성이 가득차면, 신성을 발휘한다. 그러나 일정 수준이하면, 인간이 아니다. 겉만 인간일 뿐 속은 동물과 같다. 인성이 사라지면, 시야가 좁다. 나만 알고, 상대는 모른다. 아예 전체를 무시하고, 홀로 남는다. 전체가 생명인데 인성이 사라지면, 나홀로 전체와 맞서며 살아간다. 인성은 이렇게 소중하고 무섭다. 인성이 다다.

지식이 아무리 많아도, 부분일 뿐이다. 결코 전체가 될 수 없다. 지식은 감히 생명을 쳐다 볼 수 없다. 전체의 점 하나에도 미치지 못하다. 이렇게 지식은 보잘 것 없다. 그런데 그 지식을 믿고, 상대를 무시하면, 인성은 사라진다. 이 의미는 인간이 아니라는 뜻이다. 하는 짓이 그렇다. 사고와 행동이 그렇다. 그러나 겉으로는 전혀 표시가 나지 않는다. 지나고 나면 전체를 무시하고, 혼자만 위한다는 사실을 안다. 그런 자와 함께 하면 쫄딱 망한다. 인성이 다다.

인성이 가득하면, 신의 기운이 흐른다. 인성이 가득한 자와 함께 하면 편안하다. 사람들이 몰려든다. 반대로 인성이 사라지면, 잡신의 기운이 흐른다. 주변을 아주 불편하게 한다. 주변 사람들이 모두 떠난다. 이렇게 인성은 중요하다. 모두 함께 어울려 사는 것과, 나홀로 사는 것은, 정반대의 삶이다. 생명과 함께 하면, 다함께 사는 것이고, 지식과 함께 하면, 나홀로 사는 것이다. 인성은 다다. 삶의 전체다. 반대로 지식은 죽음이다.

지식, 재산, 지위, 명예 등은 인간의 분별요소다. 분별하는 순간, 부분에 머무르며, 전체에 이르지 못한다. 또한 존재를 벗어나, 생명의 작동을 방해한다. 나도 모르게 저절로 자연스럽게 인성은 사라진다. 이는 우주의 이치다. 분별요소는 나로 인해 작동한다. 내가 없어야 한다. 인위가 아니고, 무위여야 한다. 무위는 있는 그대로다. 무위는 분별요소의 초월이다. 분별이 수용으로 바뀌면, 존재로 돌아온다. 생명이 작동하여, 인성은 다시 채워진다. 편안하다. 인성이 다다.

연습과 연습의 과정은 존재에 머문다. 열심히 일하는 것은, 존재 상태에 머문다. 여기 생명이 작동하고, 인성이 가득 채워진다. 직업의 귀천은 없다. 책을 보는데 집중해도, 일을 열심히 해도, 그림 그리는데 열중해도, 글 쓰는 것 열중해도, 노래 부르는데 열중해도, 청소 열심히 해도 인성은 가득 채워진다. 모두가 편안하고, 일도 잘된다. 그리고 기쁨이 넘쳐난다. 생명과 함께 하기 때문이다. 인성이 다다. 세상은 아름답게 보인다.

3.38 인성은 지켜라 (2019.1.12.)

누구나 태어날 때, 인성은 가득하다. 인성은 생명이고 신성이다. 생명이 부족하면, 태어나지도 못한다. 인간으로 태어난 이유는 세상을 위해 널리 이롭게 인성을 펼치라는 뜻이 기본이다. 이렇게 인성은 거룩하고 소중하다. 인간이라면 인성을 지켜야 한다. 그래야 인간성을 발휘할 수 있고, 편안한 삶을 누릴 수 있다. 이는 결코 특별한 것이 아니다. 주어진 대로, 있는 그대로, 분별없이, 맡은 바 열심히 일하는데 있다. 이때 인성은 발휘되고, 지켜지고, 함양된다.

인성은 소중하다. 인간의 생명이다. 의식수준이 가장 높다. 그 특혜를 지키는 것은 소중하다. 이는 그 뜻을 발휘할 때뿐이다. 그 뜻은 내가 아니고, 세상을 이롭게 하란 뜻이다. 이를 따르면 인성은 지켜진다. 지키는 것을 떠나, 한없이 함양된다. 진정 인간으로서 신이 된다. 누구나 가능한 일이고, 몸소 겪어 알 수 있다. 깨달음은 결코 누가 가르쳐 줄 수 있는 것이 아니다. 단지 이를 따르면 된다. 사랑을 베풀면 된다. 사랑은 분별없는 실행이다.

사랑은 실천이다. 인간 본성의 발휘다. 널리 이롭게 하는 것이 기본이다. 내가 있으면 분별이 시작된다. 나도 모르게 분별의 늪에 빠져 들어간다. 인생은 착각 속에 빠져, 허공을 헤매기 시작한다. 인성은 사라지고, 소중한 의식이 가려진다. 눈이 멀어 시야가 점점 좁아진다. 동물처럼 눈앞의 것만 본다. 널리 펼칠 수 있는 기본 능력을 상실한다. 인간으로서 자격 박탈이다. 그래서 동물처럼 자기만 위해 욕심 부린다. 여기 안내는 지식이다. 그래서 지식은 죽음이다.

인성은 지켜야 한다. 지식의 유혹을 방지하는 것이 기본이다. 그것은 지식의 활용에서 찾아야 한다. 지식은 가능한 넓게 펼쳐야 한다. 세상의 위험에서 나를 지키게 한다. 이 위험은 세상을 모르고, 부분에 머무르는 데서 나온다. 세상은 한없이 넓다. 아무리 보고, 듣고, 느껴도 부족하다. 이때 지식은 눈을 가리고, 귀도 막고, 느낌도 막고, 세상과 단절하게 한다. 지식의 활용을 이렇게 편협되게 하는 것은, 잘못 배워도 너무 잘못 배워서 그렇다. 지식의 활용은 수용이다.

인성을 잃으면 죽음이다. 지식을 잘못 활용하면, 죽음을 맞이한다. 인간의 생명이 사라진다. 항시 나는 옳고, 너는 그르다고 분별한다. 존재 벗어나고, 생명의 작동은 중지된다. 인간으로 할 일이 아니다. 동물이 하는 짓이다. 의식수준이 정확하게 그렇게 나타난다. 묘하고 묘하다. 우주의 이치다. 지식은 반드시 착각 속에 빠뜨린다. 인성을 지키기 위해서는 지식을 초월해야 한다. 지식은 오직 널리 이롭게 하는데 활용되어야 한다. 지식으로 편을 가르면 죽음이다.

3.39 인권 (2021.10.29.)

인간권리는 진실과 사랑이다. 진실하지 못하면, 인권을 스스로 저버린 것과 같다. 진실은 에너지 수준이 가장 높다. 몸과 마음에 좋은 기운이 깃든다. 이 좋은 기운을 받지 못하면 인권을 스스로 포기한 것이다. 모든 것은 에너지다.

에너지는 하나로 연결돼 있고 흐른다. 에너지 수준에 따라 흐름이 형성되는데, 그 흐름은 시공을 초월한 양자 현상으로 흐른다. 주파수, 파장, 진동, 에너지에 따라 눈에 보이지 않고 순간적으로 작동한다. 에너지는 정보를 담고 있다. 생각은 에너지와 정보를 순간적으로 모두에게 전달한다.

에너지 수준이 높은 것은 중요하다. 모두를 편안하게 하기 때문이다. 거짓은 에너지 수준이 가장 낮다. 그래서 거짓은 모두를 불편하게 한다. 진실은 인간의 고유 권리다. 사랑은 반드시 진실 바탕에서 나온다. 사랑은 구분이 없다. 편을 가르지 않는다. 모든 것을 공평하게 한다. 사랑은 있는 그대로 맞이할 뿐이다.

사랑은 에너지 수준이 가장 높다. 사랑은 어느 상황에서도 편을 가르지 않는다. 사랑의 상태는, 존재에 머무르고 있음을 말한다. 존재에 머무르지 못하는 것은, 사랑은 이미 멀어져 가 있는 상태다. 사랑은 생명의 도구다. 생명이 하는 일은, 모두가 사랑이다.

사랑은 인간 권리의 대부분이다. 사랑하지 못하면, 인간의 삶이 황폐돼 있다고 보면 된다. 사람은 생명과 함께 동업할 수 있는 능력이 있다. 인간의 권리인 사랑을 실천하면, 누구나 생명의 힘을 발휘할 수 있다.

3.40 인간 평가 (2018.7.26.)

보통 사람들은 많이 배우고, 돈 많고, 지위 높고, 명예 있는 자를 우러러 본다. 이는 모두 소유로 평가한 결과다. 소유에 구속되는 한 존재를 멀리한다. 여기 생명은 없다. 소유로 인간을 평가하는 것은 겉핥기에 불과하다. 누구나 인간은 신적 존재다. 신은 겉으로는 절대로 드러나지 않는다. 오직 내면에 생명의 채워짐 정도에 따른다. 이는 의식의 깨어남 정도이다.

의식은 인간에게 주어진 특권이다. 의식은 신성의 기반이다. 의식이 깨어나면 인간은 바로 신이다. 그러나 겉으로 드러나는 것은 없다. 분별없는 상태에서 의식은 깨어난다. 지식이 많다고, 의식이 깨어나지 않는다. 오히려 지식의 분별로 의식은 잠을 잔다. 그래서 지식은 죽음이다. 지식에 얼마나 사로잡혀 살고 있나 보는 것이, 인간 평가라 보면 틀림없다.

의식은 다함께 할 때 깨어난다. 전체와 하나 될 때, 완전히 깨어난다. 이때는 사랑으로 가득 차 있다. 이를 전체사랑, 아가페의 사랑이라 한다. 이는 인간으로 신성이 가득 차 있음을 말한다. 이 상태를 평가하는 것이 인간평가다. 그런데 사람은 누구나 이 상태에 이를 수 있다. 잘나고 못나고도 없다. 옳고 그름도 없다. 다만 전체하나가 될 수 있냐가 문제다.

의식은 한없이 전파된다. 의식이 깨어나든 잠을 자든, 그 상태가 전파된다. 의식이 깨어난 상태는, 신성이 가득 차, 널리 이롭게 하는 기운이 전파된다. 의식이 잠을 자는 상태는, 오직 나만을 위하는 욕심이 가득 차, 온갖 못된 짓하며, 널리 해롭게 하는 기운이 전파된다. 인간평가는 이 상태를 가늠하는 것이다. 그러나 보이지 않기 때문에 겉으로는 똑같다. 오직 의식이 깨어날 때 감지된다.

인성은 신성이다. 의식수준이 높은 상태이다. 인성이 사라지면, 의식은 차단돼, 동물성을 나타낸다. 인간이 아니란 뜻이다. 나도 모르게 사고와 행동으로 드러난다. 이 상태의 파장은, 폭풍우처럼 무섭다. 삶을 송두리째 앗아간다. 인생은 엉망진창 된다. 반대로 인성이 가득하면, 온 누리가 기쁨으로 가득 찬다. 인성은 바로 이런 것이다. 인간 평가는 이를 평가하는 것이다.

3.41 인간 오염 (2019.1.14.)

인간의 오염은, 인간답지 못하게 하는 모든 것이다. 버릇없게 하는 것 방황하게 하는 것은 기본으로 포함된다. 이들은 무엇보다 존재를 벗어나게 한다. 자연스럽게 생명은 작동하지 않고, 인성은 사라진다. 인성이 사라진 자와 함께 하면, 오염된다. 주변 사람들이 인성이 사라져 간다. 인간 오염된 자는 버릇이 없게 되고, 존재를 망각하고, 방황한다. 그 영향은 심각하다. 시공을 초월하며, 그 영향력을 펼치기 때문이다. 이렇게 인간 오염은 무섭다.

인간이 오염되면, 인성이 사라진다. 인성이 사라지면, 인간으로서 죽음이다. 이렇게 인성은 소중하고, 중요하다. 인성이 사라지는 요인은, 지식에서 비롯한다. 지식은 분별이다. 에고를 기준으로 분별이 작동하면, 생명은 외면한다. 생명이 외면하면, 나쁜 기운에 휩싸이며, 그 기운이 주변으로 전파한다. 생명력이 저하하면, 새 생명의 탄생도 불가능하다. 인간의 오염은, 여기까지도 영향을 미친다. 영향을 미치지 않는 곳이 없다. 지식은 이렇게 철저하게 인간을 파멸시킨다.

인간은 항상 오염에 노출돼 있다. 생명은 보이지도 않는데, 인생의 대부분을 차지한다. 생명이 외면하면 전체를 잃는 것이다. 보이지 않기 때문에 오염되기 쉽다. 지식, 재산, 지위, 명예 등은 인성을 사라지게 하는 분별요소다. 보이지 않기 때문에 인성이 사라진 줄도 모른다. 인간이 오염된 줄도 모른다. 인생을 속는 줄도 모른다. 그런데 그 지식을 믿고, 속고 속이며 살아간다. 여기 벗어나는 길은, 오직 스스로 지식의 초월로, 분별없음의 수행이다. 그것은 무위이다.

인간은 생명과 함께하지 못하면 오염된다. 생명의 도움이 없으면, 인간 오염에 노출된다. 의식이 깨어나지 않으면, 오염되기 쉽다. 의식을 깨어나려면, 반드시 지식을 초월해야 한다. 지식의 분별에 걸려들면, 인간 오염에 노출된다. 인간이 오염되면, 개인만을 위한다. 전체를 망각하고, 인성이 사라진다. 지식의 분별을 단절하지 않고는, 이를 헤어 나올 수 없다. 전체는 생명이고 인성은 생명이기 때문에, 전체를 위해서는 부분을 추구하는 지식을 초월해야 한다.

인간이 오염되지 않으면, 맑고 순수하다. 지식의 분별함이 없고, 모든 것 있는 그대로 수용한다. 그리고 맞이하는 일, 어느 것도 열심히 맞이한다. 절대로 남을 탓하지 않는다. 개인만을 위하는 것보다는, 전체를 위한다. 몸과 마음은 편안하고 평안하다. 그 좋은 기운이 주변으로 전파한다. 맑은 기운이 주변으로 널리 퍼져, 주변 사람들이 편안하게 느낀다. 그 힘은 보이지 않지만, 엄청나게 크고 넓다. 그 힘은 생명의 힘이기 때문이다. 누구나 그 힘을 발휘해야 한다.

3.42 인간 이중성 (2020.8.1.)

거짓과 진실, 수용과 거부, 옳고 그름, 싫고 좋음 등 인간 마음이 작동하는 이중성은 수도 없다. 아니 모두 다 라고 해도 지나치지 않다. 그런데 이런 이중성은 모두가 하나는 전체가 되는 방향으로, 다른 하나는 전체를 이탈하는 방향으로 작동한다. 이는 인간 삶의 이치고, 우주의 이치다. 전체의 의미는 아주 크다. 전체는 생명이고 진리인데, 조화와 평화, 그리고 자유를 낳는다.

인간 이중성은 사람을 극단으로 안내한다. 하나는 조화로운 인간으로, 다른 하나는 조화 벗어난 인간으로 만든다. 조화는 스트레스 없고, 편안하고, 평화롭다. 몸도 마음도 건강하다. 조화 벗어나면, 어느 일에도 분별로 거부하며, 감정의 치우침으로 스트레스 받고, 몸과 마음이 아프게 된다. 평화와 자유는 멀어져만 간다. 이와같은 이중성으로 인간의 삶을 살지 못하고, 인간 이하의 삶을 살아간다.

인간 이중성은 하나는 인성이 가득 차게 하고, 다른 하나는 인성이 메마르게 한다. 인성이 가득차면 전체를 위하고, 생명과 함께하며, 늘 평화롭다. 인성이 메마르면 혼자만을 위하고, 생명은 외면하고, 주장이 강하고, 불안과 고통을 함께한다. 요인은 수용이 아니고, 거부에서 오는 전체의 이탈이다. 자연스럽게 생명은 작동하지 않고, 이것이 쌓이면, 몸과 마음의 고질병이 된다.

진실을 외면하고 거짓을 행하면, 곧바로 인성은 바닥난다. 인성이 바닥나면 인간의 파장이 나오지 않고, 거친 동물의 파장이 나온다. 본인이 아픈 것은 당연하고, 주변의 약한 사람은 그 거친 파장으로 아픔을 전달받는다. 자연스럽게 주변의 어느 것도 멀어져 가고 홀로 남는다. 이렇게 인간의 이중성은 인간을 극단으로 내몬다. 모름지기 수용과 진실만이 인간을 온전하게 한다. 거짓을 행하는 이유는 본인을 위하는데 있다. 거부하는 이유도 본인이 옳다고 본인을 위한다. 싫어하는 것도 본인을 위한다. 모든 것이 나로부터 비롯한다. 나를 기준으로 분별하며 잘못 선택하는 결과는, 그 손실이 실로 크다.

3.43 인성 낮은 자 평가 방법 (2023.6.12.)

인성 낮은 자는 거짓을 일삼는 자다. 거짓을 행하는 자끼리는 서로 뭉친다. 끌어당김의 법칙으로 그렇다. 유유상종이다. 진실을 행하는 자도 마찬가지다. 그런데 진실을 행하는 자가 거짓을 행하는 자에게 속아 넘어가는 것이 문제가 된다. 그래서 인성 낮은 자를 잘 평가할 줄 알아야 한다. 여기 몇 가지 단서를 제시한다. 인성 낮은 자는 반드시 본인만을 위해, 거짓을 진실로 둔갑시켜 고집을 부리는 것이 특성이다. 이를 잘 관찰하면, 인성 낮은 자를 판별할 수 있다.

자기주장이 강한 자는 보통 인성이 낮다. 이는 개인성을 나타내는 것이다. 반대로 인성이 좋은 사람은 전체성이 탁월하다. 양보, 배려, 이해가 몸에 배여 있다. 어울리기도 잘하고, 일도 잘한다. 모두가 좋아한다. 반대로 인성이 낮은 자는, 자기주장이 의외로 강하다. 무리한 논리로, 거짓 논리로 자기주장을 굽히지 않는다. 변명과 합리화를 넘어, 거짓을 진실로 둔갑시켜 논리를 만든다. 부족한 사람들은 여기 넘어간다.

인성이 낮은 자는 언변이 뛰어날 수 있다. 있는 것 없는 것 모두 모아, 진실로 포장하며 사람들을 현혹시킨다. 여기 논리가 정연하다. 그런데 속은 가짜다. 이를 평가하기 위해서는 사실을 확인하면 된다. 확인하지 않으면, 논리정연한 말재주에 넘어가 속기 아주 쉽다. 알기 어렵다. 지속적으로 확인하고 관찰해야 한다.

인성이 부족한 자는 온갖 수단을 다한다. 거짓을 진실로 포장하기 위해서다. 또 각본도 짜고 연출도 한다. 그러나 인성이 꽉 찬 자는 포장을 할 것이 없다. 온갖 수단 다 하지도 않는다. 그래서 사람들은 속아 넘어가기 쉽다. 인간들이 반반은 섞여있다. 그냥 믿으면 안된다. 잘 관찰해야 한다. 의식이 완전히 깨어나면 얘기 안 해도, 관찰하지 않아도 다 안다. 모든 것이 우주정보에 기록돼 있기 때문이다. 그 정보를 파장으로 감지하면, 바로 색출할 수 있다. 인성 낮은 자는 구제불능이고, 요주인물이다. 조심하고 조심해야 한다.

3.44 인간으로 거듭나라 (2018.12.7.)

인간은 더불어 살아가야 한다. 홀로 사는 것은 인간이 아니다. 짐승만도 못하다. 홀로 살아가는 순간, 인간은 노예로 전락한다. 이는 누가

시키는 것이 아니고, 스스로 그렇게 한다. 욕심으로 존재를 벗어나, 무엇을 추구하려 하기 때문이다. 혼자 욕심을 채우려 하니 홀로 살아간다. 어느 일을 맞이해도 스트레스 받는다. 진정 인간으로 살면 스트레스는 없다. 누구도 인간으로 거듭나야 한다.

인간으로 살아가지 못하면, 스트레스 받는다. 사는 게 고통이다. 나와 비교하는 순간 스트레스 받는다. 스트레스는 스스로 받는 천벌이다. 생명과 함께 하지 못하기 때문에 받는다. 존재를 벗어나기 때문에 받는다. 존재 벗어나는 이유는 홀로 살기 위해서다. 어느 일도 존재로 맞이하면 스트레스는 없다. 존재 상태를 지속하면 스트레인까지 벗어난다. 인간으로 거듭나야 하는 이유다.

인간이라면 섬겨야 한다. 섬기는 데는, 나의 드러남이 없다. 조금이라도 나의 드러냄이 있다면, 섬김이 아니다. 섬김은 비교로는 불가능하다. 나를 중심으로 비교하는 것은, 나를 위하는 방향으로 흐른다. 너도 없고, 전체도 없다. 오직 나만 남아 있게 된다. 섬기는 것은, 인간으로 거듭나는 길이다. 인간은 전체와 어울려 살아야 한다. 생명은 그렇게 전체와 함께 한다. 섬김은 그를 위한 바탕이다.

사랑은 인간의 특권이다. 사랑은 인간으로 살아가는 활력제다. 이는 오직 인간에게만 주어져 있다. 서로 사랑해야 한다. 인간으로 거듭나는 길이다. 사랑은 전체와 하나가 된 상태다. 누구와도 무엇과도 하나로 된 상태다. 누구와도 어울리고, 어느 일을 해도 하나로 어울린다. 존재로 조화이루는 바탕이다. 사랑은 이렇게 생명이 하는 일이다. 사랑은 인간으로 거듭나는 바탕이다. 진정 인간은 사랑해야 한다.

인간으로 거듭나기 위해서는, 전체로 살아야 한다. 인간이 살아가는

데, 전체는 아주 중요하다. 전체는 분별이 사라져야 가능하다. 삶과 죽음의 구분도 없다. 분별은 지식의 바탕이다. 지식의 굴레를 벗어나야 전체에 이른다. 이때 생명이 작동한다. 전체는 생명의 작동 원리이다. 우주 질서의 바탕이기도 하다. 생명은 영원하다. 삶의 의미는 전체와 함께 하는데 있다. 전체와 함께 하는 만큼, 인간의 신성은 채워진다. 누구나 살아있는 동안, 인성을 가득 채워야 한다.

3.45 인간의 힘 (2020.2.10.)

인간의 힘은 무한이다. 인간은 신이기 때문이다. 그러나 생명이 온전하게 작동할 때 힘을 발휘한다. 그 힘은 지식의 힘이나 권력과 다르다. 또 재력과도 무관하다. 생명의 힘이란 전체를 조화시키는 힘이다. 이것이 인간의 힘이다. 개인의 조화는 물론이고, 인류의 조화까지 그 영역을 확장한다.

인간이라면 생명의 힘을 펼칠 줄 알아야 한다. 그것이 인간으로서 존재의 이유다. 생명은 전체를 아우르기 때문에, 전혀 경험해보지 못한 신비한 경험을 한다. 이는 몸으로 경험하지 않고는, 도저히 이해가 되지 않는다. 지식이 아무리 많아도 그렇다. 지식과 생명은 차원이 다르기 때문이다.

지식은 포장하는 힘이 있다. 내면은 외면하고 겉만 포장할 뿐이다. 그래서 겉만 보면 속는다. 이는 인간의 힘이 아니다. 인간은 내면이 가득 차야 진정 인간이라 할 수 있다. 내면의 힘은 보이지 않는 것도 꿰뚫어 본다. 진정 인간이 성숙하면 누구나 가능하다. 이 상태에 이르면 어느 일도 기쁘게 맞이한다.

인간은 의식이 아주 높다. 이는 깨어날 때만 작동한다. 인간의 힘을 발휘하기 위해서는, 잠에서 깨어나야 한다. 이를 위해 내 기준을 버려야 한다. 부분에 머물게 하는 지식을 바탕으로 한 내 기준을 초월해야 한다. 이는 전체의 수용이다. 어느 것도 받아들이면, 생명은 작동하게 되어 있다. 이것이 바로 인간의 힘이 발휘되는, 존재의 신비다.

인간은 마음을 어떻게 먹느냐에 따라, 신의 능력을 발휘하느냐, 동물의 힘을 발휘하느냐 선택된다. 신의 능력은 전체를 아우른다. 동물의 능력은 오직 본인만을 위한다. 차이는 하늘과 땅 차이다. 인간으로 신적 능력을 발휘하는 것이 인간의 힘이다. 이는 나와 전체의 균형에서 발휘되기 시작한다.

3.46 인간의 4가지 덕목 (2021.8.1.)

인간이 기본으로 갖춰야 할 덕목이 있다. 전체, 생명, 진실, 의식 등 4가지다. 이는 인간으로 온전하게 살아가는 기본 바탕이다. 4가지 정도에 따라 인간 됨됨이가 나타난다. 이 정도는 한이 없다. 우주를 포함한다. 우주는 정보와 에너지로 가득하다. 우주는 절묘하게 정보를 이용하고, 에너지를 교환하여, 영원히 조화를 이루는 작업을 쉬지 않는다. 이는 모든 것의 존재하는 바탕이다. 누구나 이 우주의 이치를 따라, 그 능력을 발휘할 수 있다.

인간 덕목은 인간의 결실을 맺는 기본 자양분이다. 죽어야 할 몸이 기억하는 단 한 번 기회를, 죽지 않는 마음과 완전하게 연결하기 위해서는 4가지를 충분하게 활용해야 한다. 진실을 실천하여 의식수준이 향상되면, 전체의 힘을 발휘할 수 있다. 이는 생명의 힘이고, 누구나 그 능력이 부여돼 있다. 마음은 에너지고, 생각은 힘이다. 전체의 마음은 에너지 수준이 높아지고, 혼자 마음은 에너지 수준이 낮아진다. 생각은 마음의 상태에 따라 힘으로 작동한다. 생각은 잠시도 쉬지 않는다. 잠을 잘 때도 일을 한다. 생각하면 에너지 파장이 동시에 전체로 영향을 미친다. 생각이 미치는 만큼 시공을 초월하여 영향을 미친다. 이는 양자 현상이다. 오직 경험에 의해서만 확인된다. 보이지 않는 세계는 오직 경험으로 이해된다.

부모가 자식 생각하는 만큼 부모의 에너지 수준이 그대로 자식에게 전파한다. 이는 부모 자식 관계를 떠난다. 모든 인간관계에서 에너지 수준이 양자 현상으로 전파한다. 에너지 수준 상태에 따라 생명의 치유 작동이 일어나기도 하고, 생명의 위축으로 불편함이 전파되기도 한다. 이 현상은 가정, 조직, 직장, 사회, 국가에도 적용된다. 이의 근본이 인성이고, 인성에서 분위기가 조성된다. 인성이 가득차면 어느 조직에서도 활력이 넘치고, 전체 조화 이루고 일이 잘 풀린다. 인성이 사라지면 어느 조직도 다툼이 끊임없고, 협조와 조화는 멀어져 가고, 일은 꼬이게 돼 있다. 이는 보이지 않는 우주 이치다.

전체는 존재하는 모든 존재를 말한다. 전체는 시공을 초월한 건강한 어울림이다. 조화 균형의 바탕이고, 존재 영원의 바탕이다. 누구나 꼭 필요하여 존재한다. 저마다 역할과 역량이 있다. 그를 따르지 못하게 하는 것은, 에고이고 지식이다. 전체 이탈은 나는 옳고 상대는 그르다는, 분별에서 비롯한다. 균형 잃고, 스트레스 받고, 온갖 고통으로 명을 재촉한다. 이는 하늘도 고쳐주지 못하고, 스스로 고쳐야 하며(자립), 방법은 오직 전체와 함께하는 데(부활) 있다. 우주는 전체가 하나로 연결돼 있는 유기체이고, 연결 매체는 에너지다.

생명은 살아있는 바탕이다. 이는 에너지이고 氣다. 생명은 죽지 않는다. 에너지도 죽지 않고, 사라지지 않는다. 다만 상태가 변화하고, 수준이 변화할 뿐이다. 에너지는 끊임없이 흐른다. 몸이 사라져 죽으면, 에너지 수준은 최저로 머무른다. 생명은 전체다. 에고에서 나오는 전체 이탈은, 생명을 위축시킨다. 생명이 작동하지 않으면, 에너지 흐름이 원활하지 못하고 건강을 잃는다. 전체와 함께하면 생명 활동이 온전하여, 건강을 회복한다. 전체와 함께하는 바탕은 사랑이다. 사랑은 우열, 비교, 분별이 없다. 오직 이해와 배려로, 어울림과 조화의 아름다움만 있다. 사랑은 진실이다.

진실은 힘이 있다. 에너지 수준이 가장 높다. 반대로 거짓은 힘이 없다. 에너지 수준이 가장 낮다. 진실은 살아있고, 거짓은 죽어있다. 진실은 균형을 이루고, 거짓은 균형을 잃는다. 진실은 삶의 방향으로, 거짓은 죽음의 방향으로 간다. 살아가며 생각하고 행동하는 모든 것은, 우주 에너지 정보에 기록돼 영원히 저장된다. 정보는 생성, 합성 등 모든 것을 아우른다. 이를 아카식 레코드라 한다. 이를 참조하면 자연과 인간의 모든 상태를 관찰하고, 판단, 평가할 수 있다. 누구나 의식이 깨어나는 정도에 따라 이를 활용할 수 있다.

의식은 깨어있는 상태이고 그 정도이며, 전체를 알 수 있는 바탕이다. 인간은 의식수준이 가장 높게 부여받았다. 그래서 인간으로 태어난 자체는 축복이다. 전체를 내 몸처럼 하나로 알 수 있는 능력이 의식이다. 인간은 의식이 깨어나야 그 능력을 온전하게 발휘한다. 의식이 깨어나기 위해서는 조건이 있다. 에고가 사라져야 하고, 자기주장이 전체와 균형을 이뤄야 한다. 지식과는 전혀 상관없다. 오히려 지식을 초월할 때만 가능하다. 지식을 쌓지 말라는 뜻이 결코 아니다. 지식은 전체와 함께할 때 온전하다는 뜻이다. 잘 배워야 한다. 잘못 배우면 결코 지식을 초월할 수 없다. 인간의 보물인 의식은 활용하지 못하고, 지식으로 건방과 오만으로 인생을 망치기 십상이다. 의식이 깨어나는 것이 평생 공부다. 공부해야 인성을 발휘한다. 인성을 발휘하지 못하면 욕심으로 세상을 어지럽힐 뿐이다.

세상은 전체가 어울려 아름다움을 그려놓은 상태다. 이것이 있는 그대로이고, 자연이고 조화다. 인간 덕목이 살아날 때, 이 아름다움은 더욱 빛이 날 것이다. 반대로 문명의 이기로 인간의 고유 덕목이 사라질 때, 아름다움은 퇴색하고, 다툼과 자랑으로 평화 공존은 멀어지고, 조화 균형은 어긋나, 불안과 불편이 생성될 것이다. 인간을 유혹하는 요소는 돈, 명예, 지위다. 지식이 이들 요소에 현혹되면 인간은 파멸을 향하고, 개인의 평화는 물론 세계 평화도 없다. 이들 유혹에 빠지지 않으려면, 인간은 4가지 덕목을 무장해야 한다. 누구도 지식으로 위장하지 말고, 이들 전체, 생명, 진실, 의식 등 싸가지로 무장하여, 세상의 아름다움을 유지하는 것이, 인간의 도리이고 의무다.

3.47 싸가지 (2023.6.14.)

싸가지는 욕이 아니다. 인의예지신도 아니다. 싸가지는 인간이 꼭 지녀야 할 기본 덕목 4가지이다. 그것은 진실, 전체, 생명, 의식이다. 이 싸가지를 가득 채우면 사람들이 너무 좋아한다. 사회에서 꼭 필요한 자가 된다. 직장에서 너무 좋아한다. 왜냐하면 일도 잘하고, 사람들하고 잘 어울리고, 협조도 잘하기 때문이다. 이 시대에 꼭 필요한 것은 싸가지다. 이는 가정에서도, 학교서도, 사회서도 가르치지 못하는 내용이다. 여기서 그것을 하나하나 짚어 보고자 한다.

진실을 말한다. 진실은 반드시 전체와 함께한다. 거짓은 언제 어디서나 늘 혼자만을 위한다. 또 진실은 있는 그대로다. 겉과 속이 같다. 그러나 거짓은 포장과 위장을 거듭한다. 겉과 속이 다르다. 겉은 진실로 포장한다. 포장에 속으면 안된다. 속여도 안되지만, 속아도 기분 나쁘다. 거짓은 에너지 수준이 최저이기 때문이다. 그래서 속으면 거칠고 낮은 수준의 에너지 파장으로 기분이 나쁘다. 진실은 에너지 수준이 최고다. 그래서 진실의 세상은 상서롭고 높은 수준의 에너지 파장으로 기분도 좋고, 분위기도 좋아진다. 진실은 인간이 갖춰야 할 기본 덕목이다. 또 행복의 바탕이다.

전체를 말한다. 전체는 아주 크고 넓어 계량할 수 없다. 시공을 초월한다. 우주를 말한다. 모든 물질과 비물질은 에너지와 정보로 구성된다. 또 에너지는 하나로 서로 연결돼 있다. 전체하나가 되어 에너지와 정보로 구성된다. 이것이 전체이고 우주 유기체다. 마음, 생각, 느낌,

의지, 행동 등 모든 것은 에너지 수준에 따라 흐름으로 전체에 영향을 미친다.

생명을 말한다. 생명은 비물질이다. 전체의 에너지 흐름으로, 조화와 균형을 이루는 역할을 한다. 생명은 항상 존재 상태에서 작동한다. 그리고 생명이 하는 일의 대상은 전체이다. 지금여기 존재를 떠나면 생명은 작동을 중지한다. 거짓으로 내 맘대로 하는 것은 모두 존재 바탕을 떠난다. 따라서 인간 생명의 작동을 바로 중지한다. 그래서 거짓은 존재 떠나, 생명의 에너지 공급을 받지 못해, 에너지 수준이 최저다. 그러나 진실은 항상 있는 그대로 존재와 함께한다. 그래서 진실은 항상 생명의 에너지 공급을 받아, 에너지 수준이 최고다.

의식을 말한다. 의식은 생명이 전체로 작동하는 에너지 흐름을 아는 것을 말한다. 에너지는 정보를 갖는다. 의식은 모든 것을 아는 정도를 말한다. 존재 상태에서 작동하는, 진실 바탕으로 생명이 하는, 사랑의 힘에서 나오는 에너지와 정보를 아는 것이 의식이다. 따라서 의식수준이 높아지면, 생명과 같은 에너지 수준을 출력한다. 이 힘은 생명의 힘이다. 이 생명의 힘으로 전체의 조화를 이루는 역할을 일부 대행할 수 있다. 여기서 다양한 초월 능력을 발휘할 수 있다. 이를 할 수 있는 바탕은 의식수준을 높이는 데 있다. 이 능력은 누구에게나 열려 있으며, 스스로 체득해야 할 일이다.

싸가지는 우리 조상이 사용해 온 아주 좋은 말이다. 모두 싸가지를 가득 채워, 아름다운 세상을 가꿔나가야 하는 것이, 인간의 도리가 아닌가 생각해본다. 진실의 구현은 멀리 있지 않다. 바로 지금 여기다. 인간의 삶은 사랑과 열정이다. 사랑은 생명의 도구이고, 열정은 사랑이 구현되는 인간의 도리다.

3.48 인생 길 (2023.7.10.)

인생은 단 한 번의 소중한 기회다. 기억은 생사를 연결하지 못하기 때문이다. 더구나 생과 생을 완전히 단절시키기 때문이다. 그러나 기억은 단절돼도 정보는 영원히 저장되고 인과로 작동된다. 그래서 단 한 번의 인생을 값지게 살아야 한다. 삶의 가치를 최고로 높여야 한다. 이를 위해 인생길을 잘 걸어야 한다. 그 길은 내가 걷는 길이다. 인간이 걷는 길이다. 진정 인간으로 걷는 길이다.

그럼 점 하나에도 미치지 못하는 인생을 어떻게 살아야 하나? 진정 인간이 되는 길은 무엇인가? 모든 것은 서로 에너지로 연결돼 있다고 한다. 에너지에 정보가 실려 있어, 우주는 하나의 에너지 정보 유기체로 보는 것은 잘못인가! 인간도 그 속에 함께 있다. 생사도 초월하고 시공도 초월한다. 어떻게 살아야 그와 함께할 수 있을까? 그를 이탈하여 혼자 살아가야 하나? 인간은 만물의 영장이라고 하는데, 함께 살아야 하는 길이 옳은 선택이 아니겠는가!

그 길은 서로 어울리며 널리 이롭게 하며 살아가는 길이다. 이를 우리 조상은 홍익인간이라 하였다. 그 속에 모든 것이 다 담겨 있다. 먼저 나를 벗어나 전체를 말한다. 나의 지식을 허물고, 전체의식과 함께 한다. 진실은 전체를 향하고, 생명은 전체로 작동한다. 진실, 전체, 생명, 의식 등 싸가지는 인생길의 필수 도구다. 진실을 기본으로 출발하고, 의식으로 종합하여 도착한다. 이 도구를 갖춘 자는, 집에서도, 직장에서도, 사회에서도 너무 좋아한다. 모두와 잘 어울리고, 모든 것 잘하고, 어느 어려운 일도 마다하지 않는다. 누가 싫어하겠는가!

왜 그런가? 에너지 파장이 곱게 나와서 그렇다. 싸가지는 모두 에너지 수준이 최고다. 파장이 아주 곱다. 고운 파장은 거친 파장을 잠재운다. 분위기를 좋게 한다. 기분을 좋게 한다. 이는 진실의 힘이, 사랑의 힘이, 전체생명의 힘이 작동하기 때문이다. 사랑은 따지지 않는다. 따지지 않으면 전체의 힘이 나온다. 나만 위한다고 따지면, 전체에서 이탈하여, 전체의 힘이 나올 수가 없다. 또 진실은 전체와 함께한다.

그런데 지식을 익히면서 문제가 발생하기 시작한다. 혼자 잘났다고, 모든 것 따지기 시작한다. 그러면서 자연스럽게 전체를 이탈한다. 당연히 인간의 생명은 작동을 중지한다. 또 전체를 이탈하여 모든 것을 혼자만을 위한다. 부수적으로 진실을 내팽개치고 거짓을 실천한다. 싸가지를 모두 버리기 시작한다. 인간이기를 스스로 포기하기 시작한다. 왜 그런가! 잘못 배워 그렇다. 지식의 속성을 몰라서 그렇다. 이는 이치다. 이를 거스를 수는 없다. 잘 관찰하면 이해할 수 있다. 겪어보면 이해된다.

이런 얘기 하는 이유 있다. 지식을 쌓지 말란 것은 결코 아니다. 삶의 편의를 위해 지식은 열심히 쌓아야 한다. 그렇지만 활용을 잘해야 한다. 나만을 위하는 것은 피하고, 전체의 편의를 위하면 모두가 이롭다. 본인에게 더욱 이롭다. 에너지 수준을 높게 하기 때문이다. 힘이 나오기 때문이다. 생명이 작동하기 때문이다. 지식을 쌓아도 다투지 말고, 널리 이롭게 하는데 활용해야 한다. 거기서 활력이 나오고, 삶의 보람을 느낀다. 인간은 지식의 굴레를 벗어나야, 비로소 보람을 느낄 수 있다. 넓은 세상을 볼 수 있다. 세상의 아름다움을 볼 수 있다. 이 길이 인생길이다. 인생길은 아름다워야 한다. 그 길은 내가 간다.

| 4부 지식을 초월하여 |

3.49 지식은 버릇없게 한다 (2018.12.2.)

버릇은 습관이다. 인간으로 태어날 때 버릇은 생명이 가득한 상태다. 생명의 힘으로 태어났기 때문이다. 생명은 전체다. 따라서 전체와 함께 한다. 본래 인간의 버릇은 전체와 함께 한다. 그런데 지식을 쌓으며 분별하기 시작한다. 옳고 그르고, 잘하고 못하고를 분별한다. 이는 버릇이 사라지게 한다. 무엇이든 홀로 판단하고 자기 중심으로 보려 한다. 제멋대로 하려 한다. 모든 것 지식이 그렇게 한다. 지식에 오염되면 걷잡을 수 없다.

나이가 들어도 지식의 굴레에 머물러 있는 한 영적으로는 유아 수준에 불과하다. 아니 유아보다도 못하다. 그래서 지식은 죽음이라 한다. 배웠다고 겸손하지 못하고 최고인 줄 착각하기 때문이다. 아무리 많이 배워도 전체를 망각하거나 무시하는 순간 생명은 사라진다. 인성은 사라지고 버릇이 없어진다. 버릇은 항상 전체와 함께 한다. 살면서 명심해야 한다. 전체를 망각하고 내 위주로 행동하면 버릇은 없어진다. 사는 게 버릇없는 인생이다. 인생은 망친다.

버릇없는 인생은 모든 게 손실이다. 모두를 무시하기 때문이다. 인간이기를 포기한 것과 같기 때문이다. 본래 인간은 더불어 어울리고 널리 이롭게 한다. 서로 섬긴다. 그리고 조화를 이룬다. 언제나 존재로 머물러 있다. 항시 생명과 함께 한다. 그래서 인간은 신이라고 한다. 그런데 버릇이 없으면 이런 것을 못한다. 그 생명의 능력이 사라진다. 얼마나 손실이 큰지 모른다. 이 모든 것 지식에서 비롯한다.

내가 잘났다고 생각하는 순간 버릇은 없어진다. 분별하며 전체를 이탈하기 때문이다. 전체를 이탈하는 것은 존재를 망각하기 때문이다. 존재 벗어난 상태에서는 생명은 없다. 전체를 무시해도 생명은 없다. 더욱 거기 진리는 없다. 존재도, 전체도, 생명도, 진리도 무시한다. 버릇이 없어지면 그렇게 한다. 얼마나 싸가지가 없는지 모른다. 지식이 그렇게 시킨다. 지식이 필요없는 것은 아니다. 사는데 편의를 제공한다. 그러나 반드시 전체와 함께 해야 한다.

죽을 때 까지 배워야 한다. 열심히 배워야 한다. 그 목적은 남 주기 위해 그렇게 한다. 전체를 위해 그렇게 한다. 전체와 함께 하기 위해 그렇게 한다. 생명으로 머물러 있기 위해 그렇게 한다. 이때 나는 몸도 마음도 가장 편안하다. 생명과 함께 하기 때문이다. 이 상태에서는 지식은 전체와 함께 하고 생명과 함께 한다. 열심히 하는 자체가 존재이다. 그리고 생명과 함께 한다. 사는 게 그런 것이다. 인생은 그런 것이다. 인간은 버릇이 있어야 한다.

3.50 지식은 인간 사기극의 연출자다 (2018.6.30.)

지식은 진리 탐구의 도구가 아니다. 분별로 인해 전체를 망각하기 때문이다. 이는 내면의 생명으로의 접근을 원천적으로 차단한다. 지식은 속은 한 번도 보지 못하고 겉만 포장한다. 허상을 추구하며 인생을 송두리째 앗아간다. 이 모든 것 지식이 안내한다. 지식은 인간 사기극의 연출자다. 겉만 보고 판단하고, 그리고 속는다. 여기 방지하는 것은 오직 생명이며 이는 지식의 초월이다.

인간은 지식으로 망한다. 지식이 생명의 작용을 나도 모르게 방해하기 때문이다. 지식은 반드시 부분을 선택한다. 옳고 그름을 분별하기 때문이다. 그러나 생명은 옳고 그름이 없다. 잘하고 못하고도 없다. 그래서 생명은 전체이고 그 속에 진리가 있다. 그런데 지식으로는 도저히 여기 진리에 이를 수 없다. 하는 것이 오류투성이고 거짓이 난무한다. 그런 줄도 모르고 믿는다. 사기의 대 연출이다.

생명과 함께 하지 못하는 것은 가짜이고 사기다. 삶을 잘못 맞이하면 생명은 내 몸을 떠난다. 지금여기 떠나는 어느 사고와 행위도 존재를 망각하게 하고 생명을 멀리 한다. 기쁨, 슬픔, 걱정, 두려움, 미련, 화냄 등 어느 감정도 존재를 잊게 한다. 이는 감정을 치우치게 한다. 여기 지식이 그 바탕을 이루고, 인간이 살아가며 갖가지 속고 속이게 한다.

인간이 속고 속이는 것은, 남이 아니고 바로 나다. 에고가 부합되어 야기된다. 에고가 있는 한 생명은 멀어진다. 인성은 생명이고, 인성이 사라진 자는 어느 것도 속이려 한다. 오직 본인의 이익만을 위해 애써 배운 지식으로 합리화하며 본인도 속고 남도 속인다. 그리고 그 주장이 강하다. 평생을 그렇게 하며 살아간다. 그런 줄도 모르고, 몸도 마음도 불편하게 하며 고통을 겪는다.

지식은 생명을 멀리하고 잡신을 불러들인다. 그런 줄도 모른다. 평생을 아주 나쁜 기운에 휩싸여 지낸다. 못 다한 미련을 다하기 위해 욕심 부리며 살아간다. 잡신에게 부림을 당하며 살아간다. 인성이 사라졌기 때문이다. 지식으로 속고 살기 때문이다. 지식은 인간 사기극의 연출자일 뿐이다. 이를 탈피하는 방법은 오직 지식의 초월이다. 이때부터 생명과 함께 자유를 찾는다. 이것이 부활이다.

3.51 지식은 입에 문 화살이다 (2018.3.29.)

지식은 입으로 화살을 쏘는 것과 같다. 지식을 잘못 사용하면 그렇다는 뜻이다. 입에서 나오는 말이 아무리 고상해도 독이 품어 있다는 뜻이다. 지식이 생명을 외면하면 마음의 상태는 땅바닥에 추락한다. 생각의 파장은 지식이 생명과 함께 하는 정도에 따른다. 지식은 생명과 멀리하려 하기 때문에 지식의 파장은 대개 거칠다.

지식은 생명으로 감싸줘야 한다. 그렇지 않으면 아주 거칠고 난폭하다. 생명이 방치한 지식은 하는 일이 널리 해롭게 한다. 말이 화살이란 온갖 거짓을 지식으로 포장한다는 뜻이다. 아무리 똑똑해도 생명이 외면하면 이 굴레를 벗어나지 못한다. 지식이 너무 무섭다. 실로 난폭하기 이를 데 없다. 생명으로 감싸줘야 하는 이유다.

지식은 변명하게 하고 합리화하게 한다. 상대의 입장은 안중에도 없다. 모두가 이기심이 작동해서 그렇다. 결과는 전체를 무시한 것이고 오직 본인만을 위해 부분에 머무른다. 사기도 서슴지 않는다. 온갖 중상모략이 난무한다. 생명의 존재를 무시하기 때문이다. 이 모든 것 지금여기 존재를 외면하기 때문이다.

생명은 항시 존재로 있다. 존재 벗어나면 생명은 없다. 생명은 존재의 일에 너무 바쁘다. 지식이 지금여기 존재 벗어나면 매우 위험하다. 생명이 외면하기 때문이다. 생명은 바쁘다. 지식을 감싸 줄 겨를이 없다. 이 때 지식은 불안하고 난폭해진다. 본인만을 위하고 전체를 망각한다. 지식은 입에서 발사한 화살과 같고 모두를 불편하게 한다.

생명과 함께하지 않는 지식은 외롭다. 항시 혼자만을 위한다. 그리고 외로워한다. 입에서 나오는 말이 화살과 같아 모두가 떠나기 때문이다. 지금여기 떠나면 지식은 혼자 살아야 한다. 생명이 없기 때문이다. 생명은 항시 지금여기 있고 전체와 함께 있다. 그러나 지식은 지금여기 떠나 혼자 있으려 한다. 인간성이 사라진다.

3.52 지식은 죽음이다 (2017.4.20.)

지식으로 문명을 낳았다. 그 혜택으로 알약 하나면 낫는다 굳게 믿고 복용했는데 병이 낫지 않고 오히려 악화된다. 속는 줄도, 속이는 줄도 모른체 속고 속이는 꼴이 된다. 지식은 달콤하지만 죽음으로 나타나는 것이다.

지식은 배워 익혀 쌓는다. 모든 판단의 잣대로 작용한다. 반드시 이로서 모든 것을 분별한다. 에고 쌓고 마음의 부작용으로 스트레스 받고 병으로 나타난다. 불안과 고통을 겪는다. 죽음을 맞이하게 되니 지식을 죽음이라 한다.

과학으로 신비를 해석할 수는 없고, 영원히 신비일 뿐이다. 생명은 대부분 신비 자체이고 생명이 없는 것은 죽음이다. 생명 없는 지식을 죽음이라 한다. 지식은 부분의 부분만을 추구하며, 지식으로는 전체 진리에 접근할 수 없다.

암세포는 정상인도 누구나 일정수준으로 유지하고 있다. 마음이 본심에서 벗어난 만큼 부조화가 형성된다. 부조화로 급격히 감정이 변화하면 암세포가 증식하여 위험을 알려준다. 지식으론 알 수 없는 신비이다.

암세포는 아상이 높고 면역이 낮은 상태에서 증식한다. 지식의 산물인 화학요법은 면역이 더욱 떨어지게 한다. 그 때 암세포는 더욱 증식하는 이치가 있다. 감정의 조화만 찾으면 암세포는 정상으로 회복되는 신비가 있다.

지식은 분별을 조장하고 전체진리에 이르는 것을 방해한다. 스스로 울타리를 친다. 받아들이지 못하고 부분에 머무르게 한다. 생명을 위축시킨다. 더구나 인간의 특권인 의식을 깨어나지 못하게 하는 어리석음을 자초한다. 그래서 지식을 죽음이라 한다.

지식을 많이 쌓은 자는 본인이 최고란 착각의 수렁에 빠져 오만방자하기 십상이다. 한 번 빠지면 빠져나오기 쉽지 않다. 의식은 동물수준으로 곤두박질치는 이치가 있다. 끝없는 분별로 인생을 불안과 고통으로 연명하게 된다.

지식은 분별이 생명이다. 분별은 부분을 추구한다. 부분은 전체가 아니다. 진리에 이르는 것은 불가능하다. 생명을 위축시키는 이치가 분명하다. 지식의 열매를 따 먹으면 죽음이라 하였다. 의식이 동물수준으로 추락하기 때문에 인간이기를 스스로 포기하는 것과 같다.

지식은 분별을 낳고 분별은 에고를 쌓는다. 과욕을 방조하고 인간의 순수를 훼손시킨다. 스스로 인간의 내면의 힘을 사장시킨다. 맞이하는 어느 대상도 동물처럼 사고하고, 판단하고, 행동하고, 감정을 갖게 한다. 무섭고도 무서운 것인데도 자꾸만 빠져드는 것은 욕심 때문이다.

지식은 인간성을 앗아가는 이치가 분명하다. 그래서 지식은 죽음이다. 지식은 본인만 위하게 한다. 지식으로 무장하여 끝없는 변명과 위장으로 남을 속인다. 분열을 조장하게 하고 전체하나의 사랑에서 멀어지게 한다. 결국은 외톨이 인생으로 전락한다.

3.53 지식 활용 방법 (2018.4.12.)

지식의 폐단은 생명의 접근을 어렵게 하는데 있다. 지식이 최고라고 착각하기 때문이다. 생명 없는 지식은 아무 쓸모없다. 그래서 지식의 활용은 생명과 접목하는 방향으로 설정해야 한다. 이렇게 되면 지식도 진리를 구현하는 수단이 된다. 생명의 원리는 사랑이다. 지식의 활용은 사랑을 실천하는 방향이어야 한다.

사랑은 둘이 아니고 하나다. 비교도 없고 구분도 없다. 너와 하나, 조직과 하나, 사회와 하나, 국가와 하나, 세계와 하나, 인류와 하나, 일과 하나, 자연과 하나, 우주와 하나, 이것이 사랑이다. 여기에 생명이 있다. 지식은 하나가 되도록 활용되어야 한다. 지식으로 둘이 되었다면 잘못 활용한 것이다. 모름지기 사랑은 하나다. 지식은 그렇게 활용되어야 한다.

지식은 모두를 편안하게 해야 한다. 그런데 지식의 속성은 부분을 취하고 나만을 위한다. 이렇게 하면 궁극적으로 모두를 불편하게 한다. 그래서 지식의 속성을 탈피하는 것이 지식을 활용하는 방법이다. 이렇게 할 때 생명의 접근이 가능하기 때문이다. 이때 비로소 널리 이롭게 모두를 위하는 것이 가능하다. 이것이 사랑의 실천이고 진리의 구현이다.

지식은 좋은 기운이 감돌게 해야 한다. 거짓이 없어야 된다는 뜻이다. 진실이어야 한다는 뜻이다. 나만을 위하면 남들이 싫어한다. 이때는 나쁜 기운이 감돈다. 모두 위하면 남들이 좋아한다. 이때는 좋은 기운이 감돈다. 서로 좋은 기운이 감도는 세상을 가꾸는데 지식이 활용되어야 한다. 이때는 생명이 작동하게 되어 있다.

지식으로 욕심부리면 화가 크다. 생명이 외면하는 것은 물론이고 생명이 나간 자리는 잡신이 달려든다. 이때부터 몸부림을 당하며 제정신이 아닌 상태로 살아간다. 이후 인생은 꼬이기 시작한다. 애써 배워 이렇게 되면 인류의 큰 손실이다. 따라서 지식의 활용은 욕심부리지 말고 있는 그대로 어떻게 하면 널리 이롭게 할 수 있는가에 수단과 방법을 가리지 않아야 한다.

3.54 지식, 돈, 명예, 지위가 문제인가 (2017.7.13.)

누구나 하나님의 아들 딸로 태어나 모두가 형제다. 모두하나로 어울려 분별없이 서로 도우며 살란 뜻으로 신성이 가득한 인간성 백점으로 태어났다. 그런데 지식, 돈, 명예, 지위 따위로 분별하며 인간성이 훼손되고 있다. 이는 스스로 인간이기를 포기하는 것과 같으니 큰 문제가 된다.

인간성 영점인 자가 지식이 많으면, 적은 자의 의견 무시하고 받아들이지 않는다. 돈 많으면 적은 자 깔보고 돈도 쓰지 않는다. 명예 높으면 으스대며 뽐내고 깔본다. 지위 높으면 부하의 의견 거들떠보지 않고 혼자 결정한다. 결국 혼자 모든 일 하는 꼴이 되니 큰 문제가 아닐 수 없다.

지식은 배워 익혀 쌓은 것으로 분별의 바탕이 된다. 분별할수록 부분의 부분만 취한다. 전체진리는 멀어져 생명이 위축된다. 돈, 명예, 지위 등도 분별 작동의 기본이 되는 것은 마찬가지다. 모두 내면의 힘을 빠지게 하고, 쓸데없는 허상을 외곽에서 구하며 세월을 허비하니 문제가 된다.

지식 분별의 위해가 너무 큰 것은 생명을 저버리기 때문이다. 진실을 벗어나기 때문이란 것 알아야 한다. 분별하면 할수록 환상에 사로잡혀 속고 속이는 굴레에 머물게 된다. 인생을 무모하게 맞이하고 생명을 외면한다. 이미 갖추고 있는 신비의 묘한 맛은 영원히 멀어져 가니 문제가 된다.

세상에 존재하는 어느 것도 필요하지 않은 것은 없다. 모두 필요에 의해 하늘이 만든 것이기 때문이다. 절묘한 조화 이루며 절묘한 조화 이뤄나가는 것이 존재하는 누구도 의무다. 그를 따르면 생명으로 신성 발휘하는 것이 기본이다. 그러나 지식 돈 명예 지위 등 인위로 분별하면 거짓 오류 행하며 문제가 된다.

3.55 지식은 변명하게 한다 (2018.2.12.)

지식은 자기를 합리화하고 변명하게 한다. 지식으로 분별하며 이기심이 작동하기 때문이다. 이기심이 남아 있으면 지식은 부분을 추구한다. 부분은 전체가 아니어서 진리일 수 없다. 오류투성이이고 생명은 위축된다. 그런데도 지식으로 변명만 늘어놓는다. 이것이 지식의 폐단이다.

지식의 폐단을 방지하기 위해서는 분별이 없어야 한다. 어느 것도 수용해야 하는데 매우 어렵다. 지식으로 변명하기 때문이다. 배려와 이해가 필요하고 양보와 겸손도 필요하다. 이런 모든 과정 거쳐야 분별이 사라지고 지식을 초월한다. 지식은 초월 할 때 가치가 나타난다.

지식으로 변명하려면 지식을 익히지 않는 편이 낫다. 왜냐면 분별로 부분을 취하기 때문이다. 모두가 이기심에서 나온다. 진리에 이르지 못하고 생명은 위축된다. 의식은 깨어나지 못하고 인생은 불안과 불편을 겪는다. 우물 안 개구리 신세를 벗지 못하고 그 폐해는 너무 크다.

지식이 변명하게 하는 줄도 모르고 한다. 지식이 옳다고 굳게 믿기 때문이다. 그러나 지식은 부분이기 때문에 진리가 아니다. 오류이기가 일수다. 분별로는 절대로 진리에 도달하지 못한다. 그런데도 지식만을 믿는 것은 속고 속이는 것이다. 이를 벗는 것은 지식을 초월하여 생명과 함께 하는 것이다.

지식은 필요하다. 전체를 아우를 때만 빛이 난다. 이는 지식의 초월이다. 분별이 사라져 전체하나의 상태일 때다. 의식은 깨어나고 생명은 약동한다. 지식으로 변명하면 할수록 이와 정반대다. 에고와 분별심은 더욱 강해진다. 인생을 고통과 고뇌로 헛되게 보낸다. 생명이 위축되기 때문이다.

3.56 지식으로 경쟁하지 마라 (2018.7.7.)

지식의 폐단은 분별이고 경쟁이다. 반드시 부분에 머무른다. 전체에는 이를 수가 없다. 생명은 위축된다. 지식으로 분별하며 경쟁할수록 더욱 심해진다. 결국 지식은 생명의 작동을 중지시킨다. 그래서 지식은 죽음이다. 잘 되려 경쟁 하지만 오히려 죽음으로 치달을 뿐이다. 경쟁하지 말고 사랑하라. 맞이하는 대상 모두와 사랑하라. 이때 생명이 약동하고 누구나 닦아야 할 도다.

지식의 분별은 항시 둘로 나눈다. 전체를 나누기 시작한다. 전체가 필요에 의해 존재하는데 그 존재를 부정한다. 지식은 신의 뜻을 거역

한 것과 같다. 꼭 필요한 존재를 필요 없는 존재로 만든다. 신이 생명이 시킨 것이 아니다. 제 맘대로 한 것이다. 심하면 잡신이 달려들어 시킨다. 여기 분별의 늪에 빠지면 평생 헤어 나오지 못하고 잡신과 함께 살아간다.

지식은 쌓을수록 잘남을 드러내고자 분별을 일삼는다. 온갖 수단 가리지 않고 합리화 시킨다. 잘남을 드러내며 경쟁하고 이기심을 발동한다. 그리고 혼자 잘나고 최고란 착각에 빠진다. 그러나 항시 부분에 머물러 생명의 작동을 온전하지 못하게 한다. 생명은 잘남도 못남도 구분이 없으며 전체하나로 조화 이룰 때 약동하게 되어 있다.

지식으로 경쟁하는 순간 존재를 벗어난다. 존재 벗어나면 생명이 작동하지 않는다. 생명이 작동하지 않으면 조화 깨진다. 불안, 걱정, 초조, 두려움 등 다양한 스트레스 받는다. 육체와 정신 모두 영향을 받는다. 비정상 상태로 사고가 정상이지 못한다. 겉으로는 아무 표시가 없지만 속으로는 심하면 정신분열로 치닫고 극심하면 자살로 이어진다.

지식의 활용은 이해와 사랑이다. 애써 배운 지식으로 경쟁하며 스트레스 받으면 인생을 송두리째 빼앗길 수 있다. 항시 부분에 머무르고 홀로 외롭게 남기 때문이다. 경쟁은 다툼이다. 사람과 다투고 일과 다투고 되는게 없다. 그러나 지식이 이해하는데 활용되면, 하나가 되어 전체에 이르는 바탕이 된다. 이는 사랑의 상태이고, 생명이 약동하는 터전이다.

3.57 지식은 의식을 잠재운다 (2018.8.7.)

지식의 속성은 부분이고, 의식의 속성은 전체이다. 그런데 지식에 사로잡히면 의식은 잠을 잔다. 내면의 생명이 작동하지 않는다. 인성이 사라진다고 보면 틀림없다. 지식으로 하는 일이 나만 위해 변명하고 합리화하는데 급급하다. 여기서 지식은 책에서 배운 것을 포함해 배워 익힌 모든 것이다. 이를 바탕으로 갖은 분별을 하며 인생을 허무하게 지낸다. 그러면서 의식은 고이 잠을 잔다.

지식은 학문의 바탕이다. 의식은 생명의 바탕이다. 지식에 사로잡히면 생명은 없다. 생명으로 태어나 생명으로 살아가는데 생명이 없다는 것은 죽은 목숨과 같다는 뜻이다. 지식의 분별로 의식이 잠을 자기 때문이다. 이는 의식도 생명도 인간 이하의 수준이 되어 인간이 아니란 뜻이다. 애써 배운 지식이 의식을 잠 재우고 인간을 쓸모없게 만든다는 뜻이다.

인간은 의식수준이 높다. 이는 인간에게 둘도 없는 선물이다. 의식은 써야 한다. 사용하지 않으면 사장된다. 의식의 쓰임은 생명과 함께한다. 어느 것도 있는 그대로 맞이하며 전체를 수용한다. 진리를 행하며 생명은 약동한다. 여기 지식이 방해한다. 분별할수록 부분에 머무르고 전체 진리에는 한 번도 이르지 못한다. 동시에 의식은 잠을 자고 생명은 위축되고 제멋대로 살아간다.

의식이 잠을 잔다는 뜻은, 인간의 역할을 못한다는 뜻이다. 인간 고유의 의식이 작동하지 않으면, 인성이 사라진 것이고, 사고와 행동이 동물과 같이 나타난다. 묘한 이치인데, 이는 우주의 질서다. 애써 배워 혼자만을 위해 지식을 활용하면, 의식은 잠자고, 생명은 작동을 중단한다. 지식이 인간으로의 삶을 정지시킨 것이다. 그래서 지식은 죽음이다.

의식이 잠을 잔다는 뜻은, 인간 노릇을 못한다는 뜻이다. 잠을 잘수록 높은 의식수준이 동물 수준으로 추락한다. 지식이 그렇게 한 것이고, 나도 모르게 분별하고, 최고안 줄 착각하며, 의식을 잠재운다. 재산 지위 명예 등에 사로잡히면 걷잡을 수 없다. 인생은 허상만을 추구하며 허무하게 생명을 도외시하며, 평화롭지 못한 삶을 살아간다.

3.58 지식으로 사기 친다 (2019.12.24.)

지식이 하는 일은 분별이다. 여기 벗어나지 않으면 지식은 항시 분별한다. 애써 배워 하는 일이 고작 이런 일 한다. 여기 머무르는 한 이기심만 강화할 뿐이다. 이를 위해 별짓을 다한다. 지식은 거짓이라 이를 개인으로 사용하는 자체가 사기다. 전체가 진리라 지식은 반드시 전체를 위해 활용되어야 한다.

지식은 없어도 사는 데 지장이 없다. 그러나 생명이 없으면 죽음이다. 그런데 지식이 최고라고 남을 사기 친다. 그리고 본인도 속는다. 지식은 부분이고 사유된다. 그러나 생명은 전체이고 공유되어 있다. 지식이 사유화되면 얼마나 위험한지 모른다. 언제든지 무엇을 대상으로 하든지 사기 칠 준비가 되어 있다.

지식을 사적으로 가동하는 순간 생명은 작동을 즉시 멈춘다. 이는 이치고 순리다. 여기 이치는 지식을 사적으로 활용하면 죽음이란 뜻이다. 존재는 생명의 바탕이고 이것이 아니면 존재도 없다. 그런데 지식을 쌓아 대부분 이 소중한 존재를 저버리고 스스로 죽음을 선택한다. 이것은 아주 큰 사기다.

육신이 사라지는 죽음은 별 것 아니다. 돌고 도는 것이니까 그렇다. 생명이 작동하지 않는 것이 진짜 죽음이다. 여기 지식이 작용한다. 지식을 잘 활용해야 한다. 잘못 활용하면 모두가 사기다. 이는 개인을 위한 것이다. 애써 사기 치는 기술을 배워서야 쓰겠나. 정신 차려야 한다. 전체가 하나로 움직이는 것을 알아야 한다.

전체 하나가 되지 못하는 것은 사기다. 궤도를 이탈하여 뭔가 추구하며 허공을 헤맨다. 그렇게 사기 인생을 살아간다. 이 모든 것 지식에서 비롯한다. 지식은 에고를 강화시킨다. 지식의 폐단이다. 에고는 죽여야 할 대상이다. 그때 지식은 세상을 아름답게 한다. 전체를 위하고 전체와 어울리는 역할을 한다.

3.59 욕심 부리면 나한테도 속는다 (2020.1.29.)

욕심은 지나친 마음이다. 욕심 부리면 시야가 좁아지고 앞을 가린다. 전체를 보지 못하면 지극히 일부만 보고 판단한다. 그래서 속기 쉽다. 전체는 진실이다. 욕심 부리는 것은 오직 나만 위하는 마음이다. 이는 전체와는 거리가 멀다. 따라서 욕심 부리면 무엇보다 나에게 속기 쉽다.

속는 것은 마음이 편치 못하게 한다. 화를 유발하고 스트레스로 온몸을 괴롭힌다. 속는 것은 상대 보다 나로부터 비롯한다. 상대를 탓하기 전에 나를 탓해야 한다. 지나친 마음에서 속기 쉽기 때문이다. 말하자면 욕심은 나도 속인다. 그런데 속는 줄도 모른다. 나에게 속으면 어디 하소연할 데도 없다.

욕심은 앞을 가린다. 앞이 보이지 않으니 속기 쉽다. 판단도 흐리다. 겉만 보고 판단한다. 겉은 온갖 거짓으로 포장돼 있다. 판단 자체가 거짓으로 유도한다. 욕심은 진실을 외면한다. 욕심은 내면 진실의 접근을 원천적으로 차단한다. 욕심은 오직 겉으로 판단하고 스스로 속는다.

욕심은 지나친 에고로 발현한다. 에고는 나에게 치우쳐 나와 전체의 균형을 깬다. 에고가 있는 한 전체의 접근은 불가능하다. 균형을 잃어 어느 판단도 온전하지 않다. 균형감은 중요하다. 전체 속에 하나로 있기 때문이다. 이 상태에 이르고 유지하는 것은 깨어난 상태이다. 나머지는 모두를 속인다.

진실이 아닌 것은 거짓이다. 온갖 지식을 동원해도 거짓이다. 진실은 생명과 함께 한다. 나머지는 거짓이다. 욕심은 생명의 작동을 중지시킨다. 욕심 부리는 것은 진실과 거리가 있다. 욕심 부리면 무조건 속는다. 속고 속인다. 인생도 속고 속인다. 죽은 목숨을 사는 것과 같다.

3.60 버릇 나가는 과정 (2020.7.5.)

버릇없다 하면 제멋대로 하는 것을 말한다. 전체를 무시하는 것은 기본이다. 상대가 불편해 하는 것은 당연하다. 따라서 조직에 전혀 도움이 되지 않는다. 버릇 나가있는 상태를 판단하는 잣대는 내 위주로 하는 정도다. 버릇은 나로부터 비롯한다. 나를 기준으로 비교하며 버릇은 나간다. 버릇이 나가면 여러가지로 불편하다. 그때부터 주변이 모두 떠나 홀로 외롭게 살아가야 한다.

버릇 있으면 인성이 가득 차 있다. 사람도 몰려든다. 편하니까 그렇다. 그런데 비교하고 분별하면 버릇은 나간다. 인성도 떨어진다. 비교는 내 기준으로 한다. 내 기준이 잘못 설정돼 있거나 고정돼 있으면 버릇 나가는 것은 아주 쉽다. 뭐든지 비교하고 분별한다. 배워서 떠받들어서 겸손하지 못해서 버릇은 없어진다.

대부분 사람은 버릇도 있고 인성도 좋고 사람이 좋다. 그런데 지식으로 재산으로 지위로 명예로 발목 잡히면 버릇은 나간다. 버릇이 나가면 모든 것 제 멋대로 한다. 이는 자유가 아니고 방종이라 한다. 방종은 자기 구속이다. 스트레스 받고 괴로워하기 때문이다. 버릇 나가면 이 과정을 겪으며 인생을 검게 한다.

어울림은 버릇의 터전이다. 배려와 양보가 필요하고 겸손은 기본이다. 이는 바로 버릇 지킴이다. 지식은 에고를 강화한다. 에고가 있는 한 전체와 완전한 어울림은 불가능하다. 인간의 에고는 인간을 철저하게 좀 먹게 한다. 고유의 본성을 한 번도 발휘하지 못하게 하기 때문이다. 에고가 강해지면 버릇은 점점 나간다.

에고에서 나오는 분별로 버릇은 나간다. 전체를 무시하며 항상 부분 오류에 빠지며 거짓을 행한다. 진실을 외면하는 것은 기본이다. 오직 나만을 위해 모든 것 위장하고 포장해 나간다. 사는 게 사는 것이 아니다. 탁기만을 쌓고 의식은 추락한다. 마음을 먹어도 생각을 해도 그 탁기가 주변으로 즉시 전파한다. 버릇이 나가면 하는 짓이 이와 같다. 얼마나 그 위해가 큰지 모른다.

3.61 속이는 방법 속는 방법 (2023.7.6.)

속이는 방법은 수도 없이 많다. 속이려면 진짜처럼 해야 한다. 속이려 하는 것도 가짜고, 진짜처럼 하는 것도 가짜다. 가짜는 나만 위하고, 진짜는 전체를 위한다. 가짜가 전체를 위하는 것처럼 하는 것도 가짜다. 잘 봐야 한다. 가짜는 반드시 무리수를 둔다. 포장이 지나쳐서 그렇다. 주장이 너무 강해서 그렇다. 너무 집요해서 그렇다. 남 탓을 지나치게 한다. 유혹이 강하다. 논리가 정연하다. 설명이 장황하다. 가짜의 특성이다. 속이려면 그물망을 쳐야 한다. 어디 걸릴지 모른다. 가짜는 노력이 가상하다. 정말로 열심히 한다. 그것도 가짜다.

속는 방법도 만만치 않다. 너무 믿어서 그렇다. 사람이 좋아서 그렇다. 쉽게 믿는다. 모두 나 같은 줄 안다. 속는 것은 내가 속는 것이다. 이렇게 해도 속고 저렇게 해도 속는다. 남을 많이 위하는 사람이 잘 속는다. 그런데 속지 말아야 한다. 속는 것도 잘못이다. 거친 파장에 동조된 것이고, 박자를 맞춰 준 것이 된다. 이것은 세상의 편안함을 교란시키는 것이 된다. 그래서 속는 것도 가짜다. 속지 말아야 한다. 너무 믿어서는 곤란하다.

속이기 위해서는 철두철미해야 한다. 모든 것을 꿰어 맞춰야 한다. 논리도 맞아야 한다. 그럴듯하게 해야 한다. 없는 것도 만들어서 해야 한다. 가짜도 동원해야 한다. 포장도 잘 해야 한다. 적어도 겉은 진짜보다 더 그럴듯하다. 포장을 잘 해서 그렇다. 온갖 지식을 총동원한다. 그렇게 해야 속는다. 속고 나서도 모른다. 정말로 철저하다.

속이는 것은 모두가 지식이다. 지식의 오판으로 속는다. 지식으로 속이고 속는다. 속이는 것도 지식이고 속는 것도 지식이다. 속이는 자는 아주 똑똑하다. 똑똑하지 못하면 속일 수 없다. 그렇지만 아무리 똑똑해도 가짜다. 속이는 것은 모두가 가짜다. 속는 것도 가짜인가? 모두가 가짜는 아니다. 반은 진짜이고 반은 가짜다. 진짜가 속는 것이 안타깝다. 속지 말아야 하는데 사람이 너무 좋아서 그렇다.

속는 방법이다. 욕심을 부린다. 욕심 부릴수록 시야가 좁아지고, 남에게 속기 쉽다. 욕심 많은 자는 표적 대상이다. 나만 생각하면 속기 쉽다. 남을 생각하면 시야가 넓어진다. 뭐든지 객관적으로 본다. 객관적으로 보면 보인다. 속는 것인지 보인다. 객관적으로 봐야 한다. 내 의견을 너무 주장하지 말아야 한다. 남의 의견도 존중할 줄 알아야 한다. 삼자 입장에서 보면 속는 것을 많이 줄일 수 있다. 에고가 완전히 사라지면 속는 일은 없다. 속아도 알면서 그냥 속아주는 것이다.

속이는 방법이다. 상대의 눈높이를 맞춘다. 상대의 궁금증을 자극시킨다. 그럴듯한 논리를 만든다. 상대의 약점을 자극시킨다. 상대의 강점도 부각시킨다. 그물망을 여기저기 펼쳐 놓는다. 어디서 걸려들지 모른다. 속이면 성공이다. 그렇지 않다. 인생 최고의 실패다. 완전한 가짜의 길이고, 인간 영혼은 완전히 소멸돼 갈 뿐이다.

3.62 분별의 고통 (2018.11.1.)

분별은 옳고 그름의 구분이다. 내가 쌓은 지식으로 분별한다. 그리고 그름에 대한 인정을 거부한다. 거부한 만큼 감정의 치우침이 작동한다. 그 감정이 작동하는 만큼 스트레스로 작동한다. 애써 쌓은 지식으로 스스로 스트레스를 받는다. 이것이 분별의 고통이다. 지식이 고정돼 있는 한 이 고통은 사라지지 않는다. 그래서 지식은 죽음이다. 부분에 머물러 전체를 망각하고 생명을 저버리기 때문이다.

분별의 고통은 아프다. 지식의 굴레에 머무는 한 이 고통은 사라지지 않는다. 온몸 구석구석 다양하게 쌓인다. 나도 모르게 쌓여간다. 보이지 않기 때문에 더욱 모른다. 그러나 분명하게 쌓여간다. 분별할 때는 존재를 벗어나게 되어있다. 이렇게 스스로 생명이 작동하지 않는 조건을 만든다. 분별로 생명이 멀어지게 한다. 그렇게 한 후 몸도 괴로워하고 마음도 괴로워한다.

지식의 훈습으로 분별의 고통은 벗어나기 쉽지 않다. 나도 모르게 순간적으로 분별한다. 분별로 존재의 망각과 생명의 저버림을 반복한다. 분별이 강한 자는 만사 이렇게 한다. 어느 것도 부정하려 한다. 수용을 모른다. 그렇게 하고 고통을 받는다. 반복해서 그렇게 한다. 구제불능이다. 지식의 분별은 이렇게 무섭다. 생명이 작동하지 않는 줄도 모른다. 인간의 생명은 동물성으로 채워진다.

분별은 전체를 망각하게 한다. 자연스럽게 생명의 접근을 차단한다. 분별하는 만큼 생명은 멀어진다. 인간의 생명이 사라진다. 인간의 생명이 사라진 자리는 동물의 생명으로 채워진다. 분별의 고통은 인성의 사라짐이다. 인성이 사라지면 인간으로 사망이다. 이렇게 인성은 중요하다. 인성은 인생의 모두다. 삶의 의미는 인성의 채움이다. 이는 지식의 초월에서 시작한다. 지식이 머무는 한 생명은 설 자리가 없다.

지식의 초월은 겸손이다. 잘나고 못남은 없다. 지식으로 잘남의 드러냄은 못남의 극치를 드러냄과 같다. 지식은 생명을 차단하기 때문이다. 인간의 생명이 사라지면 사람답지 못하다. 사고와 행동이 마치 동물과 같다. 이것은 분별의 고통이다. 지식으로 돈으로 지위로 명예로 분별할수록 고통은 심해진다. 인성은 사라지고 사라진 줄도 모르고 고통스러워한다. 이렇게 분별은 생명과 멀다.

3.63 내 뜻의 추구는 죽음이다 (2018.4.10.)

어느 것도 내 뜻대로 하는 것은 내 중심이 된다. 비교하고 분별하며 이익을 추구한다. 분별은 지식에서 비롯하고 부분에 머무르게 한다. 내가 있어 전체를 모르고 생명이 외면한다. 생명은 신이다. 생명의 존재로 몸의 조화를 이루는 것이 삶이다. 생명의 외면은 지식의 분별인 내 뜻에서 작동한다. 이는 존재를 벗어나 부조화 이루고 죽음에 이르게 한다.

내 뜻대로는 반드시 존재를 벗어난다. 내 이익을 추구하기 위해 지금여기를 떠나기 때문이다. 떠나는 순간 생명의 작동은 멈춘다. 생명은 항상 현재 존재하기 때문이다. 그리고 생명의 역할은 조화의 일이기 때문에 몸도 마음도 부조화 상태로 된다. 지속하면 틀림없이 아픔으로 나타나고 죽음을 재촉한다. 이때는 바로 내 뜻을 멈추고 지금여기 생명을 작동해야 한다.

내 뜻의 추구는 이기가 전제가 된다. 추구할수록 에고가 강해지고 분별심이 강해진다. 모두가 지식에서 비롯한 다. 이 상태에서는 생명의 접근은 요원하다. 허상을 추구하며 인생을 허비한다. 인생의 진수도 모르며 허무를 느낀다. 생명이 없기 때문이다. 이때는 삶이라 할 수 없으며 바로 죽음이다. 인생은 허무가 아니고 진수여야 하는 이유 여기 있다.

생명과 함께 하지 않는 지식은 죽음이다. 생명은 어느 것도 바라지 않는다. 그러나 지식은 무엇을 바란다. 내 뜻의 추구도 바라는 것이다. 바라는 것은 생명의 접근을 원천적으로 차단한다. 생명은 죽음이 없고 나머지는 반드시 죽음을 맞이한다. 지식도 죽음이고 내 뜻의 추구도 죽음이다. 그래서 어느 것도 생명과 함께 한다. 또 그렇게 해야 한다.

생명은 신이다. 신은 죽음이 없다. 어느 것도 바라지 않는다. 어느 것도 추구하지 않는다. 오직 조화의 일만 한다. 그러나 잡신은 모든 것 바라고 추구한다. 잡신은 결코 인간이 될 수 없다. 그래서 인간의 몸에 빌붙어 온갖 못된 짓 다하며 한풀이 한다. 내 뜻의 추구는 잡신의 역할과 똑같은 행위이다. 죽음이라 하는 이유이다.

3.64 경전도 지식으로 대하면 생명은 없다 (2018.7.8.)

경전은 깨달음의 실마리가 실려 있다. 생명의 글이고 진리로 가득하다. 그러나 아무리 뜻을 잘 알아도 지식으로 맞이하면 생명은 없다. 생명은 지식으로 이해하는 것은 불가능하다. 아무리 지식이 많아도 소용없다. 지식은 부분 중 부분에 불과하기 때문이다. 지식 모두 합해도 마찬가지다. 전체를 위해서는 지식은 초월되어야 한다. 경전도 이렇게 맞이해야 하고 그때 생명과 함께 한다.

지식의 초월은 분별하지 말라는 뜻이다. 그런데 지식은 분별이 속성이다. 분별로는 전체가 되지 못한다. 거기 생명은 없다. 그래서 지식은 죽음이다. 경전을 지식으로 맞이하면 분별하는 것이다. 분별하는 자체로 존재를 부정한다. 생명이 작동할 수 없다. 생명은 반드시 존재 찾아 활동한다. 존재 상태가 아니면 생명은 떠난다.

생명은 항상 전체를 아우른다. 존재 떠나면 전체에 이르지 못한다. 생명은 전체를 아우르며 존재 상태인 경우에만 조화 작용하는 것이 기본이다. 생명은 존재 벗어나는 경우까지 다스릴 겨를이 없다. 이는 우주의 기본 질서다. 경전은 이를 설명하고 있는 실마리이다. 그러나 경전도 지식으로 분별하면 존재 벗어나 생명은 작동하지 않는다.

경전의 요체는 어느 것도 분별하지 말고 생명과 함께 하라는 것이다. 생명은 있는 그대로 존재로 전체하나의 사랑으로 맞이할 때 약동한다. 그래서 이웃을 사랑하고 원수까지 사랑하라고 한다. 이것이 생명의 원리이다. 그런데 지식의 요체는 분별이다. 그러니까 지식으로 경전을 맞이하면 생명은 접근도 못한다. 분별을 없애는 방법은 내 뜻대로가 아니고 있는 그대로 맞이하는 것이다. 이것이 존재다.

지식은 존재를 부정한다. 분별하기 때문이다. 존재는 현재다. 분별은 제멋대로 한다. 분별하는 순간 존재를 무시하고 벗어난다. 생명의 작용 범위를 벗어난다. 그런 줄도 그럴 줄도 모르고 스스로 그렇게 제멋대로 한다. 지식이 이와 같은데 아무리 좋은 경전도 공염불에 불과하다. 생명이 작동하지 않는데도 최고라고 착각하고 교주 행세까지 서슴지 않는다. 여기 속고 속인다. 오직 잡신만 있을 뿐이다.

| 5부 있는 그대로 |

3.65 스트레스는 천벌이다 (2018.9.26.)

스트레스는 내가 받는다. 남이 주는 것이 아니다. 내 기준과 다른 만큼, 내가 받는다. 나는 옳고 상대는 그르다고 하는 만큼, 감정이 유발돼 받는 압력이다. 이는 반드시 존재를 벗어나, 생명이 작동하지 않게 한다. 생명의 조화 역할이 없으면, 스트레스는 사라지지 않고, 그대로 유지된다. 몸도 아프고, 마음도 아프다. 이는 천벌이다. 누가 고쳐 줄 수 있는 것이 아니다. 스스로 고쳐야 한다.

스트레스는 대부분 감정에서 유발된다. 이것은 내적인 것이고, 생명과 함께 하지 않는데서 나온다. 존재를 벗어나면 생명은 작동하지 않는다. 그리고 반드시 스트레스 받는다. 근심, 걱정, 미련 등 존재와 거리가 먼 일을 한다. 생명이 작동하지 않아, 각종 스트레스는 몸의 해당 부위를 지속적으로 압박한다. 급기야 몸은 변형되고, 아픔을 호소한다. 이것이 병이고, 내가 자초한 천벌이다.

스트레스는 다양한 외적 요인이 있다. 물리, 화학, 생물, 전자기 등 다양하다. 타격을 받는 것, 음식과 약물의 부작용, 균과 바이러스의 부작용, 전자기의 부조화 등 모두 스트레스다. 스트레스는 부조화의 유발이다. 부조화는 불안과 고통의 상태다. 삶은 스트레스 없어야 편안하다. 부조화 요소를 피해야 한다. 부조화는 생명이 작동하지 않은 데서 나온다. 인위가 대부분이고, 천벌이다.

부조화도 길게 보면 조화 과정이다. 부조화 과정은 죽음의 과정이다. 삶과 죽음은 하나다. 죽음이 있어야 삶이 있다. 그러나 삶은 조화 상태에 있어야 한다. 편안하기 때문이다. 몸도 마음도 편안한 상태다. 그렇지 못한 것은 모두 스트레스다. 내가 자초한 것이고, 죽음을 재촉할 뿐이다. 천벌이다. 누가 고쳐 줄 수 없다. 내가 고쳐야 한다. 스트레스 받지 않는 방법을 찾아야 한다.

스트레스 받지 않는 방법은 나에게 있다. 특별한 노하우가 있는 것이 아니다. 전체와 함께 있음이다. 모두가 필요한 존재이며, 한데 어울려 조화이루는 것이 존재의 이유다. 이를 부정하면, 생명이 작동하지 않는다. 이것이 천벌이다. 그러니까 너무 간단하다. 전체 속에 나의 역할을 하면 된다. 나의 역량을 찾아, 있는 그대로 조화이루는 것이, 진정 살아가는 것이다. 이것이 인생이다.

3.66 동일시는 스트레스 유발시킨다 (2022.5.15.)

동일시는 같게 본다. 맞이하는 모든 것과 같게 본다. 비물질도 포함하여 그렇게 본다. 지식, 돈, 지위, 명예 등으로 동일시한다. 동일시는 에고처럼 작동한다. 에고는 나를 기준으로 하며, 나를 가장 괴롭힌다. 스트레스 작동하기 때문이다. 스트레스는 내 기준과 다른 만큼 작동하는 부담이다. 동일시도 마찬가지다. 맞이하는 것을 나와 같게 하고,

모든 것과 맞선다. 그렇게 하고 스트레스 만든다.

대상을 맞이하는 방법과 결과는 조화다. 조화는 어울림이다. 있는 그대로 역할하며, 전체가 하나로 어울려 있는 것이 조화다. 여기 반하는 것이 부조화이고, 많은 부분이 동일시에서 비롯한다. 부조화는 전체를 이탈한 것이고, 동일시도 마찬가지다. 전체를 이탈하는 모든 것은, 스트레스 유발한다. 거기 생명이 없기 때문이다.

동일시는 살아가며 맞이하는 모든 것이라 해도 지나치지 않는다. 그래서 동일시 현상을 명확히 인식하여, 부작용을 줄여야 한다. 삶의 가치는 조화의 아름다움에서 나온다. 조화는 전체의 건강한 어울림이다. 동일시는 전체의 조화를 허무는 이탈을 부추긴다. 이는 스트레스를 유발하는 조건을 형성한다.

동일시는 지식의 에고를 강화한다. 에고는 스트레스 유발요소다. 스트레스는 궤도 이탈한 상태다. 동일시는 궤도를 이탈하게 한다. 인생의 궤도를 이탈하면, 모든 것을 비정상으로 바꿔 놓는다. 부조화로 에너지 수준이 낮아져, 거친 파장을 일으킨다. 이는 마음의 수준을 낮춘다.

슬픔이 내가 아니고, 괴로움이 내가 아니다. 내가 아니고, 제 삼자로 바라보면, 동일시에서 벗어난다. 자연스럽게 마음은 편안해진다. 스트레스 작동하지 않으니, 마음은 가볍다. 세상을 살아가며, 이런 일도 있고 저런 일도 있다. 동일시는 내 중심이고, 동일시 벗어날수록 전체 마음이 된다.

3.67 암도 몸을 보호하려 일한다 (2023.1.17.)

암은 세포 변형으로, 몸이 굳어지고 뭉쳐져, 나중에 정상 기능이 중지된다. 그러나 암 세포는 과중한 스트레스에 대응하여, 몸이 끝까지 견디려, 죽을 힘을 다해 일한다. 스트레스가 지속되면, 몸은 변형을 일으킨다. 이 변형은 몸의 물리, 화학, 생물 작용에 영향을 미친다. 나중에는 암의 도움에도, 몸은 견디지 못한다. 스트레스를 중지하면 몸의 변형은 중지하고, 원상으로 점점 회복한다. 암 세포의 역할은 사라지고, 몸은 편안해진다.

생명이 작동하면, 암은 활동을 중지한다. 마음의 균형을 찾았기 때문이다. 마음의 균형은 스트레스가 사라진 상태다. 마음은 몸을 지배한다. 마음이 온전하게 되면, 몸의 변형도 정상으로 회복된다. 마음이 균형을 잃는 것은, 내 마음 때문이다. 내 마음과 맞지 않는 만큼 부담으로 작동한다. 이 부담이 스트레스다. 암은 이 부담이 크면, 몸을 보호하려 작동한다. 암은 단지 몸을 보호하려 일을 할 뿐이다.

내 마음은 어떻게 형성되나? 배워서 굳어진다. 잘못 배운 것이 굳어지면 골치 아프다. 정신 못 차린다. 정신 나간다. 이는 부담이 너무 커서, 균형을 잃기 때문이다. 스트레스가 너무 크게 작동한다. 암 세포가 작동하여 몸을 보호하려 한다. 작동하지 않으면 우울증, 치매 등 다른 정신 질환에 시달린다. 나중에는 몸은 견디지 못하는 상태에 이른다.

마음이 커지면, 암이 할 일은 발생하지 않는다. 마음이 커진다는 의미는 나를 벗어나, 전체로 향하는 것을 말한다. 누구나 몸이 있는 물질의 상태에서는, 욕심이 작동한다. 이는 나를 향하는 마음이 지나침을 말한다. 다양한 형태의 스트레스가 작동한다. 지나치면 암 세포가 서서히 기지개를 펴기 시작한다. 살아가며 나만 생각하지 말고, 나를 중심으로 하지 않고, 배려하고 양보하며, 전체의 조화를 위할 때 마음의 균형을 찾아간다. 잠시 마음의 균형을 잃어도, 암 세포가 몸을 보호하려 일을 한다. 이를 알아차려 마음의 균형을 찾으면, 암 세포는 할 일이 사라진다. 암은 천사다.

3.68 죽었구나 (2023.1.18.)

암이다. 죽었다고 생각한다. 죽는다. 스스로 걱정하고, 두려움을 만들기 때문이다. 스트레스 가중시킨다. 암은 스트레스에 대응하기 위해 작동한다. 암의 활동을 촉진시킨다. 죽는다.

암이다. 어떻게 해서도, 살겠다고 욕심 부린다. 죽는다. 욕심 자체가 스트레스 유발한다. 약 먹어도, 수술해도 죽는다. 스트레스 버리지 않으면 죽는다. 약 먹어도, 수술해도, 스트레스 사라지면, 암은 스스로 물러난다.

암이다. 죽든지 살든지 상관없다. 마음 쓰지 않는다. 신경 쓰지 않는다. 산다. 더 이상 스트레스 만들지 않는다. 마음이 편해지면, 스트레스 서서히 사라진다. 이에 따라 암은 스스로 물러난다. 암이 할 일이 없어진다.

암이다. 모든 일 내려놓고, 산으로 간다. 사는 경우가 더 많다. 스트레스 더 만들지 않기 때문이다. 산에 간다고, 다 사는 것은 아니다. 마음 자세가 변했기 때문이다. 마음이 스트레스를 만들지 않기 때문에 산다.

암이다. 약도 먹지 않는다. 병원도 가지 않는다. 하는 일 더 열심히 한다. 마음을 불편하게 하는 일 피한다. 편하게 산다. 산다. 죽지 않는다. 더 이상 스트레스 유발하지 않기 때문이다. 스트레스 사라지기 때문이다.

스트레스는 내 마음에 부담되는 만큼 작동한다. 내 맘대로 하는 사람은, 스트레스가 높다. 암 세포가 몸을 살리려 들락날락한다. 그것도 모르고, 내 맘대로 내 주장만 고집하는 습관을 버리지 못하면, 암 세포의 도움에도, 몸은 변형을 거듭하며, 견디지 못한다. 내 마음을 죽이고, 상대의 눈높이에 맞추면, 내 마음의 부담은 발생하지 않는다. 스트레스는 사라진다. 일을 하든 하지 않든, 산에 가든 가지 않든, 아무 상관이 없다. 다만 내 마음을 얼마나 편안하게 할 것인가에 달려 있다. 걱정할 필요가 없다. 마음을 편히 하면, 암은 할 일이 없다. 몸도 편안하다.

3.69 열심히 하면 신도 함께한다 (2019.1.3.)

열심히 할 때는 연습의 연습을 거듭하며, 사랑의 상태로 있다. 이때는 생명이 약동한다. 신도 함께 한다. 어려운 일도 어렵지 않게 한다. 존재로 있기 때문이다. 생명과 함께하기 때문이다. 열심히 하는 자체가 존재와 함께한다. 이는 생명이 작동하는 조건이다. 생명은 못하는 것이 없다. 생명과 함께하는 의미는, 진정 인간으로 살고 있다는 증표다. 어느 일도 그 분야에서 전문가다. 직업의 귀천은 없다. 어느 일도 열심히 하면 신과 함께하게 된다.

열심히 하는 자체가 존재로 있음이다. 과거에 머무르거나, 미래에 가 있는 것은 존재가 아니다. 과거의 일에 미련과 아쉬움이 있거나, 미래의 일에 근심 걱정하는 것은, 존재를 떠나 있는 것이다. 열심히 하는 바탕을 잃은 것이고, 일의 효율은 떨어진다. 생명이 외면하기 때문에, 일도 서투르고 잘 되지 않는다. 생명을 외면하는 만큼, 인성은 사라진다. 생명은 하는 일이 전체를 위하기 때문에 바쁘다. 생명이 떠나면, 인성이 사라지면, 전체를 외면하고 개인만을 위한다.

개인만을 위해 아무리 열심히 해도, 그는 존재를 떠나 있는 것이고, 생명은 작동하지 않는다. 아무리 지식이 많아도, 인성이 사라지면, 개인만을 위한다. 이런 자는 조직에 도움이 되지 못한다. 오히려 조직의 일에 방해만 될 뿐이다. 전체를 외면하고, 생명이 작동하지 않기 때문이다. 신이 외면하기 때문이다. 조직의 분위기도 의견이 분산되어 협동을 방해한다. 열심히 하는 의미는 내가 없어야 한다. 비교없이, 분별없이 전체를 위해야 한다. 이때 신과 함께한다.

인간으로 태어난 의미는 크다. 누구나 인성이 가득한 상태로 태어난다. 인성은 생명이다. 생명은 신성이다. 인간의 삶의 의미는, 인성을 발휘하는 것이다. 그러나 나이가 들면서 지식의 오염에 노출돼, 인성이 점점 쇠락해 간다. 열심히 살지 못하기 때문이다. 열심히 살면 존재로 머물며, 인간은 성숙하여, 진정 신적 존재로 거듭난다. 누구나 가능한 일이다. 어느 일도 존재로 열심히 맞이하면, 의식은 한없이 깨어나게 되어 있다. 생명이 항상 함께하기 때문이다.

어느 일도 열심히 한다는 의미는, 전체를 위하는 데 둬야 한다. 전체는 생명이고, 부분은 지식이다. 전체는 인성 발휘이고, 부분은 인성 실종이다. 부분에 머무는 요인은 지식, 재산, 지위, 명예 등에 의한 분별이다. 이는 진리다. 우주의 원리다. 관찰을 거듭해도 틀림이 없다. 인성이 사라진 자는 아무리 똘똘해도, 사고와 행동이 마치 동물과 흡사하다. 그것은 지위 고하에 상관없이 나타난다. 이런 자는 신께서 철저하게 외면한다. 인간의 삶의 의미는 신과 함께함이다.

3.70 있는 그대로가 모두다 (2021.5.21.)

모든 것은 변화와 흐름 속에 변화 없음이다. 변화는 변화 없음으로 흐른다. 그 어느 변화도 흐름도 모든 것을 반영한다. 변화는 조화 과정이다. 조화는 전체의 안정된 어울림이다. 그것이 있는 그대로다. 이를 따르는 것이 자연의 이치고 순리다.

조화는 에너지 수준이 높은 안정된 상태다. 조화 이루면 편안하다. 파장이 고요하여 모든 것이 안정돼 있다. 조화는 주변을 편안하게 한다. 의식 수준이 높을수록 조화의 힘은 강해진다. 힘은 에너지 흐름이고 작동이다. 의식은 전체 인식의 정도다. 이는 있는 그대로의 바탕이다.

있는 그대로는 보이지 않는 것까지 포함한다. 보이는 것은 지극히 일부에 불과하다. 마음도 보이지 않고, 생각도 보이지 않는다. 마음은 에너지고, 생각은 힘이다. 있는 그대로는 마음과 생각이 포함돼 있다. 보이지 않는 아원자 수준의 물리학의 결과다.

모든 것은 원인과 결과가 있다. 있는 그대로는 결과의 상태다. 그것이 변화의 과정이든, 안정된 상태든 결과 상태다. 있는 그대로는 전체 눈으로 봐야 한다. 의식 수준이 높아질수록 있는 그대로 본다. 있는 그대로의 원인까지 들여다본다.

있는 그대로 보지 못하는 원인과 이유는 모두 나에게 있다. 있는 그대로는 전체와 함께 한다. 있는 그대로 보지 않는 것은, 내 맘대로가 원인이다. 내 맘대로는 그 어느 것도 전체를 이탈한다. 내가 스스로 전체를 이탈하는 것과 같다. 전체의 장소는 조화의 편안한 곳이고, 전체가 아닌 곳은 부조화의 불편한 곳이다.

내 맘대로는 내가 비교하고, 분별하고, 판단하는 것으로 한다. 그 어느 것도 존재를 떠나고, 전체를 이탈하여, 생명이 작동하는 것을 근원부터 차단한다. 이는 이치다. 그런데 그런 줄도 모르고, 습관적으로 내 맘대로 한다. 이익을 좇아 지식이 작동하기 때문이다.

있는 그대로는 모두 다 좋다. 존재하는 모든 것은, 생명이 조화롭게 만들어 놓은 것이다. 생명은 쉬지 않고 조화를 이루는 일을 한다. 이에 반해 있는 그대로가 아니고, 내 맘대로는 생명이 조성해 놓은 조화의 틀을 어긋나게 한다. 불균형이 조성되며, 그 불균형은 주변에 거친 파장으로 한없이 전파한다. 이처럼 어느 상황에서도 내 맘대로는 상황을 악화시킨다. 그리고 전체에서 이탈하고, 생명이 작동하는 영역을 벗어나, 홀로 방황한다.

생명은 항상 존재에 국한하여 작동한다. 생명이 작동하지 않으면, 내 맘대로 조성한 스트레스가 사라지지 않는 상태로 유지된다. 이는 시도 때도 없이 몸과 마음을 괴롭힌다. 이것이 바로 삶의 고통이다. 이 여파는 시공을 초월한다. 의식수준은 인간이하 수준으로 추락하게 된다. 아무리 어려운 상황을 맞이해도 있는 그대로가, 그 어려운 상황을 모면하는 최선의 길이다. 이 이치를 알면 다툴 필요가 없게 되고, 생명과 함께 하는 삶으로 거듭난다. 진정 살아가는 것이 되고, 또 살아있는 것이 된다.

내 맘대로는 다툼을 조장한다. 끝이 없는 투구로 인생을 허비한다. 인생은 있는 그대로 맞이할 때 빛이 난다. 여기 방해하는 것은 지식이다. 지식은 항상 존재를 부정한다. 나 혼자의 지식은 나를 스스로 거짓 울타리에 격리시킨다. 지식은 스스로 자기를 속이며, 전체를 외면한다. 지나치면 남을 속이기 시작한다. 이 자체로 항상 존재 떠나 있다. 생명이 나가 있다. 이는 걷잡을 수 없다. 스스로 그렇게 한다. 정말로 가관이다. 인성은 바닥을 친다. 사람이 아니라는 뜻이다. 그래서 지식은 죽음이라 하였다. 이는 있는 그대로와 정반대다. 여기 지식이 주연이고, 지위, 재산, 명예 등이 조연이다.

있는 그대로는 존재이고, 내 맘대로는 소유다. 존재는 생명이 작동하고, 소유는 생명의 작동이 멈춘다. 존재하는 이유가 생명 덕분이고, 생명의 맞이함도 존재다. 이것이 바로 있는 그대로다. 생명은 영원하다. 죽지 않는다. 시공을 초월한다. 반대로 내 맘대로는 존재도 무시하고, 생명도 무시한다. 생명이 작동하지 않는다. 죽음이다. 인간 이하수준의 삶을 살아간다. 이는 지위와 명예로 가릴 수 있는 것이 아니다. 내 맘대로는 제멋대로다. 도저히 전체와 함께 할 수가 없다. 이렇게 내 맘대로는 삶을 추하게 할 뿐이다.

반대로 있는 그대로는 삶을 아름답게 한다. 있는 그대로는 세상을 아름답게 조화를 이뤄놓은 상태다. 그를 있는 그대로 맞이하면 되는데, 배웠다고 내 맘대로 꾸미며, 뭔가 의도하면 할수록, 세상은 어지럽게 될 뿐이다. 많이 배웠다고 주장을 내세울수록, 더욱 그렇게 되기 쉽다. 배울수록 고개를 숙일 줄 알아야 한다. 세상의 이치를 알고, 세상의 아름다움을 알아야 한다. 그의 바탕이 바로 있는 그대로다.

있는 그대로는 사랑을 부르고, 내 맘대로는 사랑을 멀리한다. 사랑은 잘나고 못나고가 아니다. 자랑도 뽐냄도 없다. 오직 전체와 어울림만 남는다. 여기 사랑의 메아리는 빛이 난다. 치유의 힘이 나오고, 기쁨의 샘이 솟아난다. 서로 사랑해야 한다. 모두 사랑해야 한다. 이를 아가페 사랑이라 한다. 사랑은 인간 삶의 촉매제이고, 바탕이다. 이것이 모든 존재의 존재하는 이유다. 사랑이 사라지면, 네가 잘났다 내가 잘났다 하며, 다툼이 시작된다. 모든 것을 따지고, 분별한다. 여기 주동은 지식이다. 누구나 잘못 배우면, 이렇게 한다. 지위도, 명예도 거기 휘둘린다. 거기 매몰되면 인생은 끝이 없는 투쟁으로, 아수라장이 되어간다.

있는 그대로의 조화의 상태든, 내 맘대로의 어지럽힌 상태든, 그 여파와 파장은 흔적을 남기고, 영원히 기록된다. 그것은 시공을 초월한 모든 것의 우주정보가 되며, 이를 아카식 레코드라 한다. 의식이 깨어날수록 이 정보와 공유하는 바탕을 이룬다. 있는 그대로 맞이할수록, 의식은 깨어나게 되어 있다. 이는 우주의 이치가 되고, 이를 바탕으로 생명의 삶과 함께 진정 살아있는 삶을 영위하게 된다.

있는 그대로는 의식이 깨어나게 하며, 세상은 아름답고, 삶이 너무나 편하고, 모든 것이 아름답게 보이게 한다. 이것을 터득하는 것이, 진정한 공부이고 배움이다. 이처럼 있는 그대로는, 모두를 풍요롭게 하며, 인생을 빛이 나게 한다. 존재의 이유는 바로 여기 있으며, 이 상태에 이르면 삶은 축제의 장으로 거듭나게 된다. 살아있는 이유는 바로 여기에 있다. 모두 있는 그대로 맞이해야 한다. 똑같은 시공을 살아가며, 있는 그대로의 삶은, 질과 격이 고차원으로 변모한다. 모름지기 모두에게 있는 그대로가 인생의 답이다.

3.71 그게 그거다 (2018.11.2.)

그 것 안다는 것, 소중하고 중요하다. 그게 그런 것이란 것 알면 모든 것 알아간다. 이윽고 전체의 멋을 알게 된다. 거기 생명이 약동한다는 것 안다. 아는 것이 아니고, 그 묘함을 경험한다. 경험으로 믿지 않을 수 없다. 경험은 묘함과 함께 한다. 아무리 설명해도, 경험이 없으면 묘함을 믿으려 하지 않는다. 설명이 필요 없다. 묘함의 이해는 경험이다. 거기서 깨달음이 나온다. 묘함을 모르면, 깨달음은 없다. 그게 그 것이란 깨달음의 바탕이다.

그게 그건데 믿으려 하지 않는다. 별 것도 아닌데 별 것을 찾으려 한다. 없는데 찾으려 한다. 바보다. 바로 옆에 있는데 모른다. 항상 함께 하는데 모른다. 허황을 함께 하기 때문이다. 언제나 어느 것과도 함께 하고 있는데, 그런 줄도 모른다. 그것은 생명이다. 그것을 알면 편하고 행복하다. 아무 것도 아닌 것으로 행복하다. 돈도, 명예도 필요 없다. 얼마나 편한지 모른다. 그게 그거다.

돌고 돌아보면 그게 그런 줄 안다. 살아보면 그게 그런 줄 안다. 사는 게 별 거 아니다. 그게 그거다. 모두가 경험에서 나온다. 무엇이든 해봐야 안다. 해본 사람이 최고다. 경험에서 나온 것은 강하다. 그 강함은 전체를 아우른다. 그것은 생명이다. 생명은 못하는 것이 없다. 그게 그건데 별 것이 아닌 것이 아니다. 전체가 되니까 그렇다. 전체가 되면 완전하다. 그게 그 것이란 전체와 함께함이다.

살다보면 별 것을 다 겪는다. 거기 머무르면 거기 멈춘다. 머무름이 없으면 확산된다. 확산은 전체다. 시공을 초월한다. 몸도 마음도 전체와 함께한다. 이것은 우주의 원리다. 얼마나 편안한지 모른다. 전체와 함께함은 생명과 동체가 된다. 생명은 못하는 것이 없다. 그러면서 편안하다. 그런 줄도 모른다. 자연스럽게 그렇게 한다. 그게 그런 것이다. 거기 뭐라 따질 일이 없다. 그것이 바로 그거다.

이렇게 그렇게, 그게 그런 줄 알면, 인생은 즐겁다. 즐거움도 모르면, 인생은 잘 못 가고 있다고 보면 틀림없다. 그게 그 것이니, 어려울 것도 없다. 그냥 있는 그대로 바라보면 된다. 이것은 내가 없음이다. 내가 있으면 그게 그것이 안된다. 있는 그대로 볼 수가 없다. 내가 왜

곡시키기 때문이다. 그렇게 나는 나를 방해한다.

3.72 다짐하다 (2018.11.19.)

다짐하다는 마음을 가다듬는 것이다. 마음을 먹는 것이다. 스스로 약속을 하는 것이다. 끊임없이 다짐하고 다짐해야 한다. 존재의 마음으로 가다듬어야 한다. 존재는 분별없는 상태고, 손실 없는 으뜸이다. 나를 가장 위하는 바탕이다. 생명과 함께 하기 때문이다. 나를 가장 편안하게 하는 지름길이다. 마음을 가다듬고, 존재의 삶으로 맞이하겠다고 다짐한다. 쉬지 않고 다짐해야 한다.

마음은 쉬지 않고 움직인다. 마음대로 움직인다. 종잡을 수 없다. 지식과 함께 하면 그야말로 가관이다. 겉으로는 못하는 것이 없다. 그러나 속은 텅 비어있다. 요란할 따름이다. 하는 짓은 온갖 위선과 포장일 뿐이다. 부분만을 믿고 그렇게 한다. 마음을 다잡아야 한다. 존재를 찾아야 한다. 지식의 꺼풀을 걷어내야 한다. 속을 드러내야 한다. 생명의 빛을 발하도록 다짐해야 한다.

세상 일들은 아주 복잡하다. 서로 잘났다고 지식의 충돌에서 비롯한다. 모두가 허상만을 붙들고 부딪친다. 거기 생명은 없다. 속은 숨어있고 겉만 나서 있다. 절대로 속을 알 수가 없다. 그렇게 겉으로 나타나는 것은 지식의 허풍일 뿐이다. 거기 속고 속이는 아수라장의 연출일 뿐이다. 속의 생명으로 맞이해야 한다. 어느 대상도 생명으로 맞이해야 한다. 그렇게 다짐해야 한다.

존재에 머무는 방법은 수용이다. 존재는 전체와 함께 한다. 이때 생명은 온전하게 작동한다. 지식으로 분별하는 순간 존재를 벗어난다. 전체를 이탈하여 부분에 머무른다. 거기 생명은 없다. 이렇게 존재에 머무는 것은 소중하고 중요하다. 그게 인생이다. 나머지는 인생이 아니다. 인생의 꽃을 피우고 결실을 맺는 것은 소중하다. 단 한 번의 기회이기 때문이다. 생명과 온전한 하나가 되어야 한다. 이것은 전체여야 가능하다. 그렇게 다짐해야 한다.

존재로 살아야 한다. 열심히 살아야 한다. 존재를 벗어나면 열심히 사는 것이 아니다. 거기 생명이 없기 때문이다. 아무리 열심히 해도 생명이 없으면 인간의 생명은 끝이다. 인류에 도움이 되지 못한다. 오히려 하는 일이 모두가 부조화고 불균형만 조장한다. 혼자만을 생각하기 때문에 모든 것이 기운다. 다짐해야 한다. 존재로 맞이하는 삶을 다짐해야 한다. 지식을 쌓아도, 돈을 벌어도, 지위가 높아져도, 명예가 있어도, 모두가 전체를 위함이고, 존재로 맞이함이다. 그렇게 다짐해야 한다.

3.73 다 소중하다 (2018.11.20.)

세상에 존재하는 어느 것도 필요하지 않은 것이 없다. 꼭 필요에 의해서 존재하고 있다. 저마다 역할이 있다. 각자 그 역할을 하며 전체를 이룬다. 각자의 역할을 발휘할 때 전체는 온전하다. 전체는 생명이고 하나로 움직인다. 각자는 전체를 이루는 바탕이다. 그래서 모두 다 소중하다. 그렇게 봐야 너도 나도 맞이하는 대상 모두가 전체가 된다. 모두가 소중하고 소중하다.

몸 한구석 불편해도 전체가 불편하다. 그 하나가 전체에 영향을 미친다. 어느 하나도 조화와 균형에 영향을 미친다. 각자는 그렇게 소중하다. 전체에 영향을 미칠 수 있기 때문이다. 담장이 무너질 때도, 물꼬가 터질 때도, 어느 약한 부위 한 곳에서 시작한다. 그 약한 부분이 그렇게 소중하다. 소중하지 않은 부분이 없다. 모두가 소중하다.

사람도 사물도 함께 한다. 그렇게 함께 어울려 있게 되어 있다. 자연과 인간이 함께 어울려 있는 것이 조화다. 서로 잘났다고 분별하는 순간, 존재는 사라지고, 서로의 역할도 사라지고, 조화도 허물어진다. 거기 생명은 없다. 생명은 함께 할 때 작동한다. 우주의 원리다. 이렇게 우주는 모두가 소중하다. 그 소중한 존재가 한데 어울려 돌아가게 되어 있다. 이것이 순리다.

우주의 원리를 지식으로 밝히는 것은 불가능하다. 문명이 아무리 발달해도 소용없다. 우주의 원리는 전체의 소중함을 알 때 어렴풋이 알기 시작한다. 이것도 체득과 관찰이 없으면 불가능하다. 지식으로는 도저히 알 수 없는 일이다. 지식은 진실을 밝히는 도구가 결코 되지 못한다. 지식은 변명과 합리화의 도구일 뿐이다. 지식으로는 전체에 영원히 도달하지 못하는 것을 알면, 전체의 소중함을 알게 된다.

대개 지식이 높은 자는, 전체의 소중함을 알지 못한다. 항시 부분에 머물러 최고라고 착각하기 때문이다. 마치 우물 속에 앉아 세상이 넓다고 하는 것과 같다. 이렇게 지식은 자기만을 내세운다. 가랑잎도 밟으면 부스럭 소리를 낸다. 세상 어느 것도 존재감을 드러낸다. 그 존재와 함께 하는 소중함이, 생명과 함께 세상을 밝힐 수 있다. 지식의 우월감은, 그 길에 오직 방해로 작동할 뿐이다.

3.74 지켜야 하는 것 (2019.8.6.)

살아가며 지켜야 할 것 중에 첫째는 마음이다. 마음은 본래 청정무구의 순수 자체다. 그리고 순수 상태라 생명이 가득하다. 그러나 배워 익힌 지식으로 분별하며, 마음은 오염되고, 순수를 가린다. 순수가 가려진 만큼, 마음은 인간의 생명을 잃어, 신성을 발휘하지 못하고, 동물성인 욕심을 나타낸다. 이는 우주의 이치다. 진정 인간이려면 마음을 순수한 상태로 지켜야 한다.

몸을 지켜야 한다. 몸은 소중하다. 몸은 마음을 담는 그릇이다. 몸이 망가지면 마음도 온전하지 못하다. 마음이 몸을 떠나면 오염된다. 몸을 떠나는 의미는 존재를 외면하는 것과 같다. 마음은 오염된 만큼 생명의 작동을 멈추게 되는 것이 우주의 이치다. 진정 인간은 몸과 마음을 함께 하여 신성을 발휘한다. 인간의 몸은, 신이 거주하는 신전이다. 몸을 소중하게 지켜야 한다.

생명은 꼭 지켜야 한다. 생명은 영원하다. 생명은 전체로 존재하며, 못하는 일이 없다. 존재 상태로 전체의 조화를 이루는 일을 한다. 필요하면 창조의 일도 한다. 쓸데없는 일은 하지 않는다. 꼭 필요한 일만 한다. 따라서 존재하는 모든 것은 필요한 역할을 할 때 생명은 작동한다. 존재를 떠나 엉뚱한 일을 하면 생명은 작동을 멈춘다. 누구나 존재로 생명을 지켜야 한다.

존재는 바탕이다. 존재하는 모든 것이 활동하는 바탕이다. 존재를 벗어나면 생명은 활동을 중지한다. 살아도 살아있다 할 수 없다. 생명이 작동하지 않기 때문이다. 존재는 가장 편안한 자리다. 이를 무시하는 것은 손실이 너무 크다. 생명으로 살면서 생명 자체를 부정하니, 자기 스스로 자기를 부정하는 것과 같다. 세상에서 필요 없는 자로 스스로 인정하는 것이니, 존재는 꼭 지켜야 한다.

겸애는 겸손과 사랑이다. 겸손은 양보와 배려, 그리고 이해다. 이는 존재에 이르는 길이다. 그리고 사랑은 존재를 유지하게 한다. 구분이 없고, 분별이 사라지니, 존재를 유지하게 한다. 또 사랑은 전체가 하나가 되게 하는 길이다. 이 상태에 이르면 삶 자체가 생명으로 가득찬다. 이를 유지하면 인간은 누구도 깨달음의 경지에 이르며, 인생이 축제의 장으로 변모한다. 그래서 겸애는 누구도 지켜야 하는 덕목이다.

3.75 내려놓아야 (2018.11.4.)

내려놓는 것은 중요하다. 모든 것 내려놓아야 한다. 무거운 짐 내려놓아야 한다. 깃털까지 내려놓아야 한다. 이렇게 살아가야 한다. 다 필요 없다. 내려놓으면 얼마나 편안한지 모른다. 생명과 함께하기 때문이다. 내려놓지 못하는 만큼 인생은 버겁다. 돈도, 명예도 걸림이 되어서는 곤란하다. 걸림의 상태면 없느니만 못하다. 필요 없다는 것이 아니라 내려놓아야 한다는 뜻이다. 이는 모두와 함께 할 때이다.

내려놓아야 전체가 된다. 내려놓을 때 전체와 함께 한다. 이때 생명은 작동한다. 생명은 못하는 것이 없다. 누구나 생명으로 살아간다. 그렇게 살면서 그런 줄도 모른다. 내려놓지 못하는 만큼 생명은 위축된다. 모든 아픔은 여기서 나온다. 아픔도, 고통도 내려놓을 때 사라진다. 존재로 머물러 생명이 작동하기 때문이다. 그렇게 인생은 무르익어 간다. 인간으로 거듭나 성숙되어 간다. 이렇게 인생은 열매를 맺는다. 내려놓음은 인간 결실의 바탕이다.

내려놓는 것은 아무 것도 하지 말란 뜻이 아니다. 진정 삶으로 맞이하란 뜻이다. 이는 존재로 맞이함이다. 어긋나지 않는 삶을 말한다. 생명으로 살아가는 의미를 말한다. 이는 어느 일을 맞이해도 분별없는 집중을 말한다. 열심히 하란 뜻이다. 따지지 말고 주어진 일과 하나가 되란 뜻이다. 이렇게 내려놓는 것은 존재를 존중하고, 어느 일도 열중으로 맞이하는 바탕이 된다. 이것이 존재다. 존재는 생명의 텃밭이다.

내려놓음은 생명과 함께하는 시작이다. 이렇게 생명과 함께 하는 것이 중요하다. 생명은 전체인데 지식은 전체로의 접근을 방해한다. 내려놓지 못함은 지식의 찌꺼기가 남아 있음이다. 지식으로 분별하며 전체의 수용을 못하는 것은, 어리석고도 어리석은 일이다. 아무리 지식이 높아도 그것은 생명의 접근을 차단한다. 그런 줄도 모르지만 이것은 우주의 철칙이다. 분명하다. 이를 몸으로 느껴야 한다.

내려놓음은 좋고도 좋은 길이다. 이렇게 좋은 길을 외면하는 것은 지식 때문이다. 지식은 반드시 분별한다. 이는 전체에 이르지 못하는 바탕이다. 아무리 지식이 많아도 소용없다. 바탕을 마련할 수 없다. 기반이 조성되지 못한다. 이렇게 지식은 전체의 접근을 방해한다. 이는 생명을 작동하지 않게 한다. 내려놓으면 편안하다. 아무 분별이 없다. 있는 그대로 본다. 전체와 함께 한다.

3.76 변화와 적응 (2018.11.7.)

모든 것은 변화한다. 고정돼 있는 것은 없다. 변화하며 전체와 조화를 이룬다. 조화 이루는 과정이 적응이다. 적응하지 못하면 전체에서 이탈한다. 조화 이루지 못한다. 변화에 적응해야 한다. 이것이 살아가는 길이다. 있는 그대로 맞이해야 한다. 이때 생명은 작동한다. 어느 것을 맞이해도 적응해야 한다. 지식의 분별은 이를 방해한다. 옳다는 주장은 도움이 되지 못한다. 나 혼자만의 생각일 수 있기 때문이다. 어느 것도 수용하는 자세가 중요하다.

수용은 전체를 이룬다. 수용의 자세는 적응하는데 도움이 된다. 전체와 함께 하면 생명의 작동으로 조화를 찾아가기 때문이다. 안정을 찾고 고요 속에 맞이하는 어느 것과도 어울리며 사랑을 나눌 수 있다. 사랑은 하나가 되어 있는 상태다. 둘이 아니고 하나다. 분별할 일이 없다. 사람이든 일이든 함께 한다. 어울림의 미학은 편안함이다. 이는 생명의 도움이고 조화의 상태를 이룬다.

조화는 전체와 함께 한다. 생명이 하는 일이다. 어느 변화도 조화를 이뤄놓는다. 생명이 그렇게 한다. 변화에 적응하며 조화 이루는 일은 나 혼자 하는 것이 아니다. 반드시 생명과 함께 하게 되어 있다. 어느 일도 겸손하게 맞이해야 한다. 내가 잘나서 되는 일은 없다. 겸손하지 않으면 일을 그르친다. 존재를 떠나 생명이 작동하지 않기 때문이다. 지식의 오염을 막는 것은 오직 겸손뿐이다.

변화에 적응하지 못하는 것은 지식 때문이다. 지식으로 온갖 것을 분별하며 속으로 옳다는 주장만 한다. 그리고 불만을 가득 안고 스스로 전체에서 이탈한다. 여기 생명은 없다. 전체를 망각하고 부분에 머물러 있기 때문이다. 존재도 벗어나 있다. 하는 일이 지식으로 분별하며 존재를 벗어나는 일만 한다. 거기 생명은 아주 멀리 가 있다. 이것은 천벌이다. 이를 벗어나는 것도 오직 본인 밖에 없다. 그것은 겸손과 수용이다.

어느 변화에도 적응해야 한다. 변화하지 않는 것은 없기 때문이다. 어느 것과도 어울려 있는 상태가 전체와의 조화다. 이 세상 존재하는 어느 것도 필요하지 않은 것은 없다. 이 모두와 어울려 있는 것이 조화다. 이는 생명이 하는 일이고, 이를 따르면 생명과 동업하는 길이다. 이렇게 살아가는 길이 인생이고 누구나 따라야 할 길이다. 변화에 적응하는 자체가 바로 생명이다.

3.77 풍요 속의 빈곤 (2018.5.28.)

풍요는 많고 넘치고 남는 것을 말한다. 먹는 것도 입는 것도 넘치고 남는다. 아는 것도 많다. 너무 많이 안다. 풍요이다. 그런데 무엇을 해도 기쁘지 않다. 즐겁지도 않다. 먹어도 입어도 만족하지 못한다. 편안하지 못하다. 불안하다. 삶의 의미를 모른다. 생명이 멀어져 간다. 생명이 위축된다. 문명 발달로 물질은 풍요하지만 정신은 메말라 간다. 이것이 풍요 속의 빈곤이다.

무엇을 해도 재미없다. 살아 있어도 죽은 것과 같다. 그 무엇 바라지만 거기 바라는 것 없다. 누구나 이미 내면에 그 무엇 갖추고 있는데 외곽에서 추구하고 찾는다. 오직 본인의 영화를 위해 그렇게 한다. 무릇 인간의 행위는 거짓이다. 거기 사랑도 없고 생명도 없다. 물질이 아무리 풍족해도 생명은 부족하다. 잘못하면 기계의 노예가 된다. 풍요 속의 빈곤에서 오는 폐단이다.

세상은 꼭 필요한 존재로 가득하다. 인간이 만든 것이 아니고 자연이 만든 것을 말함이다. 이렇게 자연은 절묘하게 조화 이뤄놓는다. 그런데 인간이 문명이라는 미명으로 자연을 부자유스럽게 한다. 아무리 물질이 많아도 만족을 모른다. 마음이 편안하지 못하다. 재미가 없다. 기쁨도 없다. 의지도 박약해진다. 풍요하지만 가난하다.

아무리 과학이 발달해도 생명은 모른다. 지식으로는 영원히 알 수 없는 신비이기 때문이다. 과학은 끝없는 분별을 거듭한다. 지식은 분별이 기본이다. 생명은 분별로는 접근이 차단된다. 따라서 지식으로 문명이 발달할수록 생명은 오히려 위축되어 간다. 풍요 속의 빈곤이다. 지식의 세상에서 생명은 더욱 중요하다. 풍요 속의 빈곤을 퇴치하는 유일한 길이기 때문이다.

문명은 지식의 산물이다. 아무리 지식이 발달하고 산업이 발전해도 부분에 지나지 않는다. 전체를 포함하지 않는 한 생명은 작동하지 않는다. 생명이 외면하면 풍요는 없다. 항시 불안하고 인간의 모습은 없다. 의지도 사라지고 쓸데없는 일만 거듭한다. 그리고 불만에 휩쌓여 생명의 빈곤을 겪는다. 여기 자유는 없다. 지식의 노예로 살아간다. 아무리 지식이 많고 돈이 많아도 빈곤은 사라지지 않는다.

3.78 텅 빈 곳 (2018.1.11.)

텅 빈 곳은 아무것도 없는 것이 아니다. 보이지 않지만 무한한 가능성이 가득 차 있다. 생명이 가득하고 신이 가득하다. 항시 존재하고 조화의 상태에 있으며 조화의 일을 한다. 여기에 인위로 혼자만을 위하면 조화 상태를 이탈하여 부자연으로 부조화로 불안을 조장하고 분위기가 흐려진다.

분위기는 주변의 기운을 말하며 좋은 기운과 나쁜 기운이 있다. 기운은 기의 움직임으로 주변으로 전파한다. 좋은 기운은 조화의 기운이고 생명을 약동시킨다. 나쁜 기운은 부조화의 기운이고 생명을 위축시킨다. 텅 빈 곳은 좋은 기운으로 가득 차 있다. 마음도 비어 있어야 생명이 가득하다.

마음이 욕심으로 가득하면 그만큼 생명이 들어갈 자리가 없다. 마음은 의식수준에 따라 비어있는 정도가 다르다. 깨어있는 자는 마음이 텅 빈 곳이다. 따라서 무엇이든지 모두 수용한다. 그리고 못하는 것이 없다. 완전히 깨어난 자는 마음이 곧 신이다. 이 때 생명과 함께 불가능이 없게 된다.

마음이 지식으로 가득차면 신성이 들어갈 텅 빈 곳은 사라진다. 신비가 전체인데 전체를 잃은 것과 같다. 그래서 지식은 죽움이라 했다. 지식이 최고란 착각으로 어느 것도 받아들이지 못한다. 그리고 받아들이지 못하는 만큼 스트레스 받고 생명은 위축되고 부조화 상태를 맞이한다.

인간의 참모습은 모두 어울려 조화롭게 사는 것이다. 어울리지 못하는 것은 혼자 사는 것이다. 마음의 텅 빈 곳이 없어 끝없는 분별로 어느 것도 배격한다. 그래서 혼자이다. 분별의 으뜸은 지식이다. 생명은 공부 잘하고 못하고를 떠난다. 모두를 위하냐 나만을 위하냐에 달려있다.

3.79 영감 (2022.4.10.)

영감은 영적 느낌이다. 물질을 초월하여 비물질 세계 까지 포함한다. 영감은 전체의 느낌이다. 전체와의 교감은 조화다. 조화는 어울림이고 안정이다. 그 자체로 아름다움을 연출한다. 자연의 아름다움은 모두가 그런 것이다. 있는 그대로는 자연이다. 그 속에 영감이 있다.

내 맘대로는 지식에서 나오며 영감이 없다. 지식으로는 절대로 영감이 떠오르지 않는다. 영감은 전체 바탕이고 지식은 부분이다. 부분으로 전체를 말하는 것은 손으로 하늘을 가리는 것과 같다. 지식의 오만을 버릴 때 비로소 전체를 향하기 시작하고 영감이 떠오르기 시작한다.

지식을 쌓는 이유는 편의를 도모하는 데 있다. 지식을 그 이상 활용하는 것은 세상을 어지럽게 할 뿐이다. 지식의 속성은 부분의 추구다. 부분은 거짓 기반이고 전체는 진실 기반이다. 거짓은 에너지 수준이 최저이고 그 파장은 거칠다. 부분에 머무는 지식의 허물을 벗는 방법은 오직 겸손과 수용이다.

영감은 전체의 진실 기반에서 나온다. 거짓으로는 영감은 느낄 수가 없다. 영감은 생명과의 교감이다. 정보의 추출, 에너지 구동, 조화 작용 등은 생명의 역할이다. 생각만으로 생명과 교류하며 영감을 일상으로 맞이하는 삶은 행복을 보장한다. 이 자체로 의식은 한없이 깨어난다.

영감은 의식과 함께 한다. 의식은 앎을 말한다. 전체를 알아가는 것이 의식의 깨어남이고 이는 누가 가르쳐 주는 대상이 아니다. 깨어남은 조건이 성숙되어 스스로 체득되는 것이다. 체득되지 않으면 말로서는 이해할 수 없기 때문이다. 의식이 깨어날수록 영감을 생활화한다. 영감은 내 맘대로가 아니고 있는 그대로 자유로움에서 나온다.

3.80 말의 힘 (2018.1.8.)

말은 파장의 전달이고, 가슴을 울리는 것이 말의 힘이며, 말은 지식에 근거한 분별의 논리를 바탕으로 하기 때문에, 끝없는 논쟁의 소용돌이를 벗어나지 못하는 것이 한계이고, 심금을 울리는 것은 말이 없는 침묵이 무엇보다 강하다는 것을 인식할 필요가 있다.

말은 겉과 속이 있으며, 속이 차 있지 않으면 겉으로 아무리 포장을 잘해도 속이 비어 있어 전체를 나타내는 것은 불가능하지만, 속이 차 있으면 겉으로 조금만 표현해도 가슴을 울리게 하는 묘한 힘이 있는 것은, 속이 차야 전체가 되고 그 속에 진리와 생명이 깃들어 있기 때문이다.

진정 말의 힘은 생명이 깃들어 있어야 하고, 소리 없는 속삭임이고 최고의 힘은 침묵의 언어라 할 수 있으며, 말이 없어도 전파되는 놀라운 힘이 있으며, 언제 어디서 무슨 일을 맞이해도 잔잔한 고요의 파장으로 심금을 울리며 몸과 마음을 편안하게 하는 힘이, 바로 생명의 힘이다.

의식이 깨어나지 않으면 속이 비어 있으며, 아무리 똑똑하고 요란해도 그의 말은 속 빈 강정일 뿐 영혼 없는 메아리만 흘러 나오는데, 그 이유는 의식의 깨어남은 내가 없이 모두 받아들여 전체진리의 생명이 깃들어 있기 때문이고, 조용하고 말이 없는 생명의 말은 진리의 말이기 때문이다.

말은 분별하는데 사용하면 이기심이 작동하고 생명이 위축되고 의식의 깨어남은 멀어지지만, 진리를 표현하는데 사용하면 모두 위하는 것이고 전체를 포용하여 생명이 약동하고 의식의 깨어남을 수반하는 이치가 있어, 말의 힘은 분별없이 전체 위할 때 발휘한다고 할 수 있다.

3.81 동조 현상 (2023.1.17.)

동조는 같이 운다, 울린다는 뜻이다. 둘 이상 전체까지 함께 울림이 있으면 동조된 것이다. 동조는 같아야 된다. 같지 않으면 관심이 없으면 울지 않는다. 눈물이 나오지 않는다. 동조는 함께하는 물리, 힘을 말한다. 동조는 파장, 파동의 감응이다.

파동은 에너지 흐름, 전파이다. 에너지는 정보가 실린다. 파동 속에 모든 정보가 실린다. 파동은 크기도 하고, 작기도 하고, 거칠기도 하고, 고요하기도 하다. 파동은 눈에 보이지 않는다. 파동의 전파는 시공을 초월한다. 아픔은 아픔을 전파한다. 파동을 타고 전파한다. 파동은 쉼이 없다.

편안함은 편안함을 전파한다. 편안함은 조화로운 상태서 나온다. 마음도 편안하고 몸도 편안하다. 파동은 고요하다. 고요한 파동은 시공을 초월하여 동조한다. 마음은 에너지다. 편안한 마음은 에너지 수준이 높다. 몸과 마음은 연결돼 있다.

파동의 매개체는 생각이다. 동조의 원인은 생각이다. 부모의 생각은 자식에게 전파한다. 말하지 않아도 파동으로 전파한다. 부모의 에너지 상태가 생각으로 자식에게 전파한다. 전파는 부모 자식의 관계에 머무는 것이 아니다. 생각이 미치는 곳으로 동조현상이 일어난다.

동조는 비슷한 상태의 부분에 쉽게 일어난다. 끼리끼리 뭉쳐 일어난다. 시공을 초월하여 일어난다. 에너지 수준이 높은 상태는 면역이 높다. 다양한 파장에 몸이 견디는 힘이 면역력이다.

물이 든다. 박자를 맞주치면 동조현상이 일어난다. 분별력은 박자를 맞추는 기준이다. 분별력 수준에 따라 동조 현상이 일어나 끼리끼리 뭉친다. 유유상종이다.

3.82 동화의 의미 (2020.6.16.)

동화는 서로 같게 된다는 뜻인데 그 의미는 아주 크다. 서로 에고가 사라진 상태이면 하나가 된 사랑의 상태이면 그 힘은 무한대다. 전체 하나의 힘이기 때문이다. 생명의 힘이 작동하기 때문이다. 이 상태가 되면 주변의 부조화 상태를 조화 상태로 동화시키는 힘이 있다. 즉 스트레스가 사라지게 하는 힘이 있다. 이것이 진정한 동화의 의미다.

에고가 가득 차면 분별심이 강해지며 파장은 거칠다. 항시 스트레스 쌓여 있고 아프고 그 아픈 기운을 주변으로 전파시킨다. 여기 견디는 힘이 없으면 바로 동화되어 아픔을 전수 받는다. 보이지 않고 알기 어렵지만 분명하게 작동하는 현상이다. 이는 물리 현상이다. 물건도 사람도 마찬가지다.

동화는 개인으로도 집단으로도 작동한다. 묘하고도 묘하지만 현상이고 물리다. 경험으로만 이해하고 인정할 뿐이다. 이치를 경험이 아니고는 이해하기 어렵다는 뜻이다. 세상은 그렇게 돌아간다. 동화는 상태 따라 그 상태를 따라간다. 그 상태를 어떤 수준으로 하느냐가 관건이다. 불안한 상태냐 편안한 상태냐 그것을 선택하라.

동화의 이치를 알아야 한다. 그 여파는 아주 크다. 마치 전염병이 돌듯 퍼진다. 좋은 기운도 나쁜 기운도 그렇다. 나쁜 기운에 동화되는 것은 피해야 한다. 불안하고 아프기 때문이다. 그 방법은 생명과 함께 하는데 있다. 생명은 조화의 기능이 있기 때문이다. 조화는 존재하는 모든 존재의 어울림이다. 바로 전체를 말한다.

지식, 재산, 지위, 명예 등이 걸림돌로 작동하면 인생은 괴롭다. 전체진리를 망각하고 부분오류에 빠져 스트레스 받기 때문이다. 이런 자는 겉과 속이 다르고 속을 감추느라 항상 파장이 거칠다. 주변으로 아주 나쁜 파장을 전파시켜 아프게 한다. 나도 모르게 여기 동화되면 너무 슬프다. 그런데 눈에 보이지 않는 현상이고 경계해야 한다.

3.83 경쟁 없는 사회 (2018.8.13.)

경쟁은 잘하기 위한 다툼으로 항상 비교하고 분별한다. 여기 비교와 분별이 문제다. 항상 전체를 버리고 부분에 머물기 때문이다. 그럴수록 생명은 조화의 작동을 멈춘다. 분별하는 순간 지금여기 존재를 벗어나 생명을 외면한다. 부조화로 안정을 잃고 손실이 발생한다. 손실을 없애기 위해 경쟁이 없어야 한다. 경쟁 없는 사회는 서로 돕고 사랑이 가득하여 효율 최대로 나타난다.

가정에서 이해와 사랑의 방법을 가르쳐야 한다. 전체를 수용하고 진리의 구현을 알아야 한다. 평등을 가르치고 존재로 맞이하며 생명으로 살아가는 길을 익혀야 한다. 이는 인간으로 살아가는 기본이고 밑바탕이다. 여기 비교 경쟁은 이해도 없고 사랑도 멀리 하며 화목을 저해한다. 이렇게 가정교육은 중요하다. 이를 자연스럽게 몸에 체화시키기 위해 경쟁은 없어야 한다.

학교에서 경쟁은 오히려 학습 효과를 저해한다. 깊게 공부하지 않고 겉으로 하기 쉽다. 필요에 따라 공부하며 속을 다지는 기회를 경쟁으로 살리지 못한다. 비교와 분별을 조장하고 사랑과 진실을 멀리한다. 지금여기 존재를 망각하고 생명을 멀리한다. 인성이 사라지고 협동을 모르게 한다. 교육은 지식의 가르침과 인성의 함양인데 경쟁은 인성을 말살한다. 경쟁 없는 교육 필요하다.

직장에서 경쟁은 협동을 저해한다. 직장의 일은 혼자서 되는 일이 없다. 협력이 생명이다. 여기서 경쟁은 이 모든 것 방해한다. 반드시 부분에 머무르고 전체를 망각한다. 구성원이 인성이 낮은 자는 항시 분별하며 부분에 머물러 협조가 되지 않는다. 반대로 인성이 높은 자들은 어느 일도 수용하며 일이 잘 된다. 경쟁은 분별을 부추겨 전체 생명을 무시한다. 경쟁 없는 직장 필요하다.

경쟁하지 말라는 뜻은 열심히 하지 말라는 뜻이 결코 아니다. 최고로 열심히 하란 뜻이다. 편을 가르지 말고 주어진 일을 열심히 하란 뜻이다. 이의 바탕은 내 뜻대로가 아니고 있는 그대로 하늘의 뜻대로 지금여기 존재로 맞이하며 전체하나의 사랑으로 진리를 구현하는 길이다. 경쟁 없는 사회는 이렇게 생명과 함께 누구나 함께 걸어야 할 길이다.

3.84 혼돈과 끌어당김 (2022.1.8.)

혼돈은 뒤섞여있는 상태다. 여러 수준의 상태가 섞여 있다. 모든 물질은 입자로 구성된다. 입자는 쉬지 않고 움직인다. 그 움직임은 파동이다. 수많은 입자가 파동으로 움직인다. 파동의 구동은 생각이다. 생각으로 모든 입자가 파동으로 움직인다. 파동은 시공을 초월한다. 이것이 혼돈이다. 얼마나 뒤섞여 있는지 모른다. 상상할 수 있는 모든 것이다.

모든 입자는 에너지를 갖고 있다. 에너지는 힘의 근원이다. 힘은 에너지를 전파한다. 힘은 물질을 움직이게 한다. 물질의 구성요소가 움직인다. 움직이는 양상이 에너지에 따른다. 에너지 수준은 마음수준에 따른다. 마음은 생각의 원천이다. 생각에 따라 에너지가 전파된다. 생각이 미치는 곳으로 에너지가 전파된다.

에너지 수준이 같은 쪽으로 뭉친다. 이를 끌어당김이라 한다. 끌어당김은 에너지 수준을 말한다. 에너지 수준이 낮으면 낮은 에너지를 끌어당긴다. 높으면 높은 에너지를 끌어당긴다. 끌어당김이 생각으로 작동한다. 에너지 수준을 높이는 것이 관건이다. 높은 상태는 정화물질이, 낮은 상태는 오염물질이 전파되는 것과 같다. 스트레스가 전파되는 것도 이와 같다.

에너지 수준은 마음먹기에 따른다. 에너지 수준이 비슷한 방향으로 끌어당김이 작동한다. 마음이 비슷한 사람끼리 뭉친다. 유유상종이다. 이를 내면으로 보면 마음에 정화물질을 쌓아놓으면 정화작용이 일어나고, 오염물질을 쌓아놓으면 오염작용이 일어난다. 이 작용은 혼돈 속에 질서를 유지하는 것으로 보며, 시공을 초월하는 모든 것이 마음에 달려있다.

| 6부 세상의 이치대로 |

3.85 겸손해야 하는 이유 (2019.8.15.)

겸손은 자신을 낮추고, 상대를 존중하는 마음자세다. 겸손한 자는 점잖고, 이해와 배려의 마음이 강하다. 부분에 머무르지 않고, 전체에 이르는 덕목이다. 배울수록 겸손해야 한다. 배워 지식이 쌓이면 안다고 우쭐하고, 심하면 최고라 착각하는 위험에 노출되기 때문이다. 거기 빠지면 즉 지식의 달콤함에 빠지면, 넓은 세상을 보지 못하는 우물 안의 개구리처럼, 부분 울타리에 갇힌다. 겸손하면 부분 울타리는 없다.

부분으로 사는 삶은 손실이 크다. 전체를 보지 못하면 피해가 크다. 겸손하지 못하는 것이 큰 원인이다. 생명이 작동하지 않기 때문이다. 이때는 스트레스 받은 상태로 머물러 있다. 스트레스는 부조화 상태다. 생명의 역할은 조화 작용인데 생명을 멀리하면, 스트레스가 그대로 머물러 있다. 그뿐만이 아니다. 스트레스가 지속되면, 몸도 변형되고, 마음도 불안해진다. 이렇게 겸손은 중요하다.

겸손하지 못한 자는 최고인 줄 착각에 사로잡혀 있다. 그런데 그런 자는 결코 최고가 되지 못한다. 아무리 지식이 많아도, 아무리 지위가 높아도, 아무리 재산이 많아도 아무리 명예가 높아도, 최고가 되지 못한다. 최고는 생명과 함께 할 때 이르는 고지다. 생명은 전체이고 진리다. 지식, 재산, 지위, 명예 따위가 결코 생명에 대적할 수는 없다. 겸손은 생명으로 안내한다.

겸손은 사랑을 낳는다. 사랑은 분별없음이다. 분별이 있는 한, 사랑은 요원하다. 사랑은 언제나 고요하고 평화롭다. 겸손하지 않으면, 사랑은 없다. 겸손과 사랑은 함께 있다. 이를 겸애라 한다. 겸애의 이유는 전체를 위함이고, 공존의 바탕이다. 여기 나를 내세울 필요 없다. 오직 그 속에 함께하고 있을 뿐이다. 이 전체와 함께 하나가 되는 토대는 겸손에서 나온다.

겸손하지 못하면 잃는 것이 많다. 아무리 많은 것을 취해도, 이는 손실이다. 주변을 불편하게 하고, 멀어지게 하는 요인이 되기 때문이다. 세상은 넓고도 넓다. 이 넓은 세상을 홀로 사는 것은 너무나 외롭다. 에고가 강하면 겸손하지 못하고, 자기 주장이 강하다. 그럴수록 존재를 벗어나고, 생명의 작동을 방해한다. 생명은 못하는 것이 없다. 멀리할수록 손해다. 그래서 겸손해야 한다.

3.86 왜 공부하나 (2021.2.2.)

보통 사람 부와 명예를 위해서 공부한다. 높은 자리 차지하고, 그 자리 앉으려 공부한다. 이런 것들은 가장 수준이 낮다. 수준이 높은 것은 무엇인가? 공부한다고 하는데 지식을 채우려 한다. 그런데 지식은 바닷가 모래알 정도로 작다는 것을 알아야 한다. 나머지는 생명이라 하는데, 크고 넓어 계량이 안된다. 살아가는 동안 지식을 채우는 데는 한계가 있다. 지식에 머물수록 인간의 그릇은 더욱 작아진다. 그것을 뛰어 넘어야 한다. 이를 지식의 초월이라 한다. 쉽지 않다. 지식으로 고정돼 있기 때문이다.

지식은 생명에 도달하는 데 방해된다. 학교서 배우는 것은 지식에 머문다. 생명을 학교서 배울 수는 없다. 그것은 지식과 비교할 바가 아니다. 백만 천만배 정도로 비교해야 한다. 그러니까 지식으로 비교하지 말란 얘기다. 그런데 하지 말라고 하면 보통 사람은 더한다. 그게 지식의 유혹이다. 이에 대한 이치를 표현하고자 한다. 말을 더하는 것은 내가 옳다고 표현하는 것이다. 보통 공부하면 그렇게 한다. 이를 분별이라 하는데 지식에서 나온다. 그래서 지식은 죽음이라고 했다.

지식이 아닌 것은 생명이다. 그런데 생명 덕분으로 태어나고 살면서, 한 번도 생명에게 고맙다고 하지 않으며, 제가 배웠다고 지식을 뽐내며 살아간다. 정말로 싸가지가 없는데, 그런 줄도 모른다. 그 싸가지를 알아가는 게 공부다. 그것은 생명과 함께하는 길이다. 함께할수록 인간의 그릇은 생명만큼 한없이 커진다. 이것이 공부다.

공부하지 않으면 무조건 손해다. 지식을 초월한 공부를 해야 한다. 있는 그대로 조화 역할을 하며, 못하는 것이 없다. 그러면서 뽐내지도 않는다. 결코 드러내는 일이 없다. 이것이 생명이다. 그래서 생명과 함께하는 조건은, 생명의 역할과 같게 해야 한다. 이는 지식에 얽매임을 풀고, 존재의 자유를 누려야 한다. 어느 일도 맡은 바, 있는 그대로 즐겁게 기쁨으로 맞이하는 데 있다. 그럴 때 두려움도 아쉬움도 사라진다.

얼마나 편안한지 모른다. 그러면서 일도 잘된다. 일이 잘될 수밖에 없다. 걱정없이 일을 하니까 그렇다. 이것이 생명의 힘이다. 그런데 여기서 지식이 나서면, 걱정하고 눈치보고 비교하고 분별하느라, 일을 태만히 한다. 이를 구속이라 한다. 그렇게 하고 스트레스까지 받는다. 공부를 잘못하면 그렇게 된다. 진정 공부는 편안함인데, 이는 열심히 일하고 난 후 편안함을, 일하면서도 계속 누리는 것이다.

공부는 생명을 알아가는 것인데, 그 끝은 없다. 이는 말로 설명할 수 있는 것이 못된다. 다만 존재 떠나면, 생명은 멀어진다. 지식은 존재 떠나게 한다. 열심히 지식을 쌓아도, 나를 중심으로 분별하지 말아야 한다. 전체 조화를 위해, 분별해야 한다. 이는 생명의 역할이다. 이는 공부를 해야지, 몸으로 알 수 있는 것이다. 그것이 생명이다.

3.87 뭐를 가르쳐야 하나 (2018.5.15.)

뭐를 가르쳐야 하나? 혼자서 살아가는 방법과 어울려 살아가는 방법을 알려줘야 한다. 스스로 하는 방법과, 협력하는 방법을 알려줘야 한다. 지식도 알려주고, 생명도 알려줘야 한다. 삶과 죽음, 인생, 가족, 사회, 국가, 인류, 자연, 여기 내가 지금, 존재로 어울려 있다. 어떻게 해야 하나? 무엇을 해야 하나? 왜 해야 하나? 누구를 위해 하나? 존재하고 있나? 조화 이루고 있는가? 행복한가? 기쁜가?

존재를 알아야 한다. 뭐 하고 있나? 공부하고 있나? 일하고 있나? 쉬고 있나? 놀고 있나? 비교하고 있나? 구분하고 있나? 평가하고 있나? 이해하고 있나? 방황하고 있나? 어디 갔나? 여기 있나? 보고 있나? 듣고 있나? 편안한가? 불안한가? 자유로운가? 구속되어 있나? 불만 있나? 뭐를 하든 지금여기 존재 벗어나면, 일이 중지된 상태다. 방황하며 불만 쌓고, 구속되어 간다. 여기 생명은 없고, 인생은 노예가 되어 가는 이치 알아야 한다.

조화를 알아야 한다. 조화는 전체의 어울림이다. 존재하는 모든 것은 꼭 필요하다. 잘하고 못하고도 없다. 하면 된다. 뭐고 할 때는 존재 상태에 있다. 반대로 뭐 할지 갈피 잡지 못하면 존재 벗어난다. 존재 바탕에서 조화 이루고, 존재 벗어나면 부조화다. 또 조화는 전체 받아들여 수용해야 한다. 여기 생명은 약동한다. 이것이 어울림이고 균형 있는 삶의 기본이다.

생명을 알아야 한다. 생명은 존재에서 작동하고, 조화의 일을 한다. 이 상태에서는 사랑이 가득하다. 이는 우주의 기본 원리이다. 이 원리를 명확히 알아야 한다. 생명은 못하는 것이 없다. 생명과 함께 할 때는 마음도 몸도 그렇게 편안할 수 없다. 그리고 주변이 모두 편안하다. 좋은 향기가 나오기 때문이다. 그래서 존재 찾고, 조화 이야기 한다. 이것이 세상 살아가는 방법이다.

살아가는 의미를 알아야 한다. 누구나 생명은 하늘로부터 부여받는다. 모두가 하늘의 자식이고, 모두가 형제이다. 이 세상 살아가는 의미는, 하늘의 뜻이 담겨 있다. 이렇게 인간으로 산다는 의미는 크다. 내 뜻대로가 아니고 하늘의 뜻대로 하늘의 뜻을 펼쳐야 한다. 그것은 소유가 아니고 존재이다. 이는 무위의 실천이고, 자유로운 영혼이고, 누구보다 나를 가장 위하는 길이다.

3.88 최고의 선생은 나다 (2019.10.5.)

세상 살아가며 많이 배운다. 배우고 또 배워도 부족하다. 가르쳐 주는 자, 모두 선생이다. 집에서, 학교서, 사회서, 수도 없이 배운다. 죽을 때까지 끊임없이 배운다. 선생을 잘 만나면, 제대로 배운다. 그러나 선생에게 아무리 가르침을 많이 받아도, 스스로 깨우침이 없으면 다 받지 못한다. 말로 전달하는 가르침은 한계가 있다. 최고의 가르침은 깨달음이다. 깨달음은 스스로 얻는 것이라, 최고의 선생은 바로 나다.

최고의 선생은, 생명과 함께 하는 방법을 가르쳐 주는 자다. 생명은 말로서 설명할 수 없다. 모든 경전은 여기 이르는 실마리다. 실마리 풀면 생명과 함께 하는 방법을 터득한다. 그러나 이는 말로서가 아니고, 몸소 스스로 겪어야 한다. 어떻게 하면 이를 터득할 수 있는가를 몸이 이야기 한다. 내 몸을 통해 보이지 않는 전체를 이해한다. 그래서 최고의 선생은 나다.

최고의 가르침은 깨달음이다. 이는 스스로 터득해야 한다. 항상 생명과 함께 하면, 깨달음에 이른 자이다. 이를 위해 생명의 작동 원리를 알아야 하는데, 그것은 존재 상태에 머무르는 것이다. 존재는 분별없는 상태에서 가능하다. 분별은 나를 기준으로, 지식으로, 재산을 위해, 지위를 동원하고, 명예를 동원하며, 작동시킨다. 내 기준이 사라져야 하며, 그 방법을 스스로 터득해야 한다. 최고 선생은 나다.

생명과 함께 하지 않으면, 인성은 사라진다. 인성은 생명과 함께 하는 정도이기 때문이다. 생명을 멀리 하는 자는, 자기중심으로 갖은 욕심을 다 부린다. 이의 폐해는 본인은 물론이고, 가까운 순서로 영향을 미친다. 마치 동물과 같다. 누구나 이 기막힌 이치를 알아야 한다. 이런 자는 본래 신적 존재인 인간성을 무시하고, 제 잘난 줄 착각한다. 본인이 최고가 아니고, 최고의 선생인 줄은, 꿈에서도 알지 못한다.

최고의 가르침은 사랑이다. 사랑은 분별없음이다. 사람을 맞이해도, 자연을 맞이해도, 사랑으로 맞이하면 하나가 된다. 이때 행복은 솟아나온다. 전체가 하나 됨은 바로 사랑이다. 그것은 나로부터 시작한다. 바로 내가 최고의 선생이 된다. 이 가르침을 따르면 언제나 행복하다. 인간으로 사는 자체가 기쁨이다. 이렇게 분별없는 사랑으로 사는 인생은 축제다. 서로 사랑하라. 인생은 축복이다.

3.89 모든 일 내가 해야 한다 (2018.5.27.)

내가 아픈 것, 내가 아프게 한 것이다. 낫는 것도 마찬가지다. 내가 해야 한다. 누구도 고쳐주지 못하기 때문이다. 아픔은 내 기준과 다른 만큼의 감정 치우침과 같다. 대부분 병은 스트레스에서 온다. 존재를 망각하고, 생명을 저버렸기 때문이다. 내가 지은 것이고, 내가 고쳐야 한다. 생명을 작동시켜야 한다. 생명의 조화 작용으로 사라지기 때문이다.

내 인생 내가 살아야 한다. 남이 대신 살아주지 않는다. 어느 일도 스스로 해야 한다. 남이 대신 해주는 것은, 인생의 사기다. 꼭 필요한 존재인데, 이 하늘의 뜻을 무시한 것이기 때문이다. 존재를 벗어나고, 생명을 저버린다. 당연히 몸도 아프고, 마음도 아프다. 온갖 정신이 비교와 분별로 가득 차 제정신이 아니다. 항시 정신이 나가 있는 것과 같다. 정신연령이 유아수준이다.

아무리 많이 배워도 전체를 망각하면 유아수준이다. 온갖 지식을 섭렵해도 전체의 일각에도 못 미친다. 지식의 분별 속성 때문이고, 지식의 한계이다. 이를 벗어나는 방법은 어느 일을 맞이해도 분별없이 일과 하나가 되면 된다. 이때 사랑의 상태가 되고, 생명과 함께 한다. 진리로 진실을 행하는 길이다. 누구나 따라야 할 길이다. 도에 이르는 길이다. 누구나 깨달음에 이르게 한다.

내가 걷는 길은, 내가 선택한 길이다. 잘못 가고 있는 길도, 내가 선택한 것이다. 제 길로 돌아가는 것도, 내가 해야 한다. 누가 데려다 주지 않는다. 돌아가지 못하는 것은, 이기심의 분별로 수렁에 빠져있기 때문이다. 이기심을 버려야 하고, 배려와 양보가 필요하다. 이는 나보다 상대가 먼저여야 가능하다. 이 길이 나를 가장 위하는 길이고, 누구나 걸어야 할 길이다.

마음을 제대로 먹어야 한다. 마음은 하늘과 땅 사이처럼 차이가 다양하다. 어떤 사람은 하늘의 마음으로 신과 같다. 또 어떤 사람은 땅의 마음을 갖는다. 누가 시키지 않는다. 스스로 그렇게 선택한다. 마음먹기에 따라, 신이 되기도, 잡신이 되기도 한다. 신은 널리 이롭게, 잡신은 널리 해롭게 한다. 선택은 자유이고, 내가 하는 것이다. 모든 것 마음먹기 달려 있다.

3.90 자립을 말하다 (2020.9.5.)

스스로 서다. 자립은 스스로 함을 말한다. 뭐든지 그렇다. 스스로 하지 않는 어느 것도 얼이 나가 있다고 봐야 한다. 존재 벗어나면 생명이 작동하지 않기 때문이다. 자립 바탕이 아닌 것은 진실과 멀리 있는 것이 대부분이다. 서로 돕는 것도 필요하지만 자립 기반이어야 온전하다. 자립 벗어나 균형 잃으면 전체 조화에 영향을 미치기 때문이다.

전체 어울림은 전체 자립 기반에서 나온다. 어느 일을 해도 그렇다. 직업 귀천 없다. 신분, 지위, 지식, 재산 차별 없다. 구분과 차별은 자유가 아니고 구속이다. 이는 전체의 망각이고 부분 매몰에 빠진다. 아무리 신분이 높아도 그렇다. 하느님도 마찬가지다. 누구도 전체 조화 속에 존재하고 그 존재 자체로 소중하다.

조화의 아름다움은 완벽하다. 불협화음이 없고 부조화가 없다. 항시 존재로 머물며 생명과 함께 한다. 이 상태가 바로 자립 기반이다. 나머지는 완전한 자립이 되지 못한다. 거짓 분별로 온전하지 않기 때문이다. 이렇게 자립은 조화와 함께 한다. 이 상태에서는 분별이 없다. 손실도 없다. 하는 일 열심히 하고 편안하다. 자립은 이와 같다.

자립은 존재와 함께 한다. 이치가 그렇다. 존재 벗어나면 자립 기반은 허물어진다. 존재 벗어나 하는 일은 반드시 비교 분별을 거듭한다. 지식으로 재산으로 지위로 명예로 분별하며 존재 벗어난다. 여기서 야기되는 것은 존재 이탈로 오는 생명의 무시다. 스트레스 발생하고 온몸 구석구석 영향 미친다. 자립은 이렇게 중요하다.

생명력이 약화되면 위험에 노출된다. 항시 스트레스 받고 몸과 마음 약화시킨다. 주변의 영향을 그대로 전달받는다. 이는 시공을 초월한다. 스트레스는 몸과 마음의 긴장과 압박이다. 그 파생의 파장과 에너지는 주변에 끝없는 영향 미친다.

3.91 자유를 말하다 (2021.1.6.)

자유는 편안하고, 구속은 불편하다. 자유는 스스로 말미암아 얻는다. 누가 주는 것이 결코 아니다. 자유는 존재 상태에서만 누린다. 존재 떠나면 구속이다. 존재 떠날 때는 지식으로 분별할 때다. 이때는 마음은 몸을 떠난다. 그때 생명은 작동하지 않는다. 몸을 떠난 마음은 반드시 분별만 일삼는다. 그때 사고와 행위는 자유가 아니고 구속이다. 생명이 작동하지 않아 스트레스가 계속 쌓이기 때문이다.

누구나 자유를 누려야 한다. 이는 생명과 함께할 때 가능하다. 이때만 몸과 마음이 편안하기 때문이다. 그래서 누구나 걸어야 하는 길은 생명과 함께 하는 길이라 하였다. 이는 누가 시켜서 할 수 있는 것이 아니다. 스스로 찾아서 해야 한다. 생명과 함께하지 못하는 것은 지식이다. 지식은 항시 존재를 부정하려 한다.

내가 살아있는 한, 내 맘대로 애써 배운 지식을, 나를 위해 부린다. 이를 분별이라 하고, 이는 에고로 작동한다. 즉 에고가 작동하는 한 존재 벗어나, 생명 작동을 중지시킨다. 그 후 자유를 버리고 구속을 선택한다. 얼마나 어리석은지 모른다. 진정 인간은 자유를 선택하고, 깨어나지 못한 인간은 구속을 선택한다. 선택은 중요하다.

선택에 따라 정반대 길을 걸어간다. 잘 배워야 한다. 배움의 기초가 약하면, 엉뚱한 길을 걸어난다. 고난의 길이다. 온갖 스트레스로 구속되어, 몸과 마음이 괴롭고, 불안 불편을 함께한다. 이는 선택에서 비롯된다. 어느 상황에서도 바른 선택은 생명과 함께하는 데 있다. 오직 그 길만이 자유를 보장한다. 누구나 자유롭게 진정 인간으로 살아갈 권리가 있다. 자유는 인간의 권리다. 또 자유는 진리를 구현한다. 이는 이치다. 반드시 그렇다는 것이다.

그런데 잘못 배우면 보잘것없는 지식으로 자꾸만 습관적으로 존재를 부정하고, 생명을 거부한다. 그렇게 하고 잘난 줄 알고 뽐내고, 스스로 스트레스로 구속된다. 자유는 스스로 쟁취하는 것이지만 함께해야 한다. 서로 돕고 한마음이 되도록 안내해야 한다. 이는 사랑이다. 사랑은 자유의 실천 도구다. 자유의 원리는 존재 바탕의 생명과의 동행이다. 나머지는 구속이다. 얼마나 위험 요소가 많은지 모른다. 자유가 아니면 바로 죽음이다. 생명이 작동하지 않기 때문이다.

구속되기를 좋아하는 사람은 없다. 그런데 그 구속을 서슴없이 과감하게 실행한다. 잘못 배워 그렇다. 자유의 원리와 실천 방법을 정확하게 인식하는 것은, 세상을 여는 데 도움이 된다. 세상은 점점 복잡해지지만 근본은 변하지 않는다. 진리는 변하는 것이 아니다. 변화의 변화 없음도 진리다. 변화도 조화를 향하고 있을 뿐이다. 이는 순리고 그렇지 못한 것은 역리다. 있는 그대로는 순리고, 내 맘대로는 역리다. 자유는 있는 그대로 순리와 함께한다. 이는 조화이고, 생명과 함께하는 길이고, 누구에게나 열려있다.

3.92 스트레스 말하다 (2021.1.12.)

스트레스는 역학에서 물체가 받는 힘이다. 무거우면 스트레스가 강해 물체는 오래 견디지 못한다. 스트레스는 여러 가지다. 인간에게 스트레스는 보통 감정의 치우침으로 인체가 받는 힘이다. 감정 스트레스는 에너지 파장으로 전파한다. 스트레스는 외부서 받는 것보다, 스스로 자기 몸에 힘을 가하는 것이 더 많다.

감정은 어느 대상을 맞이하는데 내 기준과의 차이를, 순간적으로 마음이 거부하여 반응하는 데서 나온다. 이는 마음을 나누고 분열시킨다. 심해지면 정신이 나간다. 분열된 마음은 스트레스를 받고 있는 상태다. 이는 에너지 파장을 거칠게 한다. 마음 물리는 생각만 해도 분열된 마음에서 나오는 거친 파장이 전파돼 주변을 불편하게 하고, 분별되지 않은 마음은 고운 파장으로 스트레스를 해소시킨다.

생각은 마음의 작동이다. 마음을 분열시키지 않고, 온전하게 하는 것이 무엇보다 소중하다. 이는 순수한 마음이고, 지식에 오염되지 않은 마음이다. 겉과 속이 같고, 인성이 가득 찬 마음은 온전하다. 이런 자는 사고와 행위가 건전하다. 어느 스트레스도 만들지 않는다. 몸과 마음이 편안하다. 반대로 인성이 사라진 자는 온갖 스트레스를 유발한다. 본인은 물론 주변까지 몸과 마음을 불편하게 한다.

마음은 몸과 함께해야 한다. 몸 떠난 마음은 존재 떠나 생명을 멀리한다. 내 맘대로 하는 것은 스트레스 위험에 노출된다. 마음이 몸 떠나 하는 일은 지식 분별로 감정 스트레스를 유발시킨다. 감정은 크게 칠정이고 세분하면 오만가지 이상이다. 이처럼 스트레스는 수도 없다. 이들 스트레스는 온몸 구석구석 작용한다. 몸은 이 스트레스에 대응하여 끝까지 버틴다. 처음에는 견디는 힘이 강하지만 나중에는 견디는 힘이 빠진다. 이는 면역인데 면역이 약화되면 작은 스트레스도 견디지 못하고 각종 병에 노출된다.

칠정은 喜怒憂思悲恐驚(희노우사비공경: 기쁨, 화냄, 근심, 걱정, 슬픔, 공포, 놀람), 喜怒哀懼愛惡欲(희노애구애오욕: 기쁘고, 화나고, 슬프고, 두렵고, 너무 좋아하고, 싫어하고, 욕심이 지나치고) 등이다. 이들 감정은 복합적으로 온몸에 연결돼 스트레스로 작동한다. 사람마다 스트레스에 견디는 힘이 다르고, 개인별로 트라우마로 자리 잡히면, 해당되는 거친 파장에 몸이 스트레스에 견디지 못하고 아프다. 대부분 병은 이렇게 관련돼 일으킨다. 감정에 따라 에너지 파장이 다르며, 이의 전파는 시공을 초월한다.

감정은 지식의 분열로 나온다. 대부분 여기서 스트레스가 유발된다. 따라서 내 지식이 고정되면, 항시 스트레스에 노출된다. 이런 자는 결코 자기주장을 굽히지 않고 스트레스로 몸이 아프다. 스트레스 받지 않는 방법은, 내 지식이 유연해야 한다. 내 지식이 전체 지식과 함께하려면 유연해야 한다. 이는 주장을 벗어나, 조화이루는 방향이다. 저마다 존재 역량을 발휘하고, 생명과 함께한다. 이 상태에서는 어떤 스트레스도 사라져, 몸도 마음도 편안하게 된다. 지식을 초월하면, 스트레스는 없다.

3.93 반응하다 (2021.1.18.)

누구는 세상은 아름답다 하고, 누구는 아니라고 한다. 기준이 다르고, 바탕이 달라서 그렇다. 이 모든 것 반응하는 것이다. 반응은 수준이 아주 다양하다. 어떤 반응은 아무런 흔적이 없고, 어떤 반응은 몸부림치듯 거세다. 이들은 스트레스로 작동하여, 아무 소리도 없이, 온몸에 고스란히 쌓아놓는다. 반응은 이렇게 중요하다.

어떤 사람은 먼지 하나 가지고 스스로 자기와 치열하게 싸운다. 결과는 스트레스만 쌓아놓을 뿐이다. 이렇게 인간은 어리석다. 잘못 배워 그렇다. 옳고 그르고, 좋고 나쁘고, 잘나고 못나고, 아름답고 추하고 등 분별로 반응한다. 반응은 기쁘고, 화내고, 근심하고, 생각하고, 슬프고, 두렵고, 놀라고, 좋아하고, 싫어하고, 욕심 부리고 등 감정의 정도에 따른다.

너무 기쁘면 심장을 상하게 한다. 스트레스가 한계치에 이르면 심장은 작동을 멈춘다. 흔히 일어난다. 너무 좋아하는 것도 병인데 상사병이다. 화내면 간으로 가고, 슬퍼하면 폐로 가고, 너무 골똘하면 위장으로 간다. 보통 그런 것이고 복합적으로 작동한다. 이런 것들이 누적되면 트라우마로 작동한다. 보이지 않지만 거친 파장으로 타격을 받는 것이고, 약한 부위는 아픔이 드러나게 돼있다. 이는 이치다.

어떤 사람은 놀람의 기운을 받으면, 머리의 신경계, 간, 뼈, 근육 등으로 순간적 파장을 받아 발작이 일어난다. 이분은 놀람이 트라우마로 형성돼 있어, 놀람 기운을 마주칠 때마다 크고 작은 발작을 일으킨다. 이의 치유는 어떤 약으로도 불가능하다. 어느 병원에서도 이를 영원히 알 수 없다. 트라우마가 이렇게 무섭다. 이는 오직 생명의 약으로 치유할 수 있다. 생명의 고운 파장은 어떤 거친 파장도 잠재운다. 항상 생명과 함께해야 하는 이유다. 그것은 존재이고, 어느 것도 열심히 맞이해야 한다.

이때만 행복을 느끼고 세상을 아름답게 본다. 트라우마는 모두가 각자의 반응으로 쌓은 것이다. 트라우마는 반응에 견디는 힘이 약화된 것이다. 반응은 지식의 노출이다. 지식이 반응으로 연결되면 위험하다. 스트레스와 트라우마까지 합세하면 반드시 병을 유발한다. 여기 대처하고 해결하는 방안도, 오직 생명과 함께하는 것이 정답이다. 이때 적합한 약은 도움이 되지만, 부적합 약은 스트레스 가중시켜 위험을 초래한다.

자리 잡은 트라우마를 없애는 것은 쉽지 않다. 항상 존재와 생명의 삶을 가져야 한다. 트라우마가 있으면 반응을 하지 않아도, 시공을 초월하며 약화된 기운에 휩싸여 심신을 괴롭힌다. 모르는 사람을 스치기만 해도, 직접 만나지 않고 전화만 해도, 해당 기운을 가진 사람을 생각만 해도, 곧바로 그 기운에 휩싸인다. 반응은 이렇게 보이지 않게 작동을 한다. 세상이 아름답게 보일 때까지, 항상 하는 일에 열중하는 것이 험난한 세상을 살아가는 자세다.

3.94 좌절은 시작의 신호다 (2021.1.22.)

좌절은 목적한 바를 이루지 못해 용기와 희망이 꺾인 것을 말한다. 여기서 문제는 마음과 기운이 가라앉는 데 있다. 지속하면 몸에 영향을 받는다. 마음자세 전환이 필요하다. 희망의 기운을 북돋아야 한다. 좌절은 끝이 아니고, 시작의 신호로 보면 위로가 된다. 모든 것은 마음먹기 달려 있다. '왜'가 아니고 '어떻게'로 자세를 가다듬어야 한다. '왜'는 분산을 가져오고 '어떻게'는 집중을 가져온다.

힘을 모아 마음과 기운을 정상으로 되돌려야 한다. 좌절은 기운을 흩트리고, 용기는 기운을 북돋는다. '왜'냐고 하는 마음은 본질을 벗어나게 한다. 존재를 벗어나게 하고, 생명의 작동을 방해한다. '어떻게' 해야 하는가 하는 자세는, 좌절을 도약의 디딤돌로 삼는다. 힘을 추스르고 모으는 방향으로 작동한다. 마음은 어떻게 먹느냐에 따라 작동 방향이 다르다.

세상은 내맘대로 되지 않는다. 어느 것도 힘을 모아야 작동이 된다. 어느 힘도 생명의 힘을 능가하는 것은 없다. 거짓이 진실을 능가할 수는 없다. 근본적으로 거짓은 힘이 약하고, 진실은 힘이 강하다. 생명은 진실이고, 지식은 거짓이다. 생명의 작동 기반은 존재다. 여기 빈부귀천 없다. 있는 그대로 분별없이 맞이하는 것이 존재다. 이는 맡은 바 열심히 하는 상태다. 존재로 맞이하지 못하는 것은, 맡은 바 열심히 하지 못하고, 분별하며 다른 생각을 하는 상태다. 하나는 생명이 작동하고, 하나는 작동하지 않는다.

좌절을 생명과 더욱 밀착하는 계기로 삼아야 한다. 이 자세를 취할수록 나도 모르게 힘은 모아지고, 일은 정상으로 풀려 나간다. 힘을 모을수록 일은 더욱 잘된다. 좌절은 문제가 되지 않는다. 중요한 것은 삶의 바른 자세를 찾는 데 있다. 그럴수록 마음은 편안하다. 생명과 함께하면 무조건 편안하다. 어느 상황에서도 마음은 편안하다. 생명의 작동은 그런 것이다.

좌절에 머무르는 자체가 모든 것 분별하며 존재를 부정하는 것이다. 거기 생명은 작동하지 않고 힘은 더욱 빠지게 돼있다. 이 상태로는 스트레스는 더욱 가중되고, 심하면 우울증, 정신분열을 겪게 된다. 이는 이치다. 누구에게나 세상은 넓게 펼쳐 있다. 이를 누릴 수 있는 자격은 누가 주는 것이 아니다. 스스로 누릴 수 있는 것이 자유고 권리다. 좌절을 더 큰 도약점으로 삼을 때, 세상은 더욱 넓어진다.

지식, 재산, 지위, 명예 등은 값싼 것이다. 그런 것들에 걸려들면 인생은 비참해진다. 생명이 멀어지기 때문이다. 인간의 생명이 멀어지면 인생은 없다. 인간의 삶을 영위할 수가 없다. 온갖 거짓으로 불명예스런 인생을 살아간다. 이 속을 들여다보면 비참하기 이를 데 없다. 생명 없는 것은 죽음이다. 이는 본인에게만 영향을 받는 것이 아니다. 말을 하지 않아도, 보지 않아도 대를 이어, 시공을 초월하는 것이 이치다.

3.95 시련은 극복하라고 있다 (2019.12.20.)

누구나 시련을 겪는다. 그런데 이를 대하는 자세는 아주 중요하다. 어떤 이는 외면하고 회피하려 한다. 그러나 당당하게 맞이하는 데 답이 있다. 그것은 존재로 맞이하는 것이고 그때만 시련은 극복되기 때문이다. 더구나 생명이 함께하기 때문에 어느 두려움도 가질 필요가 없다.

아무리 어려운 일을 겪어도 정신 차리면 시련은 극복된다. 정신 차린다는 뜻은 멀리 나가있는 마음을 제자리로 돌리는 것이다. 제자리는 존재의 자리다. 이는 어느 분별도 사라진 사랑의 상태를 말한다. 여기 이르면 어려운 일도 조금씩 해소되어 간다. 어떤 상황에서도 다른 생각하지 않고 열심히 하기 때문이다.

시련이 다가오면 피하지 말고 맞서라. 피한다고 해결되는 것이 아니기 때문이다. 시련과 함께 하라. 시련과 한 몸이 되라. 그러면 이미 시련은 시련이 아니다. 오히려 시련이 사랑으로 바뀐다. 그때 시련은 점점 사라져 간다. 언제 지나갔는지도 모른다. 한 번 겪고 나면 성숙해진다.

시련은 사람의 되됨이를 시험한다. 열심히 살아가는 지 시험한다. 열심히 하는 상태는 내가 사라진 상태다. 내가 있으면 왜 나한테 이런 일이 일어나는가 하며 존재를 벗어난다. 이러면 시련은 극복되지 않는다. 존재 떠나 이뤄지는 것은 없기 때문이다. 존재는 어딘가에 몰두하게 하는 바탕이다. 존재를 즐겨라. 이것이 사랑이다.

시련은 인생의 시험이다. 이를 통과하면 인생은 더욱 익어간다. 이는 열심히 살아가는 자세를 말하기 때문이다. 인생 자체가 그런 것이다. 열심히 산다는 것은 생명과 함께 한다. 생명과 함께 하면 어느 두려움도 없다. 시련도 극복된다. 시련은 생명과 함께 하라 말한다. 그럴 때 진정 삶이 된다. 인생은 그런 것이다.

3.96 이익 앞에 덕은 없다 (2022.8.28.)

이익은 나에게 도움이 되는 것이다. 덕은 아주 큰 것을 말한다. 커도 계량이 되지 않는 크기다. 내 이익만 보는 시야는 아주 좁다. 크기를 말할 수 없는 수준이다. 덕은 크기가 보이지 않는 부분까지 확장된다. 덕은 크기가 전체에 이른다.

나만을 생각하면 덕을 쌓을 겨를이 없다. 덕이란 그런 것이다. 내 중심으로 생각하는 어느 것도 덕과는 거리가 멀다. 에고의 범위는 내 울타리에 국한한다. 내 울타리를 벗기 위해서는 내 이익을 상대의 이익과 균형을 이뤄야 한다. 결코 쉬운 일이 아니다.

전체를 위해 거짓을 행하지는 않는다. 거짓은 반드시 본인만을 위한다. 거짓으로 덕을 쌓는 것은 불가능하다. 거짓은 좁고 좁은 부분에 불과하기 때문이다. 본인만의 이익은 기반이 약해 손실이 크다. 어느 기반도 기초이고 에너지이고 힘의 원천이다.

어느 생각도 힘으로 작동되지 않는 것은 없다. 생각의 범위가 좁은 것은 이익에 눈이 멀어 그렇다. 덕이 쌓이지도 않고, 에너지 수준이 높지도 않다. 에너지 수준은 힘의 균형과 조화를 말한다. 에너지 수준이 낮으면 부조화 형성하고 스트레스 유발한다.

전체는 하나다. 둘이면 힘은 반감된다. 개인을 향하면 전체 힘은 분산한다. 힘을 나누는 것이 아니고 흩어져 힘을 발휘하지 못한다. 개인 이익을 위해 힘을 약화시키고 에너지 수준을 낮추는 것은 개인으로도 전체로도 큰 손실이다.

이익은 필요하다. 속이지 말고 이익을 추구해야 한다. 나만을 위할 때는 반드시 남을 속인다. 정신이 나간다. 스트레스 조장하고, 에너지 수준을 스스로 낮춘다. 에너지 수준이 낮으면 힘의 균형을 잃어 기운이 빠진다. 그래서 개인만을 위하지 말고 전체를 위해야 한다. 그렇게 할 때 누구나 자유로운 영혼으로 거듭나 영성이 깨어난다.

3.97 과학이 미신이다 (2018.10.28.)

과학은 진리가 아니다. 과학이 전체를 아우를 수 없기 때문이다. 그런데도 이를 맹신한다. 반드시 오류가 발생한다. 거짓이다. 거짓과 오류가 있는데 맹신하니까 미신이다. 큰 일 난다. 생명을 앗아간다. 속는다. 철저하게 속는다. 미신은 이렇게 무섭다. 그것이 과학이다. 잘 믿어야 한다.

과학은 부분의 부분만을 말한다. 입장따라 다를 수 있다. 부분은 전체를 표현할 수 없기 때문에 반드시 오류가 있다. 부분만을 믿으면 전체를 망각하고 전체를 잃는다. 부분이 전체를 대신할 수 없다. 그 속성을 이해해야 한다. 부분의 속성을 이해하고 그 적용 범위를 정해야 한다. 이를 벗어나는 것은 미신이다.

과학은 반드시 한계가 있다. 이를 망각하고 그 한계를 벗어나 전체를 믿는 것은 큰 어리석음이다. 아주 큰 것을 잃는다. 그것은 생명이다. 생명은 항시 존재와 조화를 이룬다. 그렇지 못하는 것은 진리가 아니고 미신이다. 과학이 그렇다. 미신은 반드시 거짓을 행한다. 전체를 포장하기 때문이다.

미신은 거짓을 믿게 한다. 이를 위해 믿음을 주고 믿게 유혹하고 거짓을 행한다. 반드시 거짓을 행한다. 그러면서 그것을 즐긴다. 목표가 거짓의 즐거움, 즐김이다. 이것이 과학이다. 거짓을 행하기 때문이다. 과학이 미신이면 곤란하다. 누가 과학을 미신으로 전락시키는가. 진실해야 한다.

과학은 한계를 분명히 해야 한다. 이를 벗어나면 미신이다. 서로 조심해야 할 부분이다. 존재를 벗어나면 미신이다. 생명이 작용하지 않기 때문이다. 과학이 소유를 위하면 반드시 존재를 망각한다. 거기 생명은 없다. 오직 거짓과 오류만 있다. 그렇게 과학은 미신으로 전락한다.

3.98 우주는 하나의 에너지 장이다 (2020.3.3.)

우주는 한없이 크고 넓다. 그런데 그것이 하나의 에너지 장이다. 하나이기 때문에 모든 정보와 작동이 하나로 움직인다. 모든 변화가 그렇다. 우주의 이치가 그렇다. 모든 생성과 소멸도 조화를 위한 하나의 이치로 움직인다. 한 생각 일으킴까지 발생하는 모든 정보가 저장된다. 이런 정보가 하나의 에너지 장에 기록된다.

우주 에너지 장을 지식으로 해석하는 것은 아직은 숙제다. 오직 체득하여 깨달은 자만이 그 이치를 받아들인다. 그러나 이의 명확한 해석은 계측의 한계로 불가능하여 신비로 여긴다. 그래서 일반인의 이해는 불가능하다. 의식이 깨어나는 정도에 따라 우주의 정보를 마치 내 것처럼 활용한다.

세상의 이치는 순리에 따른다. 순리 벗어나면 우주 조화를 어기는 것과 같다. 말하자면 조화를 부조화로 바꿔 놓는다. 편안함이 불편함으로 변한다. 이런 변화과정의 정보는 우주 에너지 장에 고스란히 저장된다. 말하자면 우주 정보는 모든 것을 포함하며 하나가 되기 때문에 마치 내 몸 안에 있는 것과 같다.

우주 정보는 가공 자료까지 포함한다. 예로 스트레스가 어느 부위에 상대적 수치로 얼마나 쌓이고 어떤 원인으로 발생하였고 기간은 얼마나 지났는지 등의 정보도 쌓인다. 또 하나의 장으로 쌓여 있으니 마치 내 몸에서 우주 정보를 추출하는 것과 같다. 이는 생명의 작동이고 의식이 깨어날수록 정보를 정확하게 추출할 수 있다.

원리는 하나로 움직이는데 있다. 말하자면 공간과 시간에 구애받지 않는다. 이는 전체성이며 생명의 작동 원리와 같다. 의식수준에 따라 생명의 역할을 수행하며 그 주요 역할은 조화다. 생명은 전체의 조화를 이루는 역할을 한다. 그래서 공간과 시간에 상관없이 우주 정보를 추출하여 그 자료를 활용하는 것이 가능하다.

3.99 기적은 현상에 불과하다 (2021.10.22.)

기적은 믿지 못하는 결과를 말한다. 도저히 믿을 수가 없다. 그런 일을 기적이라 하는데, 늘 벌어지고 있다는 것을 알아야 한다. 잘 보면 기적 아닌 것이 없다. 숨 쉬고, 먹고 싸고, 모두 기적이다. 눈에 보이지 않아도, 물리 현상으로 기적이 발생하고 있다.

아주 작은 것은 보이지도 않고, 아주 큰 것도 볼 수 없다. 숲 속에서 숲 밖의 현상을 알기 어렵다. 숲 밖에서도 숲 안을 볼 수가 없다. 볼 수 있는 영역은 가시광선 영역에 불과하다. 이 영역을 벗어나면 기적이라 보기가 쉽다. 전자기 현상은 보이지 않는다. 양자 현상은 더욱 그렇다. 바이러스 확산도 생물학적 현상이다. 그런 것들이 모두 현상이다. 알 수 없는 현상도 많다. 빛의 속도도 있지만, 속도 없는 속도도 있다. 양자 현상은 즉시, 동시에, 일어난다. 속도가 없다.

보면 나타나고, 보지 않으면 나타나지 않는다. 관찰자 효과다. 생각하면 작동한다. 생각은 힘이다. 모든 물질은 에너지와 정보로 구성된다. 모든 물질은 서로 연결돼 전체하나로 작동된다. 비국소적 원리다. 이런 현상들은 도저히 믿기 어렵다. 오직 경험에 의해 현상을 이해할 수 있다. 기적 같은 일이지만 현상이다.

삶의 의미는 에너지 수준을 높여, 편안한 안녕, 균형의 건강을 함께 하는 데 있다. 에너지 수준이 가장 높은 것은 진실이다. 진실은 삶의 기본이다. 에너지 수준을 높이면, 기적의 현상을 체득하게 된다. 이는 의식의 확장이고, 인간성의 결실이다. 진실이 아닌 삶은, 기적의 현상을 무시하고, 자연이치에 상반되는 삶이다.

3.100 활력을 찾다 (2021.11.2.)

활력은 살아있는 힘이다. 힘은 에너지에서 나온다. 마음은 에너지고, 생각은 힘이다. 어떤 마음을 먹는가에 따라 활력이 정해진다. 마음과 생각은 에너지 수준이고, 그 작동이다. 생각은 에너지를 작동시킨다.

입자와 파동의 작동에서, 입자는 에너지와 정보이고, 파동은 그 작동이다. 마음은 입자의 상태이고, 생각은 입자의 파동이다. 존재는 에너지 수준이 최고로 높다. 존재는 지금여기다. 누구나 어느 일을 맞이해도, 어느 상황에서도, 존재로 맞이하는 데서 에너지가 최대로 나온다.

사랑도 존재에서 나온다. 생명도 오직 존재에서 작동한다. 감사와 기쁨도 존재에 머무르게 한다. 긍정도 존재와 함께한다. 존재는 인간에게 최고의 선물이다. 우주와 함께하게 한다. 사랑이 샘솟게 하고, 생명이 약동하게 한다. 어느 일도 진실 바탕으로 열심히 하면 활력은 살아난다.

지식, 재산, 지위, 명예 등이 에고와 작동하면, 거짓을 유발한다. 거짓은 에너지 수준이 최저이고, 인간의 의식을 박탈한다. 거짓은 언제나 존재를 외면한다. 사랑은 멀어지고, 생명은 작동하지 않는다. 감사, 기쁨은 없고, 교만과 아집만 남는다. 스트레스는 떠나지 않고, 활력을 잃는다.

활력을 찾는 방법은 에너지 수준을 높이는 데 있다. 그것은 진실한 삶으로 사랑을 실천하는데 있다. 지식, 재산, 지위, 명예도 사랑으로 승화되어야 한다. 사랑은 전체하나다. 사랑은 생명이 활용하는 도구다. 누구나 사랑하면, 신의 경지에 이른다. 어느 일을 해도 전체와 동화되어야 한다. 이것은 인간에게 주어진 자격과 기회다. 동물은 결코 전체와 함께하지 못한다. 사랑은 인간의 특권이다.

3.101 에고까지 전파 된다 (2023.6.14.)

에고는 지식이 낳은 분별의 잣대다. 나를 기준으로 비교하고 분별하며, 항상 하나를 둘로 나눈다. 나는 옳고 상대는 그르다고 판별한다. 그럴 때마다 의식수준은 한없이 추락한다. 이런 분별하는 마음은 의식이 인간이하 수준으로 추락한다. 생명이 작동하지 않기 때문이다. 그래서 분별의 죄는 '하늘도 용서할 수 없는 죄'라고 했다. 왜냐하면 생명이 작동해야 하는데, 분별로 그 작동을 스스로 중지시켰기 때문이다. 생명이 즉 하늘이 도와주고 싶어도, 분별로 그 도움을 계속 외면하니까, 하늘도 도와줄 방법이 없다는 뜻이다. 분별의 병은 고질병이다. 스스로 분별하는 마음을 버리고 고쳐야 하는데, 그게 그렇게 쉽지 않다. 한 번 거기 빠지면 빠져나올 장사 없다. 겉으로는 포장하고 위장하여, 잘하고 똑똑하게 보인다. 그런데 그 속은 각종 거짓의 쓰레기로 가득 차 있다. 에너지 파장은 거칠 수밖에 없다. 그 거친 파장은 주변을 아주 불편하게 한다. 가까운 가족부터 아프게 한다. 에고는 이렇게 몹쓸 병이다.

욕심이 가득하면, 에고가 꽉 차게 된다. 이런 자를 상대하는 것은 매우 어렵다. 고집불통이기 때문이다. 이해와 양보가 전혀 없다. 그런데 자기는 속여도, 최소한 남을 속이지는 않는다. 욕심은 한이 없다. 안타까운 것은 욕심을 가득 채우고 나면, 그 용량을 넘어 더 채우는 자가 있다. 욕심이 지나치고, 에고가 더욱 강화된 자이다. 이들은 남을 속이기 시작한다. 그것은 걷잡을 수 없다. 습관성이다. 주변 사람 모두 불편하다. 진실과 거짓이 뒤섞여 하는 짓이 모두 거짓으로 나타난다. 무엇이 진실인 지 분간할 수 없다. 겉과 속이 반드시 다르다. 어렵게 공부 많이 하고, 여기에 빠져 있는 자 너무 많다. 아는 것이 많고 지식으로 포장되고 무장돼, 여기 속아 넘어가기 너무 쉬운 환경에 놓여있다. 더욱 무서운 것은, 에고가 강화될수록 이들 영혼은 철저하게 병들어 간다는 데 있다.

안타까운 현상은 끌어당김의 법칙이 여기에도 적용된다는 사실이다. 끼리끼리 뭉친다. 유유상종이다. 이런 말들이 그냥 나온 말이 아니다. 참으로 묘하다. 이렇게 좋지 않은 에고의 고질병까지 전파된다는 것이 그저 놀라울 뿐이다. 참으로 진실의 구현이 너무 필요한 세상이 되었다. 겉으로 보면, 모두 다 속아 넘어간다. 교육이 실종됐다. 잘못 배워 그렇다. 싸가지가 사라져서 그렇다. 싸가지는 인간에게 꼭 필요한 4가지 덕목인 진실, 전체, 생명, 의식을 말한다. 싸가지는 인간 육성의 필수요소다. 에고가 강화되는 현상은, 인간 육성이 되지 않아 그렇다. 인간 성숙은 나이, 학벌, 신분 등과 아무 상관이 없다. 많이 배워서 뭐하나! 속으로는 속이고 있는데! 인간의 기본인 진실이 사라져 있는데! 에고가 전파되는 현상은 동조 현상이다. 서로 죽이 맞아 나타나는 현상이다. 서로 씨앗이 다르면, 절대로 전파가 되지 않는다.

에고의 타파는 개인에게도, 사회에서도, 꼭 필요하다. 에고로는 인간의 행복은 없기 때문이다. 거짓으로는 인간 세상을 펼칠 수 없기 때문이다. 에고를 타파하는 방법은 오직 진실의 구현에 달려있다. 이는 누구나 의식이 깨어나, 속을 훤히 알 수 있게 하는 방법밖에 없다. 거짓은 남들이 다 알면 설 자리가 없다. 거짓을 행하는 자는 그래도 포장을 거듭하며, 꿈지럭한다. 끈질기다. 죽어라 반복한다. 그때마다 사실을 널리널리 알려 거짓의 씨앗을 말려야 한다. 인간 세상이 아니기 때문이다. 의식이 깨어나는 방법은, 어느 일을 해도 사랑의 진실로 가득 채우면, 에너지 수준이 가장 높은 생명의 힘이 전체로 전파되는 현상을 따른다. 이는 인간이 걸어야 하는 길이다. 이를 도라고 하였다.

3.102 일등이 위험하다 (2023.6.20.)

일등은 점수가 가장 높다. 가장 잘 하는 줄로 안다. 남 보다 잘난 줄 안다. 착각이다. 문제가 되는 것은 이것이 잣대가 되어, 남들은 못하는 줄 안다. 모든 것을 나는 옳고 상대는 옳지 않다고 판단한다. 착각이다. 엄청난 착각이다. 가장 고치기 어려운 병에 걸린 것과 같다. 이유는 이렇다. 옳다 옳지 않다고 분별하는 순간, 존재 벗어나고, 생명의 작동을 중지시킨다. 뭐든지 스트레스 만든다. 생명이 작동하지 않으니, 스트레스는 지속된다. 더욱 무서운 것은 스트레스는, 시공을 넘어 전파한다는 데 있다.

전파의 원리는 생각이 미치는 곳으로 간다. 옷깃만 스쳐도 전파된다. 잠깐 생각이 머물러도 전파된다. 그래서 주로 가족단위로 전파가 많다. 얼마나 영향이 큰지 모른다. 그런데 생명이 작동하지 않으니, 고칠 재주가 없다. 이를 '하늘도 용서하지 않는 죄'라고 한 연유다. 그렇다면 스트레스가 아닌 좋은 기운은 전파되지 않는 것일까? 아니다. 마찬가지로 전파된다.

좋은 기운을 가지려면 어떻게 해야 하나? 분별심을 버려야 한다. 나를 중심으로 하는 어느 비교도 하지 말아야 한다. 그것은 거짓으로 이끈다. 지식이 주동하여 어느 것도 합리화시키고 논리로 진실로 둔갑시킨다. 그러나 속은 거짓이다. 나를 향한 그 어느 것도 거짓이다. 진실은 전체 향한 것이다. 거기는 어느 분별도 필요 없다. 오직 존재로 사랑이 머물고, 생명이 약동하는 자리가 된다. 생명이 작동하니 어느 스트레스도 사라지게 하는 좋은 기운이 전파된다. 이것도 마찬가지로 시공을 초월한다.

세상의 어느 것도 함께하지 않는 것이 없다. 모든 것은 에너지로 서로 연결돼 있기 때문이다. 그래서 전체를 위할 때는, 그 전체의 안정된 에너지를 함께하게 된다. 그러나 일등 한다고, 내가 옳다고, 내가 잘한다고 우쭐하며 분별하는 순간, 전체를 이탈하고, 생명의 작동을 중지시킨다. 전체의 조화에서 나오는 아름다움은 단 한 번도 보지 못하고, 내가 제일이라고 우물 안에서 우쭐대는 모습과 같다.

일등은 위험하다. 여기 빠지기 쉽다. 한 번 빠지면 나오기 쉽지 않다. 착각 속에서 세상이 저만을 떠받드는 줄로 착각한다. 세상에 누구도 잘나지 않은 자 없다. 한데 어울려 제역할하는 모습이 세상의 아름다움이다. 이때가 되면 세상은 좋은 기운으로 밝게 빛이 난다. 일등은 여기 동참해야 한다.

3.103 물들다 (2023.6.30.)

색이 스며들어 같아지는 것을 물든다고 한다. 같은 성향이 되고 동조되고 공명 현상을 일으킨다. 사고가 같아진다. 끼리끼리 뭉친다. 가짜는 가짜끼리 뭉치고, 진짜는 진짜끼리 뭉친다. 모든 것이 그렇다.

에고도 뭉치고 스트레스도 뭉친다. 멀리 떨어져 있어도 뭉친다. 에너지 흐름이다. 전체가 하나로 연결돼 있어서 멀리 떨어져 있어도 상관이 없다. 한 몸에서 일어나는 것과 같다. 자연스런 현상이고 이치다. 생각의 힘으로 작동한다. 가짜를 좋아하는 자는 없다. 가짜는 더 진짜처럼 행동한다.

가짜와 진짜의 판별법이다. 가짜는 오직 본인만을 위한다. 그리고 남 탓을 한다. 잘난 체 한다. 잘난 줄로 안다. 옳다고 주장이 강하다. 수단방법 가리지 않는다. 결단코 수용하려 하지 않는다. 진짜는 전체를 위한다. 남 탓하지 않는다. 잘난 체 하지 않는다. 결코 잘났다고 생각하지 않는다. 자기주장이 강하지 않다. 수용하고 포용하는 힘이 크다.

가짜와 한통속이 되는 것은 서글프다. 가짜는 에너지 수준이 최저다. 힘이 빠진다. 영혼이 메말라간다. 거기 물드는 것은 억울하다. 그러나 한통속이라서 그렇다. 종자가 같아서 그렇다. 혼자 잘났다고 해서 그렇다. 자기가 옳다고 생각해서 그렇다.

가짜의 자기판별법이다. 자기합리화 하는가? 논리로 이기려 하는가? 남 탓을 하는가? 나만 옳다고 생각하는가? 내 맘대로 하는가? 욕심이 지나치지 않는가? 가짜다. 욕심이 많을수록 가짜다. 욕심이 지나치면 남을 속이기 시작한다. 그 끝은 생명의 죽음을 맞이한다. 죽음이다.

진짜의 자기판별법이다. 변명하는 일이 없다. 논리를 만들지 않는다. 남 탓하지 않는다. 나만 옳다고 생각하지 않는다. 있는 그대로 본다. 욕심이 없다. 결코 남을 속이는 일이 없다. 이 끝은 생명의 약동을 부른다. 영생이다.

흔히 물든다고 할 때는 나쁜 쪽을 말한다. 수단방법을 가리지 않고 본인만 옳다고 주장한다. 완전히 가짜다. 남을 속이는 일쯤은 식은 죽 먹듯 한다. 인간 생명 작동은 이미 멈춰있다. 도와 줄 방법이 없다. 그래서 나만 옳다고 하는 자는 하늘도 용서하지 않는 죄라고 하였다. 물들지 않으려면 자주자주 진짜인지 자기판별을 해봐야 한다.

3.104 변한다 (2018.8.31.)

모든 것은 쉬지 않고 변한다. 춘하추동 생노병사 변하지 않는 것이 없다. 모두가 변한다. 마음도 몸도 마찬가지다. 그런데도 전체는 그대로 있다. 전체가 하나로 움직인다. 변화하는데 변화가 없다. 우주 조화의 원리다. 변화도 조화를 위해 변한다. 묘하다. 전체를 보면 그렇다. 변화도 변화 없음이다. 그 속에 모두 있다. 이것이 우주다.

변화 속에 고요를 찾아야 한다. 여기 적응하지 못하면 변화를 재촉한다. 고요 상태는 조화이고 존재로 있어야 한다. 존재 상태에서만 생명의 조화의 힘으로 조화 이룬다. 변화 속에도 생명과 함께 해야 한다. 이것이 진정 살아있는 것이다. 또 변화 속에 적응의 방법이다. 이를 벗어나면 존재의 부정이고 변화를 재촉할 뿐이다.

변한다는 것은 아주 사라지는 것이 아니다. 형태가 변화하여 겉으로는 변화하지만 본질은 그대로 남아 있다. 그 본질은 생명이며 조건이 성숙되면 또다시 그 생명의 상태가 발현된다. 이는 의식수준으로 생명과 함께 하는 정도다. 의식은 생명과 함께 하는 정도에 따라 깨어난다. 이렇게 생명은 살아가는데 너무 밀접한 관계가 있다. 변화와 생명의 교합이 절실하다.

변화는 거스를 수 없다. 역행은 불가능하다. 과거로 돌아갈 수는 없다. 모든 변화는 순리다. 조화 상태의 순리냐 부조화 상태의 순리냐가 문제다. 조화 상태는 생명과 함께 하고 부조화 상태는 생명이 없는 상태다. 생명이 없는 상태는 인간 세상이 아니다. 기운이 아주 거칠다. 모두가 불편하다. 불협화음이 일어난다. 모든 불안과 고통을 감내해야 한다.

변화 과정의 매 순간은 고스란히 영원히 저장돼 있다는 것 알아야 한다. 신비하고 신비한 일이다. 변화가 그냥 이뤄지는 것이 아니다. 반드시 원인이 있다. 역행의 원인을 바로잡으면 조화 속의 변화를 맞이하여 고요한 삶을 맞이한다. 아무리 어려운 역경에서도 마찬가지다. 중병의 상태도 마찬가지다. 불치병은 없다. 그 원인을 바로 찾아 조화 찾으면 마음도 몸도 평화로운 상태가 된다.

3.105 공든 탑 무너지다 (2023.7.8.)

탑 쌓기 쉽지 않다. 공들이지 않으면 쉽게 무너진다. 애써 쌓아도 잠깐 주의를 멈추면 무너지기 십상이다. 눈에 보이는 돌쌓기도 무너져 다시 쌓으려면 공을 많이 들여야 한다. 보이지 않는 내공이 무너지면 쌓기가 더더욱 쉽지 않다. 공든 탑이 무너지면 다시 일어서기 매우 어렵다. 인생 최고의 공든 탑은 무엇일까? 싸가지가 아닐까 생각해 본다. 진실, 전체, 생명, 의식 등 네 가지는 인생에서 쌓아야 할 최고의 탑이라 생각해 본다.

진실은 인간의 기본인데 전체를 향하고, 생명도 전체로 작동하고, 이때 의식은 한없이 확장되는 이치가 싸가지를 채우는 것이고, 바로 깨어남이다. 인간이라면 생에서 이를 실천하여 깨달음의 경지에 이르러야 한다. 이보다 더 큰 공든 탑이 있을까? 이는 빈부귀천, 신분, 지위 등에 아무 관련이 없다. 싸가지를 채우는 것만으로 공든 탑은 완성된다.

그런데 그렇게 소중한 공든 탑을 쌓다가 무너지는 이치가 있다. 네 가지 중 어느 한 가지가 빠지면 무너진다. 정말로 신기한 일이다. 어느 경지에 이르렀다가 순식간에 추락한다. 그것이 싸가지다. 싸가지가 있다가 없는 자가 바로 되어 버린다. 요인은 분별이다. 분별은 나누는 것이다. 둘로 나눈다. 진실은 전체를 향하는데, 나를 향하는 것으로 분별하여 나눈다. 그것은 진실의 반대 방향이니까 거짓이다. 또 전체를 무시해서 생명도 작동하지 않고, 의식도 추락한다. 분별로 인해 공든 탑이 완전히 무너져 소멸된다. 싸가지가 완전히 사라진다. 분별의 독은 이렇게 무섭다.

구체적으로 이런 것이다. 나는 잘하고, 너는 못한다. 내가 옳고, 너는 틀렸다. 내가 하는 것이 옳고, 내가 너보다 더 잘한다. 이렇게 생각하고 행동하는 순간, 싸가지는 완전히 사라진다. 인생 종친다. 그 다음은 인성은 완전히 바닥을 드러내고, 동물성으로 채워진다. 행동이 그렇게 나타난다. 사고방식과 행위가 그렇다. 매사 투쟁한다. 투쟁하는

데 그물망을 치며, 사냥놀이 하듯 한다. 상대를 낮추는 비방하는 것과 나의 우월을 나타내는 그물망을 쳐 놓는다. 물론 여기에 거짓논리가 동원된다. 여기 걸려들면 거짓논리로 싸움은 이긴다. 완전히 동물과 같다. 인간의 반은 이런 짓 한다. 이때 인간의 공든 탑은 와르르 무너진다. 완전히 싸가지가 사라진다. 순식간에 일어난다.

요인은 지식 때문이다. 지식의 속성은 옳고 그름을 나누는 것이다. 그래서 지식은 아주 조심해서 다뤄야 한다. 내 맘대로 사용하면 다친다. 더구나 내 위주로 사용하면 볼 것 없다. 애써 쌓은 공든 탑 하루아침에 부순다. 잘못 배워 그렇다. 싸가지 없어 그렇다. 또 그렇게 하는 순간 싸가지는 완전히 사라진다. 지식은 끄떡하면 거짓논리를 만들고 행한다. 그것도 모르고 함부로 사용하면 다친다. 내 인생을 완전히 망친다. 인성을 완전히 빼앗아 간다. 공든 탑 무너지기 너무 쉽다.

3.106 철이 들다 (2018.1.19.)

철이 드는 것은 인간 도리를 아는 것이다. 서로 돕고 어울려 사는 게 인간 도리다. 혼자만을 위하는 것은 아직 철이 들지 못한 것이다. 나이나 지위 지식에 상관없다. 나이가 들어도 지위가 높아도 지식이 많아도 혼자만을 위하면 철이 들지 못한 것이다.

철이 들면 나를 벗어나 상대를 알기 시작한다. 상대를 이해하고 배려하면 철이 든 것이라 보면 틀림없다. 이때 비로소 사랑이 뭔지 알기 시작한다. 사랑을 시작하고 사랑의 싹을 트기 시작한다. 일을 사랑하고 맞이하는 어느 것도 사랑한다. 그러는 사이 인간은 성숙하고 인생은 결실을 맺는다.

나이 먹어도 상대를 이해하지 않으면 아직 철이 들지 못한 것이다. 혼자만 알기 때문이고 욕심이 많기 때문이다. 많이 따지는 것도 아직 철이 덜 들어 그렇다. 자기만 옳다고 내세우려 하고 무엇이든 이기려 한다. 혼자만을 위해서고 상대의 배려는 없다. 아직 인간이 되지 못한 것이다.

지위가 높아도 상대를 배려하지 못하면 철이 들지 않은 것이다. 지위가 높다고 상대의 의견을 무시하고 자기만 자기편만 생각한다. 반드시 둘로 갈라놓아 일이 되지 않는다. 철들지 못해서 그렇다. 밤낮없이 갈라놓을 궁리만 하며 사랑의 상태는 요원하다. 사람들이 떨어져 나가기 시작한다.

지식이 많다고 상대를 무시하면 철들지 못한 것이다. 자기만 옳다고 분별한 것이고 영원히 전체진리에는 이르지 못한다. 지식의 노예로 사로잡혀 있기 때문이다. 지식은 생명을 위축시켜 죽음을 재한다. 지식의 울타리를 넘는 유일한 방법은 상대를 위하는 것이다. 이때 비로소 지식은 빛이 나기 시작한다.

3.107 재미있다 (2023.7.3.)

재미는 함의 즐거움이다. 따지지 않고 즐겨한다. 하고 또 해도 지루하지 않다. 재미라고 한다. 일하는 게 재미있다. 일을 해도 지루하지 않다. 기쁨이 나오고, 즐거움이 나온다. 일이 잘 된다. 일의 효율이 높다. 따지지 않아서 그렇다. 걱정이 없어서 그렇다. 즐겨 일하는 것은 바로 그런 것이다. 뭐든지 즐겨해야 한다. 재미있게 해야 한다. 거기서 보람이 나온다. 좋은 느낌을 얻는다. 성취감을 얻는다. 존재로 맞이하고, 생명의 힘에서 나오는 좋은 에너지로, 나오는 느낌이다. 에너지 수준이 높아서 나오는 편안함이다.

존재, 사랑, 생명, 전체, 진실 등은 에너지 수준이 최고다. 재미는 에너지 수준이 높은 데서 나온다. 에너지 수준이 가장 낮은 것은 거짓, 분별, 비교, 시비, 질투, 자랑 등이다. 이런 일 할 때는 존재 벗어나고, 생명 작동을 중지시킨다. 당연히 에너지는 최저이고, 힘이 없고, 재미없다. 이런 일 하고 재미있다고 느끼는 것은 정신 나간 것이다. 지식은 속성이 분별이다. 뭐든지 비교하고 따진다. 존재 벗어나는 것은 기본이다. 지식에 구속되고 있는 한 재미없다. 재미는 지식의 초월에서 나온다. 존재는 지식의 초월에서 존재한다. 근심, 걱정, 두려움, 아쉬움 등은 모두 존재 벗어난다. 이런 것이 있는 한 재미는 느낄 수 없다. 재미는 존재의 행위에서 나온다.

생각에 머무는 것으로만 재미를 느끼는 것은 쉽지 않다. 생각은 잠시도 가만히 있지 못하기 때문이다. 행위와 함께하면 생각은 존재로 머무는 시간이 늘어난다. 일의 행위, 공부의 행위 등과 함께할 때 재미는 거기서 나온다. 생각이 존재에 머물러서 나오는 재미다. 무슨 일을 해도 재미있을수록 존재에 머문다.

어려운 일도 존재와 함께하면 쉽게 극복된다. 생명이 작동하기 때문이다. 그 힘으로 어려운 일이 해결되며 재미를 느낀다. 재미는 그런 것이다. 어려운 일을 해도 재미를 준다. 있는 그대로 피하지 말고, 즐겨 맞이하면 재미를 준다. 생명의 힘으로 일도 해결되고, 재미도 느끼는 삶을 얻는다. 전체의 삶으로 진실의 힘이 작동하는 희열을 맛본다.

있는 그대로 맞이할 수 있는 것은 지식의 초월에서 나온다. 지식은 분별한다. 내가 옳다고 한다. 내가 잘 났다고 한다. 내가 잘한다고 한다. 그렇게 하며 구분하고 나누는 자체가, 존재를 벗어나는 사고와 행위가 되며, 생명의 작동을 중지시키는 조건을 스스로 만든다. 재미가 있을 수 없다. 생명의 작동이 중지돼 있어, 시비와 우열, 다툼 등에서 오는 스트레스를 고스란히 몸과 마음의 부담으로 남아있게 된다. 여기 재미를 느끼면 정신 나간 것과 같다. 지식을 나만 위해 남용하면, 마음의 스트레스로 심하면 정신 나가게 한다.

재미는 있는 그대로 맞이함에서 나온다. 그 자리는 전체의 조화와 어울림의 바탕이다. 생명이 샘솟는 자리이고, 진실이 구현되는 사랑의 자리다. 즐길수록 재미가 나온다. 재미있다는 의미는 바로 여기 있다. 사랑과 생명과 진실이 함께하는 자리에서 어느 일을 해도 재미있다는 것은 에너지 작동의 이치다.

재미없는 자리는 존재 벗어난 자리다. 존재 벗어나는 요인은 에고다. 근심, 걱정, 아쉬움, 두려움 모두 존재 벗어나 있다. 모두 에고의 소치다. 나와 비교하며 재미를 느끼지 못한다. 잘한다고, 못한다고 비교한다. 잘났다고 못났다고 비교한다. 옳다고 그르다고 비교한다. 모두 존재를 벗어나게 한다. 재미를 느낄 수가 없다. 재미는 이런 것 모두 버리고, 있는 그대로 열심히 즐길 때 느낄 수 있도록 설정돼 있다.

3.108 세상은 비물질이 지배한다 (2023.7.27.)

비물질은 보이지 않는다. 마음, 생각, 느낌, 감정, 의지, 진실, 거짓, 사랑, 존재, 생명, 영혼 등 모두 비물질이다. 비물질이 대부분이고 눈에 보이는 물질은 지극히 일부분에 지나지 않는다. 물질도 비물질이 관여한다. 그림 속에, 글 속에 혼이 담겨 있다. 그 속에 힘이 있고 에너지가 있다. 모든 물질도 마찬가지다.

보이는 세상만 고집하는 것은 우물 안 개구리와 같다. 비물질의 도움 없는 물질은 존재하지 않기 때문이다. 모든 물질은 비물질과 에너지를 교류하고 전체 틀을 구성한다. 전체가 하나의 에너지 유기체를 구성한다. 여기 유기체의 구성 요인은 비물질이다.

세상의 모든 것은 상호 교류한다. 에너지도 정보도 교류한다. 여기 비물질이 매개 역할을 한다. 마음은 에너지고 생각은 힘이다. 마음도 생각도 비물질이다. 마음 작동에 따라 다양한 신경 물질을 만든다. 마음 수준에 따라 편안함, 불편함을 주는 물질을 만든다. 하나는 조화의 편안함이고, 다른 하나는 부조화의 불편함이다.

생각은 힘이고, 그 파동으로 영혼은 소통한다. 특별한 언어가 필요 없다. 누구나 생각하는 정보는 공유된다. 의식이 깨어날수록 그 정보를 공유한다. 그 정보는 시공을 초월한다. 세상은 이렇게 비물질이 지배한다. 삶의 폭을 넓혀야 한다. 삶은 죽음의 연속이다. 다만 몸만 더 있을 뿐이다. 그런데 몸은 마음이 지배한다. 마음은 비물질이다.

3.109 세상이 아름다운 이유 (2023.7.27.)

세상은 아주 넓고 크다. 시공을 초월한다. 보이지 않는 세계 까지 포괄한다. 우주와 같다. 그런데 그 넓고 큼이 하나로 어울려 있어 참으로 아름답다. 서로 잘난 체 하지 않고 서로 위하고 배려하는 것만으로 누구나 모두가 전체하나의 어울림으로 세상은 참으로 아름답다고 느낀다. 아름다움은 빈부로, 귀천으로, 신분으로 만들어지지 않는다. 오직 진실 바탕의 생명 작동으로 전체가 하나가 되는 조화가 바로 아름다움이다.

진실은 전체로 작동하고, 거짓은 개인으로 작동한다. 진실은 아름다움의 바탕이고, 거짓은 추함의 바탕이다. 인간은 기본이 진실이고, 거기서 아름다움이 나온다. 누구나 세상 이치를 알고, 진실 바탕으로 전체 조화를 이룰 수 있으며, 거기서 아름다움을 창출할 수 있다. 진실한 삶만으로도 세상은 참으로 아름답다.

한 송이 꽃도 온 힘을 다해 꽃을 피우고 그 아름다움을 뽐낸다. 온 힘을 쓰는 것은 자연스러움이다. 억지로 하는 그 어느 것도 부자연스럽다. 이것저것 따지지 않고, 주어진 여건에서 최선을 다한다. 그때 생명은 작동한다. 그 힘으로 인생의 아름다운 꽃은 피어난다. 누구나 주어진 대로, 있는 그대로 열심히 일하는 자체가 전체의 조화를 이루는 것이고, 세상을 아름답게 한다.

진정 인간의 삶 자체로 세상은 아름답다. 인간은 서로 도우며, 저마다 타고난 역량을 발휘할 수 있다. 진정 인간이라면 특별히 잘나고 못나고도 없다. 모두가 잘났다. 어느 일도 진실로 맞이하면 세상은 아름답다. 주어진 자리에서 진실되게 열심히 일하는 자는 이미 의식이 깨어있다는 것을 수도 없이 관찰된다. 좋은 사람도 정말로 많다. 성자 같은 사람도 많다. 진실은 인간의 기본이고, 진실 바탕에서 점점 의식은 깨어나고, 생명의 힘으로 누구에게나 세상은 아름답게 변모하여 다가온다.

3.110 싸우지 마라 (2018.9.3.)

싸우는 것은 내 주장의 지나침이다. 서로 주장의 부딪힘이다. 여기 싸움의 주동자는 지식이다. 죽으라고 배워 싸우는데 활용한다. 여기서 수단 방법을 가리지 않고 존재를 부정하고 존재를 떠난다. 가소롭기 이를 데 없다. 생명이 작동하지 않기 때문이다. 옳고 그르든 모두 다 생명이 작동하지 않는다. 그래서 싸우면 둘 다 손해다. 싸우지 말아야 한다.

지식은 자기주장을 강하게 한다. 옳고 그름을 구분하게 한다. 모든 것을 이 지식을 근거로 판단하게 한다. 나는 옳고 상대는 그르다고 심판한다. 이기심이 작동하면 가관이다. 끝없는 투쟁을 한다. 나는 옳고 상대는 틀리다고 속으로 외친다. 그때마다 존재를 반드시 떠난다. 여기 생명은 작동하지 않는다. 스트레스 받은 채로 그대로 있다. 이것이 하늘이 용서하지 않는 죄다. 싸우지 마라. 모두 손해다.

싸울 때는 정신이 나가 있다. 꼭 이기려고 한다. 그러나 이긴 자는 없다. 모두 상처가 있다. 싸우는 동안은 생명이 작동하지 않는다. 그만큼 손해다. 반드시 스트레스 쌓이게 돼 있다. 지워지지도 않는다. 대를 이어 지속한다. 얼마나 부질없는 짓인지 모른다. 이렇게 싸우면 상처가 너무 깊다. 싸우지 마라. 인성이 모두 사라진다. 그 자리는 동물성이 자리 잡는다.

상대를 도저히 이해하지 못할 때는 잠간 비켜 서 있으면 된다. 보이지 않던 것도 보이고 생각하지 못했던 것도 생각하게 된다. 전체를 두루두루 살피면 이해하지 못할 것도 없다. 미움도 원한도 받아들이면 녹아 완전히 사라진다. 존재 상태로 돌아오면 싸울 일도 사라진다. 존재 상태는 옳고 그르고 따질 일이 없는 상태이고 생명과 함께 한다. 이렇게 생명은 좋고도 편안하다.

진정 인간으로 살아가는 의미는 존재와 생명이다. 싸운다는 의미는 이의 부정이다. 사랑의 상태는 멀어진다. 되는 게 없다. 존재를 떠나 소유를 추구한다. 거기 진실은 없다. 사랑도 없다. 오직 투쟁이다. 겉으로 드러나든 안나든 끊임없는 투쟁이다. 모든 게 허상일 뿐이다. 지위 재산 지위 명예가 아무리 높아도 소용없다. 거기 생명이 없기 때문이다. 싸우지 마라. 인성이 사라진다.

3.111 맞서지 마라 (2018.12.9.)

지식의 열매는, 서로 맞서게 한다. 서로 잘남을 드러내고자 맞선다. 그리고 스스로 상처를 입는다. 상처는 본인 스스로 주고 받는다. 지식은 이렇게 어리석게 한다. 겉으로 점잖은 체 하지만 속으로는 갖은 수단을 다해 맞선다. 그런 다음 수순은 스트레스의 상처를 받게 되어있다. 이는 인생을 몸과 마음으로 고통을 받게 한다. 순리 역행의 결과다. 이는 전체로 살라고, 존재로 살라고, 생명으로 살라고 하는 우주의 원리다.

싸워 이겨야 한다고 배운다. 열심히 배워, 싸워 이기라고 한다. 모두가 그렇게 한다. 호시탐탐 수단 방법을 가리지 않고, 맞서 이기려고 한다. 그러나 싸움의 속성은 하나를 둘로 갈라놓는다. 전체를 부분으로 갈라놓는다. 여기 심각한 오류가 담겨 있다. 누구도 싸워 이기는 자는 없다. 반드시 부분에 머물러, 착각 속에 빠져 있기 때문이다. 더군다나 여기서 인성은 사라진다. 싸울수록 인성은 사라지고, 동물성으로 바뀌어 간다. 맞서지 말아야 한다.

드러내든 드러내지 않든, 맞서는 것은 본인이 옳다고 하는 강한 주장이다. 이는 에고를 강하게 할 뿐이다. 에고가 있는 한 전체에 이르는 것은 불가능하고, 항시 부분에 머물러 있다. 아무리 지식이 많아도, 진리에는 도달할 수 없다. 어느 것도 분별하기 때문이다. 죽을 때 분별하고 남는 것은, 의식의 추락이다. 인간으로 태어나 인간의 탈을 벗는다. 이렇게 맞서는 것은 죽기 살기로 하며, 인간의 생명을 내걸기까지 한다. 얼마나 어이가 없는지 모른다.

맞서지 말아야 하는 이유는 나를 보호하기 위해서다. 나를 보호하는 것은 생명이다. 생명과 함께 하기 위해서다. 맞서는 순간 존재를 벗어난다. 동시에 나의 존재를 망각하고 존재를 벗어난다. 당연히 생명의 작동은 중지한다. 생명은 존재 상태에서 작동하기 때문이다. 이렇게 살면서 맞서지 않는 것은 중요하다. 인성을 채우는 일이고, 인생을 보람차게 하는 일이기 때문이다. 어느 일도 맞서지 말아야 한다.

맞서는 순간 인생은 구속된다. 맞서 싸워 이겼다고 하겠지만, 진작

속은 생명이 없는 상태이다. 인간의 생명이 없다는 뜻이다. 인간의 생명은 신적 존재이다. 인성이 동물성이 되면, 신적 존재에서 잡신의 수준으로 추락한다는 뜻이다. 이후 하는 사고와 행동은 마치 동물처럼, 갖은 욕심을 채우고자 한다. 이렇게 인간은 망가져 간다. 살면서 아주 중요한 사항이다. 절대 맞서지 말아야 한다.

3.112 너무 주장하지 마라 (2020.2.23.)

주장은 내 의견의 표현이다. 또 내 뜻의 관철이다. 이것이 강하면, 상대 뜻을 무시하게 된다. 그러면 나와 상대의 구분이 되고, 전체가 되지 못하고, 부분이 된다. 부분은 진실과 거리가 있다. 반드시 거짓이 포함되어 있다. 내 주장으로 진실을 외면하는 것은, 나를 속이는 것이 된다. 너무 주장하지 마라.

너무 주장이 강하면, 수용성이 떨어진다. 수용은 전체에 이르는 길이다. 전체는 생명이라, 이보다 더 좋을 수는 없다. 생명은 어느 것도 조화롭게 하는 것이라, 모두가 편안한 상태로 한다. 이 상태면 모두가 좋고, 이것을 아름답다 한다. 그런데 너무 주장이 강하면, 어느 것도 부조화의 상태로 바꿔 놓는다.

지식이 높다고 여기는 자는, 자기주장이 강하다. 남의 의견은 거들떠보지도 않는다. 그렇게 하며 생명을 멀리 한다. 그런데 그런 줄도 모르는 것이, 더욱 큰 문제가 된다. 이 상태를 지속하면, 인성이 메말라가는데도, 그것을 모른다. 그러면서 자기주장은 더욱 강해진다. 그럴수록 인성은 사라지고, 동물성만 쌓일 뿐이다.

지식을 선두로 재산, 지위, 명예 등은 인성이 사라지게 하는 위험요소다. 여기 한 번 걸려들면 좀처럼 빠져나오기 힘들다. 이를 미연에 방지하는 것은 첫째도 겸손, 둘째도 겸손이다. 주장이 강한 자는, 겸손과 거리가 멀다. 겸손은 나를 편안하게 한다. 내 주장이 강할수록, 반드시 나를 불안하게 할 뿐이다.

내 주장이 강하면, 생명이 위축한다. 생명의 역할은, 창조와 조화다. 창조도 조화의 필요에 의해, 생명이 역할 한다. 창조되는 어느 것도 꼭 필요하고, 조화 이뤄야 한다. 그런데 내 주장이 강해 조화를 벗어나, 부조화의 길을 선택하는 것은, 생명의 뜻을 거부하는 것과 같다. 하늘의 뜻에 반하는 것이다. 너무 주장하지 마라.

3.113 거스르지 마라 (2018.1.16.)

어느 것도 거스르는 만큼 힘이 든다. 세찬 파도나 바람은 더욱 그렇다. 인생의 세찬 파도는, 받아들일 수 없는 것을 받아들여야 할 때이다. 어쩔 수 없으면 받아들여야 한다. 생사의 갈림으로 오는 슬픔을 거스르면, 주로 폐 대장에 스트레스로 남아 아픔의 씨앗을 뿌리는 이치가 있다. 이렇듯 모든 거스름은 흔적을 남긴다.

아무리 거센 파도도 시간이 지나면 가라앉는다. 거센 파도는 거스르기 보다 잠시 피하는 것이 좋다. 견디기 힘들고 다칠 수 있기 때문이다. 사람이 사는 것도 마찬가지다. 어려운 일이 닥칠 때는 맞서 싸우는 것 보다, 잠시 피하고 기다리는 편이 낫다. 모든 것은 흐르고, 지나가고, 변하기 때문이다.

대부분 사람은 본래 뜻을 거스르고, 제멋대로 산다. 내 맘대로, 내 뜻대로 나만을 위해 살아간다. 나만을 위해 비교하고, 분별하고, 경쟁하고, 이기고자 한다. 그런 다음에 반드시 불안과 고통을 겪는다. 사람이 산다는 본래 뜻은, 다함께 한데 어울려 조화 이루는 데 있다. 그런데 이를 망각하고, 제멋대로 살며 불안을 겪는다.

어느 일도 내 뜻대로 하는 것은, 전체 뜻을 거스르기 쉽다. 나만의 논리로 판단해서, 전체가 되지 못하기 때문이다. 전체하나는 완전한 조화 상태다. 전체는 부분합 이상의 온전성이 있다. 우주의 원리와 같이, 절묘한 조화 상태다. 이를 벗어나는 순간 여러가지 갈등과 불안을 겪게 된다.

모든 분별은 지식 바탕으로 한다. 똑똑하고, 똑똑하지 않고는 무관하다. 나만을 위하냐, 모두를 위하냐가 문제다. 나만을 위하면 모두를 거스르는 것이다. 조화를 벗어나, 스트레스 받기 시작한다. 불안, 고통의 씨앗을 온몸에 뿌리는 것과 같다. 그리고 때가 되면, 약한 부위에 아픔으로 나타난다.

3.114 흐름을 거부하지 마라 (2021.7.11.)

크든 작든 흐름을 거부하는 것은, 부담으로 작용한다. 흐름은 늘 평온을 찾는다. 바람도, 물도, 마음도 평온을 찾아 흐른다. 이 흐름은 전체의 조화를 이루거나, 이뤄야한다. 여기 거부하는 것은, 흐름이 아니고 역류다. 이 거대한 흐름은, 우주의 이치다. 마음도, 물질도, 모두 에너지 흐름에 따른다. 거부하면 방향을 바꿔 역류가 되어, 소멸의 과정을 겪는다. 에너지 수준도 낮아지고, 균형도 치우쳐, 조화를 잃어간다. 거기 생명의 작동은 없다.

지식은 부분의 오류투성이다. 아무리 많이 쌓은 지식도, 무거운 추와 같이 그럴듯하지만, 우주 이치의 거대한 흐름을 거부하기 쉽다. 지식은 어느 것도 내 맘대로, 내 뜻대로 하게 한다. 이를 지식의 유혹이라 하며, 존재 벗어난 에고의 작동에서 나온다. 이는 전체 흐름인 있는 그대로, 전체의 뜻에 거부하는 것으로 작동하여, 생명 작동을 중지시킨다. 지식은 내 뜻대로가 아니고, 전체의 뜻대로 활용되어야 한다. 방법은 흐름에 거부하지 않고, 흐르게 내버려 두는 것이다. 모든 것은 흐르게 되어 있다.

세상일은 눈에 보이지 않는 것이 대부분이다. 보이는 것만 믿으면 속는다. 보이지 않는 것까지 볼 줄 알아야 한다. 방법은 겸손이다. 거부하지 않고, 있는 그대로 볼 줄 알아야 한다. 거부하는 것은, 내 의지로 하는 것이다. 의지는 하고자 하는 것으로 내적, 외적으로 구분된다. 내적 의지는 내 뜻으로, 이것이 강하면 흐름에 거부하는 것으로 나타난다. 외적 의지는 전체 뜻으로, 있는 그대로 자연스럽다. 외적 의지를 따르는 것은 흐름에 따르는 것이고, 자연의 이치를 따르는 것이다. 내적 의지와 외적 의지가 같아야, 자연스럽고, 편안하고, 우주의 이치에 합일하는 길이다. 그 자리는 생명이 작동하여, 편안한 길이 된다.

생각은 힘이 작동한다. 자연이 만든 모든 것은 생각한다. 잠시도 쉬지 않는다. 모두 연결돼 있다. 생각은 에너지 파장으로 모든 것에 영향을 미치며, 힘이 작용하고, 우주에 영원히 저장된다. 또 모든 것의 통신수단이고, 우주정보에 접속하는 도구다. 내 맘대로 생각하면, 그 거대한 흐름에 거부하는 것으로 작동되기 쉽다. 에고로 내 뜻의 주장이 강하면, 반드시 그 흐름에 저항하는 것으로 작동된다. 스스로 존재를 벗어나 홀로 방랑자가 된다. 모든 것이 불편하고, 부담스럽다. 몸도, 마음도 불편하고, 불안해지기 시작한다.

에고는 지식의 산물이고, 흐름에 거부하게 한다. 에고가 강한 자는, 나는 옳고 상대는 그르다고, 생각하고 판단한다. 이를 분별심이라 하는데, 대부분 병의 가장 큰 원인이 되며, 하늘도 고쳐주지 못한다. 생명의 힘으로 병을 고쳐줘도 소용없다. 또다시 분별심으로 병을 부른다. 분별심이 사라지지 않는 한, 병은 고칠 수 없다. 모든 병은 생명의 힘으로 치유되며, 생명과 함께하는 삶은 누구나 스스로 선택한다. 이는 흐름에 거부하지 않는 것으로부터 시작한다.

분별심이 강한 자는 모든 것을 내 기준에 의해, 내 맘대로, 내 뜻대로 한다. 상대는 거들떠보지도 않고, 주장이 강하고, 합리화를 거듭한다. 이 자체가 우주의 거대한 흐름을 강하게 거부하는 것이 된다. 세상의 이치는, 내 뜻대로 되는 것은 없다. 전체의 뜻으로, 전체의 흐름을 타고 흐른다. 분별심이 사라지면, 어느 것도 내 뜻대로 하는 것은 사라지고, 전체의 뜻에 따른다. 세상의 이치에 따라, 흐름에 거부하지 않는 삶을 영위한다.

전체의 흐름은 조화와 균형을 찾아간다. 생명의 역할과 똑같다. 여기 흐름에 거부하는 것은 생명의 뜻을 거부하는 것이다. 내 뜻대로 흐름을 벗어나는 것은 인생의 길이 아니며, 스트레스가 작동하고, 에너지가 소진되고, 생명이 작동하지 않게 된다. 생명은 누구 편을 들지 않는다. 언제 어디서나 전체의 뜻에 따라, 도도하게 스트레스 해소시키고, 에너지 평형을 이루며, 조화 역할을 한다. 이 흐름을 거부할수록 인성은 사라지고, 버릇이 없어진다. 인성은 생명을 먹고, 함양되기 때문이다.

전체의 흐름은 편안하다. 내 뜻으로 그 흐름을 거부하는 것은, 복을 스스로 걷어차는 것과 같다. 생명의 힘으로 조화롭게 꾸며진 아늑한 곳을 홀로 벗어나, 불편한 곳을 스스로 선택하고, 외롭게 살아가는 것과 같다. 사람도, 자연도 그 거대한 흐름을 따르기 때문에, 그 길을 함께하는 것이, 생명 조화의 아름다움을 만끽하는 인간의 길이 되며, 함께할수록 인간은 성숙하고 결실을 맺는다.

전체 흐름을 거부하는 요인은 지식이 주연이고 재산, 지위, 명예가 조연이다. 등장인물의 특성은 모두 에고가 강하다. 무엇이든 누구를 맞이해도, 이들을 동원하여, 전체를 무시하고, 제멋대로 하고자 한다. 재산 때문에 지위, 명예를 동원하고 본인만을 위해 흐름을 거부한다.

세상 이치는 유기체처럼 생성과 소멸을 거듭한다. 흐름을 따르는 것은 순리고, 생성의 방향으로, 에너지 수준이 높아지고, 거부하는 것은 역리고, 소멸의 방향으로, 에너지 수준이 낮아진다. 이는 우주 질서유지를 위한 조화 과정이다.

생각으로 에너지 수준이 전파되고, 물질의 상태가 변화된다. 이는 시공을 초월하여 작동한다. 의지는 생각의 힘을 강화한다. 생각이 내 의지로 흐름을 거부하면, 스트레스는 작동하고, 에너지 수준이 낮아진다. 에너지 수준이 낮아지면, 생각으로 낮은 기운이 생각이 미치는 데로 전파한다. 생각은 잠시도 쉬지 않는다. 흐름을 거부하지 말고, 전체의 뜻에 따라 있는 그대로 맞이하는 것은, 에너지 수준을 유지하는 방법이다. 이는 생명과 함께하는 길이며, 지속하면 에너지 수준이 향상되며, 삶은 빛이 나기 시작한다.

3.115 공의 상태로 맞이하라 (2018.12.31.)

공은 비어 있다. 비어 있는 상태다. 전체다. 통한다. 전체로 통한다. 공은 전체로 통한다. 묘하다. 우주의 원리다. 생명이 가득하다. 안 보여도 진리다. 누구도 이를 따라야 한다. 행복을 보장하기 때문이다. 그런데 모른다. 아무도 모른다. 그것이 공이다. 그 공에서 진실이 나온다. 공으로 맞이해야 한다. 생명이 가득하기 때문이다. 진실을 실천하는 바탕이기 때문이다.

공의 비밀은 아무도 모른다. 신비다. 진리다. 지식으론 밝힐 수 없다. 세상이 바뀌어도 불가능하다. 그러나 모든 게 공에서 나온다. 삶의 질은 공과 함께 하는데 달려 있다. 생명과 함께 하는 정도다. 공의 상태에서 진리가 나온다. 공과 함께 하는 정도에 따라 생명은 채워진다. 인성이 가득 채워진다. 삶의 의미는 여기 있다. 인간으로 살아가는 의미는 여기 있다.

공은 전체다. 전체가 하나로 움직인다. 그리고 조화를 이룬다. 반드시 존재 상태에서 작동한다. 공은 우주의 기반이고 자체다. 생명이 가득하다. 이를 아는 것은 불가능하다. 알 수 없다. 신비 자체다. 그런데 지식으로 이를 알려고 한다. 무모하다. 절대 알 수 없다. 그러면서 외면한다. 전체를 이탈한다. 공을 이탈한다. 지식이 이렇게 공을 부정한다. 그리고 생명을 외면하는 삶을 추구한다. 인성은 완전히 사라진다. 안타깝다.

공의 상태로 돌아가야 한다. 빠를수록 좋다. 삶은 한정돼 있다. 기회이다. 제대로 알아야 한다. 누가 가르칠 수 없다. 신도 도와줄 수 없다. 그렇게 우주의 원리는 오묘하다. 오직 제자리 돌아가는 것은 스스로에 의한다. 그렇게 우주는 운행한다. 그 바탕은 공이다. 이를 벗어나는 것은 삶의 포기와 같다. 인생의 삶이 아니다. 지식으로 분별하며 전체를 외면하고 오염되어 갈 뿐이다. 공을 무시하고 존재 벗어나 생명의 조화작용이 없어 오염되는 것은 이치다.

아무리 지식이 많아도 공으로 맞이해야 한다. 지식은 부분이고 공은 전체이기 때문이다. 공은 생명으로 가득하다. 누구나 그 속에 머무르며 이를 부정하는 것은 자기부정이다. 스스로 자기를 쓸모없다고 심판하는 것과 같다. 공으로 맞이해야 한다. 공의 상태는 완벽하다. 지식은 공의 접근을 방해한다. 지식은 점 하나도 미치는 않는 것을 마치 모두 다 아는 것으로 착각한다. 인생은 스스로 온갖 거짓으로 위장하며 속는다. 이 허물을 벗는 것도 오직 공과 함께 함이다.

3.116 모든 것 받아들여라 (2018.4.22.)

세상에 누구도 어느 것도 필요하지 않은 것은 없다. 저마다 가치와 역량이 충분하다. 이를 바탕으로 한데 어울려 있는 것이 조화이다. 이 중 어느 하나 빠지면 빠진 만큼 전체가 되지 못한다. 그래서 전체가 되기 위해 모든 것 받아들여야 한다. 전체가 진리이고 거기 생명이 작동하기 때문이다. 누구나 이를 따라야 하고 그 길은 편안하고 온전하다.

모든 것 받아들이면 편안하다. 받아들이는 만큼 편안하다. 미움 원한까지 받아들이면 더욱 안정해진다. 모든 감정의 걸림이 해소되었기 때문이다. 마음속에 남겨 놓는 어느 것도 영원히 지워지지 않는데 이를 업장이라 한다. 이는 때가 되면 반드시 드러나게 되어있다. 받아들임은 바로 이 업장을 해소하는 것이다.

세상 자연의 모든 존재가 꼭 필요한 것은 하늘이 만들었기 때문이다. 하늘이 불필요한 것을 만들 리 없다. 바쁜데 쓸데없는 것 만들 리 없다. 이렇게 존재하는 전체가 한데 어울려 하나로 되어있는 것이 조화이다. 전체하나는 조화이고 어울림이다. 이를 위해서는 모두를 받아들여야 한다. 얼마나 편안한지 모른다. 이렇게 되면 세상은 밝아진다.

도저히 받아들이지 못하는 경우도 있다. 그것은 분별이다. 상대의 기준이 나와 다른 경우이다. 상대의 주장이 나보다 강한 경우이다. 이것이 바로 지식의 죽음이다. 이는 하늘이 용서하지 않는 죄이다. 도저히 어떻게 할 수 없는 경우이다. 이때는 맞서 싸울 일이 아니고 그저 그러니라 그럴만한 이유 있겠지 하고 받아들이는 것이 최고의 선택이다. 이때 감정의 씨앗은 남지 않는다.

도저히 받아들이지 못하는 경우의 받아들임은 내 뜻대로가 아니고 상대 뜻대로의 선택이다. 그것이 최고의 선택이다. 상대의 분별이 있는 한 절대로 해결은 없다. 그것은 하늘도 도와주지 못하기 때문이다. 그래서 하늘도 용서하지 않는 것이라 했다. 어떻게 도와 줄 수 없다. 있는 그대로 받아들이고 그저 바라보기만 할 뿐이다. 이것은 측은지심이다.

3.117 존재감을 드러내라 (2018.12.5.)

인간으로 존재감을 드러내야 한다. 인간은 존재로 있을 때 존재감이 드러난다. 존재는 언제 어디서 무엇을 해도 분별없는 상태다. 일할 때는 일만 남아있다. 놀 때는 노는 것만 남아 있다. 이것이 존재다. 내가 있으면 나와 비교한다. 지식은 비교하는데 활용된다. 그래서 존재를 벗어나게 한다. 지식을 쌓을수록 주의해야 할 부분이 바로 이 부분이다. 존재는 이렇게 중요하다. 존재감을 드러내는 방법은 존재로 맞이하는 것이다.

세상에 존재하는 어느 것도 필요하지 않은 것이 없다. 저마나 그 역할은 분명하다. 그 역할을 하며 전체를 이룬다. 이렇게 우주는 운행된다. 이것은 전체이고 우주의 이치다. 그러나 이를 망각하고 존재를 벗어나는 다른 생각을 하며 전체를 이탈한다. 전체 이탈하는 순간 존재를 잃는다. 허상을 좇아 방황하기 시작한다. 그러는 과정에서 인성은 사라지고 지식으로 오염되어 간다. 존재감을 드러낼 바탕을 송두리째 앗아간다.

지식에 오염되면 잠시도 가만히 있지 못한다. 오직 본인만을 위해 온갖 거짓과 위장으로 포장을 거듭한다. 존재감은 사라진 지 오래다. 존재가 무엇인지 조차 모른다. 오직 남아있는 것은 소유다. 싸워 이겨 소유하려 한다. 여기 존재는 있을 수 없다. 존재감을 드러내는 것은 지식이 필요 없다. 오직 존재로서 맞이할 뿐이다. 어느 일을 맞이해도 내가 없고 존재만이 남아 있다. 이것은 사랑의 상태이다.

사랑은 분별이 없는 상태다. 나를 드러내고자 하는 순간 사랑은 저만치 멀어져 간다. 반드시 분별을 하기 때문이다. 일을 맞이해도 나를 드러내고자 하는 순간 사랑도 없고 존재도 없다. 사랑은 존재와 함께 한다. 소유의 마음으로는 사랑은 없다. 누구나 존재감을 드러내야 한다. 존재감은 사랑할 때 드러난다. 어느 일을 맞이해도 어느 누구를 맞이해도 사랑으로 맞이하는 것이 나의 존재감을 드러내는 것이다. 서로 사랑해야 한다. 이것은 인류 구제의 유일한 길이다.

세상에 존재하는 이유는 존재감을 드러내는데 있다. 이는 지식도 재산도 지위도 명예도 아니다. 오직 전체와 어울림이다. 하찮은 미물까지도 함께 어울려야 한다. 이것은 전체와의 조화다. 이때 생명은 약동한다. 진정 인간으로 거듭난다. 인간으로 신이 되는 길이다. 이를 위해 섬겨야 한다. 그저 그러니라 하며 하늘의 뜻을 따르면 된다. 존중과 배려는 나를 더욱 큰 사람으로 만든다.

3.118 잘한다고 우쭐하지 마라 (2018.8.20.)

잘하면 자랑하고 싶다. 은근히 드러내고 싶다. 그런데 이 모든 것이 에고의 발로다. 나는 잘하고 너는 못한다고 하며 비교하고 분별한다. 이는 에고의 강화이고 의식의 깨어남을 방해하는 행위에 불과하다. 나를 기준으로 하는 어떤 사고와 행위도 생명의 작동을 방해할 뿐이다. 전체에서 이탈하는 것으로 작동하기 때문이다. 우쭐대는 마음은 그 시초라 인식해야 한다.

내 기준은 전체를 망각하고 부분에 매몰되는 단초가 된다. 전체를 떠나면 존재도 떠나고 존재를 부정하는 결과로 나타난다. 이는 지식을 기반으로 한다. 지식을 쌓으면 쌓을수록 우쭐하기 쉽다. 그러나 겉으로 드러나는 어느 것도 진리와는 거리가 있다는 것을 알아야 한다. 진리는 말로서 표현할 수 있는 것이 아니기 때문이다. 지식을 쌓아도 겸손이 필요하고 전체를 수용하려는 자세가 필요하다.

우쭐한 마음은 에고의 강화로 나타난다. 에고가 있는 한 의식은 깊은 잠을 잔다. 인간에게 부여한 소중하고 소중한 특권인 의식을 잠재우는 삶은 인간의 삶이 아니다. 인간으로 죽은 목숨이다. 욕심이나 부리고 온갖 수단 가리지 않고 허상만을 추구한다. 지식, 재산, 지위, 명예 등에 구속돼 생명을 외면한다. 그렇게 할수록 인생은 점점 구속될 뿐이다.

애써 배운 지식으로 우쭐대는 순간 비교하고 분별함을 드러내고 지금여기 존재를 떠난다. 겸손은 온데간데없고 혼자 잘났다고 전체를 이탈한다. 생명의 작동 영역을 스스로 벗어난다. 생명의 도움 없이 혼자 살아가고자 한다. 여기서 생명은 작동하지 않는다. 이의 의미는 스트레스 받고 무거운 짐을 스스로 짊어지고 살아간다는 뜻이다. 보이지 않지만 아주 명확하게 관찰된다.

생명은 너무 바쁘다. 잠시도 쉴 틈이 없다. 모두에게 널리 이롭게 베풀고 있지만 베푼다는 내색도 없다. 그리고 아무 것도 바라지 않는다. 그러면서 항시 사랑의 상태에 있다. 우쭐한 마음은 에고 쌓는 것이고 이는 편안한 사랑의 보금자리를 스스로 벗어나는 바탕으로 작동한다. 어느 일도 항시 분별하고 스트레스 받으며 고통을 떠안고 살아간다.

3.119 바라지 마라 (2019.1.4.)

살면서 어느 것도 바라지 마라. 에고를 강화시키기 때문이다. 그것은 존재를 벗어나게 하고 부분에 머물게 한다. 인간은 이미 모든 것 갖추고 태어났다. 더 바랄 것이 없다. 어느 일도 있는 그대로 열심히 맞이하면 된다. 이때 생명은 거듭난다. 의식도 깨어난다. 그러나 바라는 만큼 이를 방해한다. 반드시 나를 기준으로 바라기 때문이다. 나를 기준으로 하는 어느 것도 존재를 망각하게 한다. 존재의 상실은 손실이 너무 크다. 존재는 생명의 근거이기 때문이다.

바라지 말아야 하는 이유는 생명이 외면하기 때문이다. 생명의 일은 창조와 조화다. 창조는 생명의 탄생이고 조화는 전체하나의 어울림이다. 인간으로 살아가는 이유는 생명과 함께하는 데 있다. 생명은 쉬지 않고 조화의 일을 한다. 조화는 전체를 위한다. 그러나 바라는 것은 개인을 위한다. 전체는 생명에서 나오고 개인은 지식에서 나온다. 생명과 함께하는 의미는 완전한 삶이다. 인간 성숙으로 안내하고 평온의 기운은 세상을 밝게 한다.

바라는 것은 비교하고 분별하게 한다. 그 결과는 스트레스로 나타난다. 내 기준으로 항상 불만족한 상태가 된다. 여러 가지 감정의 치우침으로 나타나며 스트레스다. 이는 생명의 외면으로 나타나며 생명의 조화작용이 없다. 스트레스가 지속하면 반드시 병으로 나타나 몸과 마음이 불편해진다. 생명의 작동이 없기 때문이다. 이는 스스로 벌을 자초한 것이다. 생명의 외면은 천벌이다. 그런데 그것을 자초한다. 인간은 이렇게 어리석다.

지식, 재산, 지위, 명예 등은 분별요소다. 이런 것들은 항상 나를 기준으로 비교하며 부분에 머물게 한다. 바라는 것도 이와 마찬가지다. 항상 나를 기준으로 한다. 그리고 전체를 망각한다. 세상은 전체가 하나로 움직이게 되어 있다. 이것은 우주의 원리다. 전체하나가 생명이다. 전체의 뜻은 아주 크다. 생명도 마찬가지다. 그런데 바라는 것은 전체에서 이탈이다. 그 순간 어려움은 여기저기서 나타난다. 나홀로 전체를 맞설 수는 없는 것이다.

바라는 것과 열심히 사는 것은 다르다. 바라는 것은 존재의 이탈이고 열심히 사는 것은 존재로 맞이함이다. 존재는 생명의 기반이고 터전이다. 생명이 없으면 죽음이다. 인간의 생명이 사라지면 동물의 생명이 차지한다. 겉모습만 인간일 뿐 속은 동물이다. 인성이 사라진 자의 사고와 행동은 그렇게 나타난다. 인간의 판단으로 보면 도저히 이해할 수 없으며 동물의 입장에서 보면 이해가 된다. 이미 동물이기 때문이다. 바라지 마라. 인간의 생명과 함께해야 한다.

3.120 그냥 사세요 (2018.4.10.)

그냥 사세요란 방황하지 말고 추구하지 말고 열심히 살란 뜻이다. 무엇이든 바라지 말고 즐기며 열심히 하면 효율이 아주 높게 나타난다. 누구나 따라야 할 길이고 이를 도라 한다. 방황은 추구에 마음이 빼앗긴 상태이다. 이는 지금여기 존재를 벗어난 것이고 생명이 작동하지 않는다. 부수적으로 마음이 불안하고 몸도 불편하게 된다. 그래서 그냥 살아야 한다는 뜻이다.

그냥 사는 의미는 어느 상황도 맞서지 말고 수용하란 뜻이다. 맞서는 순간 불안을 조장하고 하는 일에 지장을 초래하기 때문이다. 그리고 수용하지 않는 만큼 부분에 머무르고 전체에 이르지 못한다. 또한 수용하지 못하는 것은 비교하고 분별하며 지금여기 존재를 떠난다.

존재 상태가 아니면 생명은 없다. 생명이 없는 자리는 불편한 기운이 감돈다.

어느 누구도 사는 의미는 존재의 생명으로 조화롭게 사는데 있다. 그리고 누구도 지구상에서 유일한 존재이고 온전하고 완전한 능력을 부여 받았다. 다만 소양과 소질이 다를 뿐이다. 산다는 것은 각자의 다양한 소질을 발휘하는 것이다. 그냥 살아가야 하는데 지식의 분별로 지금여기 존재를 벗어나는 것이 문제다. 이때부터 일이 꼬이기 시작한다. 생명이 작동하지 않기 때문이다.

주어진 대로 그냥 그대로 맞이하면 분별없는 사랑의 상태에 이른다. 이 상태에서는 다른 생각을 하지 않는다. 비교하지도 않는다. 일할 때 다른 생각하면 일이 되지 않는다. 노래할 때 다른 생각하면 삑사리 난다. 이처럼 한 분야에서 열심히 일 하는 자 이미 도가 터 있다. 다른 생각하지 않고 그냥 사는 자세가 몸에 익혀 있기 때문이다.

내 중심으로 뭔가 이루고자 하면 그냥 사는 것이 되지 못한다. 전체를 보지 못하고 내 것만 보게 된다. 때로는 변명하고 때로는 합리화한다. 거짓도 불사하는 자도 있다. 물불을 가리지 않는다. 에고가 강해진다. 전체는 아랑곳하지 않는다. 잡신이 달려든다. 의식은 곤두박질친다. 스트레스는 높아진다. 아프다. 그냥 사는 자세가 이렇게 중요하다.

3.121 가면을 벗어라 (2018.4.29.)

가면을 쓰면 진짜 얼굴이 가려진다. 지식은 온갖 가식으로 겉포장만 할 뿐이다. 지식은 속을 완전히 가린다. 어느 누구도 속은 진리인 생명으로 가득 차 있다. 지식이 이 진리의 속을 가린다. 속을 드러내는 것은 생명의 진수를 나타내는 것이다. 이를 위해 지식의 탈을 벗어야 한다. 이것이 가면을 벗는 것이다. 진정 삶의 의미는 여기에 있다. 생명과 함께 하기 때문이다.

지식의 가면을 쓸수록 생명은 잠잔다. 생명은 삶 자체여야 한다. 생명이 작동하지 않는 것은 몸도 마음도 정상이 아니란 뜻이다. 지식은 분별을 조장하여 존재를 벗어나게 하며 생명의 작동 기반을 원천적으로 차단한다. 지식은 생명의 빛이 새어나오지 못하게 할 뿐이다. 따라서 지식의 가면을 벗고 또 벗어야 한다. 이 때 생명과 함께 하며 지식은 빛을 발휘한다.

잘났다 함은 못났다 함을 스스로 드러낸 것이다. 지식은 잘났다고 드러나게 하지만 못남의 극치이다. 이유는 생명이 전체이고 지식은 부분 중의 부분이기 때문이다. 그러니 지식으로 포장된 어느 것도 벗겨내야 한다. 지식으로 하는 어느 것도 생명이 없는 한 가면에 불과하다. 이 가면은 지식의 분별에 기반한 것이다. 따라서 지식으로 분별하지 않는 것이 가면을 벗는 것이다.

가면은 진실을 숨긴 것이다. 지식은 거짓이고 가면을 쓰게 한다. 생명은 진리이고 진실을 행한다. 지식을 쌓아 최고라고 생각하는 순간

의식은 급 추락한다. 지식이 최고가 아니란 뜻이다. 지식은 인위이고 의식은 신위이다. 인위는 거짓이다. 지식의 가면을 벗어야 한다. 생명을 멀리 하기 때문이다. 생명은 전체이고 모두 따라야 할 길이다.

지식이 생명과 함께 하지 못하면 가면을 썼다고 보면 틀림없다. 몸이 아프거나 마음이 불안하면 가면을 쓴 것이다. 내 뜻대로 하여 존재를 벗어나 생명의 작동 조건을 중지시킨 것이다. 가면을 벗고 있는 그대로 하늘의 뜻대로 분별없는 지식으로 생명의 힘을 발휘시키는 것이 인간의 삶이란 것 인식해야 한다. 이와 같으면 개인의 행복은 물론이고 세상은 밝아진다.

3.122 놀라지 마라 (2023.1.18.)

살면서 놀랄 일이 많다. 놀람도 스트레스다. 스트레스는 감정이 치우쳐 몸에 작용하는 부담이다. 스트레스에서 나오는 거친 파장은 주변과 공유한다. 놀라는 순간 동조 현상으로 주변의 거친 파장을 끌어당긴다. 놀랄 일도 놀라지 말아야 한다. 온 세상 스트레스를 끌어안게 된다. 스트레스의 전파는 보이지 않으며 시공을 초월한다.

트라우마는 약점이다. 끄떡하면 나타난다. 놀라지 않을 일도 놀라는 것은 일종의 트라우마다. 트라우마는 마음이 약해서 나타난다. 마음도 균형을 잃으면 약해진다. 마음 자세가 균형을 잡으면 어느 스트레스 파장에도 동조되지 않는다. 놀람은 스트레스 조장한다. 놀라는 일도 대수롭지 않게 여기면 놀람을 끌어당기지도 않고 조장하지도 않는다.

스트레스 종류는 수없이 많다. 이 중에 놀람 스트레스가 가장 많다. 살다보면 놀라지 않을 일이 없다. 내 맘에 어긋나면 놀랄 일이다. 그때마다 그를 끌어당기면 항상 놀람 스트레스를 받는다. 세상의 어느 일도 내 맘과 같지는 않다. 반은 내 맘과 같지 않다고 봐야 한다. 이럴 수도 있고 저럴 수도 있는 것이다.

어떠한 어려움도 극복하라고 있다. 놀라지 말고 정신 차리면 된다. 중심을 잡아야 한다. 마음의 중심을 잡아야 한다. 중심은 균형에서 나온다. 마음의 균형은 어디에도 치우치지 않는 데서 찾을 수 있다. 의식이 깨어날수록 전체의 균형을 찾아간다. 의식은 균형 속에서 깨어난다. 전체를 향할수록 의식은 더욱 깨어난다.

지식은 어느 것도 나와 비교하며 나를 내세우려 한다. 논리로 합리화시킨다. 모든 것에 내편을 든다. 그리고 반드시 균형을 잃는다. 결코 지식으로는 깨달음은 없다. 박사를 수십 개 가지고 있어도 나에게 치우쳐 균형을 잃으면 깨달음은 불가능하다. 어느 스트레스도 끌어당기고 무거운 짐을 지고 살아간다. 살아도 살아있는 것이 아니다.

3.123 걱정 마라 (2023.1.18.)

근심, 걱정은 스트레스다. 기운이 침체된다. 침체된 기운은 주변으로 전파된다. 세상은 누구에게나 생각하는 만큼 열리고 그 자리는 아늑하다. 걱정할 필요가 없다. 세상은 내가 두드리는 만큼 열린다. 이를 믿고 열중하면 세상과 조화를 이룬다. 그 아늑함은 전체의 어울림이다. 세상의 어느 어려움도 극복하라고 있다. 걱정할 필요가 없다.

어느 일도 열심히 할 때 존재 상태에 이른다. 하는 일 자체가 전체와 하나가 된다. 열심히 하지 못하면 존재에 이르지 못한다. 여기서 진실은 전제가 된다. 거짓으로는 존재에 이르지 못한다. 거짓은 항상 둘로 가른다. 거짓은 본인만을 위해 하나를 둘로 가른다. 존재는 사라지고 생명은 작동하지 않는다. 걱정 마라! 어느 일도 열심히 하면 하나가 된다.

생명은 전체와 함께한다. 편을 가르면 균형을 잃는다. 나만을 위할수록 나의 균형은 잃어간다. 균형을 잃는 것은 하나를 둘로 가르는 데서 시작한다. 지식의 역할이며, 합리화, 논리, 거짓이 동원된다. 지식이 생명을 외면하는 일이 발생한다. 어렵게 지식을 쌓고 둘로 가르는 데 사용하는 것은 전체가 손실이다. 걱정하지 말고 하는 일 열심히 하면 된다.

진실은 인간의 기본이다. 거짓은 인간 이하의 삶을 추구한다. 진실은 하나다. 거짓은 둘이다. 하나는 전체와 통한다. 둘은 전체를 나눈다. 진실은 에너지가 높아 힘이 강하다. 거짓은 에너지가 낮이 힘이 약하다. 진실은 스트레스가 없다. 거짓은 스트레스를 조장한다. 진실은 있는 그대로다. 거짓은 내 맘대로다. 걱정할 필요 없다. 진실을 행하면 된다.

세상은 아름답다. 함께할 때 아름답다. 균형 이룰 때 아름답다. 나만을 생각하는 것은 균형 잃는 지름길이다. 지식으로 나를 위할 때는 어느 일도 반드시 둘로 가른다. 나와 상대의 균형을 이룰 때 나도 편하고 상대도 편하다. 확장되면 전체의 평화를 이룬다. 세상의 평화는 나로부터 이뤄진다. 어떻게 생각하느냐가 출발점이다. 걱정하지 마라!

3.124 더욱 겸손하라 (2020.2.12.)

세상은 끝이 없다. 시간으로도 공간으로도 무한이다. 그 속에 있는 모든 것을 더한 것이 전체다. 전체는 생명이고 진리다. 지식으로 뭐를 알았다고 우쭐대는 것은 참으로 우습다. 순식간에 전체를 무시하고, 생명의 작동을 방해하기 때문이다. 이는 이치다. 지구가 사라져도 이치다. 우주의 원리이기 때문에, 지구가 사라져도 이치다. 지식을 쌓을수록 더욱 겸손해야 한다. 오직 이 방법만이 전체와 함께 한다. 지식을 열심히 쌓되 더욱 겸손해야 한다. 그때 생명은 온전하다. 진리탐구는 이렇게 겸손해야 한다.

지식은 겸손하지 않으면 존재를 부정한다. 자동으로 생명은 작동을 중지한다. 버릇이 없어진다. 인성이 사라진다. 인간성이 동물성으로 변한다. 이렇게 겸손하지 않으면 스스로 무너진다. 인간은 본래 너무 고귀하다. 이 소중한 고귀함을 망각하고, 쓸데없는 것으로 순수함을 잃는다. 순수함은 갈고 닦아야 영롱하다. 이를 위한 방법이, 바로 더욱 겸손하는 것이다. 내가 없어야 한다. 어느 것을 맞이해도 그렇게 해야 한다. 그때 힘은 가장 강력하고 안정하다. 그럴수록 생명력은 전체로 무한히 발휘한다.

누구나 욕심이 있다. 나를 위한 욕심이 있다. 그러나 나만을 위하는 것은 문제가 발생한다. 어느 지식도, 재산도, 지위도, 명예도 나만을 위하면 전체를 이탈한다. 이는 몸과 마음의 스트레스를 받는 것을 말한다. 심한 경우는 영적으로 스트레스 받는다. 영적 스트레스는 시공을 초월하여 파장을 미친다. 이탈하는 정도에 따라 인간 고유의 의식은 한없이 추락한다. 나중에는 인간성은 사라지고 동물성만 남는다. 이를 미연에 방지하는 것이 겸손이다. 많은 것을 알수록, 더욱 겸손해야 한다.

겸손하지 않으면, 지식으로, 재산으로, 지위로, 명예로 망한다. 여기서 망한다는 뜻은 생명이 작동하지 않는다는 뜻이다. 이때 인성은 메말라 간다. 인성이 메마르면, 전체를 이탈하여 홀로 남는다. 이런 자는 일을 하면, 오직 본인만을 위한다. 회사에서 일하면 회사에 도움이 되지 않는다. 국가를 운영하면 국가를 망하는 방향으로 한다. 오직 개인만을 위하기 때문이다. 이렇게 인성은 매우 중요하다. 인성을 채우려면 겸손이 필요하다. 겸손은 나를 낮추는 것은 물론이고, 상대의 수용과 인정이다. 이 조건에서 전체와 함께 한다. 겸손할수록 좋다. 더욱 겸손하라.

사람들은 과시 의욕이 있다. 뭐를 알았다 하면 자랑하고 싶어 한다. 배우면 아는 체 하고 싶어 한다. 이 모든 것이 에고의 발로이고, 분별의 작동이고, 생명의 저버림이다. 에고가 있는 한, 생명의 작동은 비정상이다. 에고는 무조건 버려야 한다. 여기 겸손이 도움을 준다. 이러한 이치로 어떠한 상황에서도 겸손해야 한다. 생명의 힘을 발휘하기 위해서는 겸손해야 한다. 겸손하라. 더욱 겸손하라. 세상이 아름답게 보이기 시작한다. 전체가 하나로 조화되어 있는 아름다운 모습을 보기 시작한다. 산다는 게 기쁨이고 즐거움이다.

3.125 균형을 찾아라 (2020.2.29.)

균형은 중요하다. 안정된 상태를 유지하기 때문이다. 균형 잃으면 소멸로 간다. 병도 균형을 잃어 발생한다. 모든 일과 대상에서 균형은 보이지 않지만 분명하게 작동을 한다. 개인적으로 균형 잃으면 인성이 사라진다. 조직에서도 균형 잃으면 조직이 와해된다. 국가도 마찬가지다. 크게 보면 인류도 마찬가지다. 자연은 절묘하게 균형을 유지하고 있다. 우주다. 그런데 인위는 그 절묘한 균형을 묘하게 와해하려 한다. 나를 향한 마음이 커지기 때문이다. 그래서 무위를 얘기한다. 무위는 균형을 찾는다. 이때 나를 향한 마음과 상대를 향한 마음은 같다.

모든 일은 마음먹기 달려있다. 균형 있는 마음이면 안정된 발전을 이룬다. 균형 잃은 마음이면 퇴보한다. 건강도 이를 따른다. 반드시 그렇다. 이는 우주의 이치다. 우주가 그렇게 돌아가고 있기 때문이다. 변화도 균형을 위한 변화여야 한다. 그렇지 못하면 파멸을 향한다. 개인도 균형된 마음을 잃으면 파멸을 면치 못한다. 건강도 재산도 이를 따른다. 종국에는 그렇게 흘러간다. 조화 잃으면 필요가 없기 때문이다. 우주의 원리가 그렇다. 균형을 찾아야 한다. 이 모든 것 마음에서 시작한다. 어떤 마음이냐가 중요하다. 순수한 마음이 본래 마음이다.

균형 잃으면 쓰러진다. 마음의 균형 잃으면 스트레스 작동한다. 나만 생각하면 반드시 스트레스 받는다. 스트레스는 마음에서 몸으로 전파되고 몸이 망가져 간다. 균형 잃어 소멸의 과정을 겪는다. 이렇게 균형을 찾는 것은 중요하다. 몸이야 내구연한이 있어 어쩔 수 없지만 마음은 내구연한이 없다. 마음의 균형은 무엇보다 중요하다. 본래 마음은 자연스럽다. 그런데 인간이 억지로 마음을 마음대로 부려먹는다. 그렇게 하고 균형을 잃는다. 이것이 바로 죽음이다. 생명이 작동하지 않기 때문이다. 살아가는 동안 반드시 균형을 찾아야 한다. 이것이 온전한 삶이다.

사회적 균형은 나와 집단의 균형이다. 나의 이익과 집단 이익의 균형이다. 나를 위하고 조직을 위하는 균형이다. 이렇게 할 때 나도 발전하고 조직도 발전한다. 나도 안정되고 조직도 안정되기 때문이다. 균형은 건강이다. 균형을 찾아라. 세상이 아름다워진다. 산다는 것이 즐거워진다. 균형은 나를 위하는 만큼 상대도 위하는 것이다. 나를 위하는 만큼 조직을 위해야 균형을 이룬다. 나를 위하는 것이 커지는 만큼 균형을 잃어 간다. 욕심을 부리는 만큼 균형을 잃어간다. 균형을 잃는 만큼 건강은 사라져 간다. 균형을 찾아라.

욕심이 지나치면 영적으로 균형을 잃는다. 영적인 것은 규모가 크다. 시공을 초월한다. 균형을 잃으면 스트레스가 작동한다. 영적으로 작동하면 본인은 물론이고 주변 공간으로 시간을 초월하여 스트레스가 작동한다. 엄청난 파장을 일으킨다. 지나친 욕심은 큰일을 일으킨다. 이는 물리 현상이다. 보이지 않지만 아주 명확하게 작동한다. 균형을 찾아라. 욕심이 있는 한 균형은 찾지 못한다. 지식, 재산, 지위, 명예 등은 욕심을 일으키는 위험요소다. 이 위험요소가 편리를 위해 필요 없는 것은 아니지만 균형을 이루는 것이 필요하다.

3.126 현실에 좌절하지 마라 (2020.1.14.)

살다보면 도저히 이해하지 못할 일 겪는다. 그때 어떻게 맞이하느냐는 매우 중요하다. 어려운 현실에 매달려 있을 것인가? 훌훌 털고 일어날 것인가? 모든 것 마음먹기 달려 있다. 전체 속의 일부로 볼 것인가? 부분만을 볼 것인가? 전체를 보면, 아무 것도 아니다. 부분만 보면, 부분이 전체로 착각한다. 크게 보면, 현실에 좌절할 일이 아니다.

현실의 난관은 극복하라고 있다. 현실은 좌절이 아니고, 극복이다. 뭔가 작동이 있어야, 난관은 극복된다. 작동은 여러가지가 있다. 온 힘이 온전하게 작동되어야 한다. 현재 실상을 또렷이 보라! 존재로 맞이하라! 생명이 작동한다. 생명만이 온전한 힘을 발휘한다. 이때 좌절은 점점 사라져간다.

현실을 직시하면, 좌절은 극복된다. 직시는 올바로 보는 것이다. 개인으로가 아니고, 전체로 보는 것이다. 개인으로 보면, 올바로 보이지 않는다. 뒤로 한 발짝 물러서 보면 제대로 보인다. 전체로 보면, 현실에 좌절할 일이 아니다. 남들은 대수롭지 않게 본다. 그런데 내가 그 속에 머물러 있는 것은 우스운 일이다.

직시는 똑바로 보는 것이다. 현실을 직시하라! 올바로 봐라! 있는 그대로 봐라! 전체로 봐라! 균형을 찾아라! 이때 좌절은 없다. 좌절이 있는지 조차 모른다. 열심히 있는 그대로 뭐든지 하면 된다. 그게 사는 것이다. 살아있는 것이다. 이치가 그렇다. 생명이 작동하기 때문이다. 생명이 작동하면 두려울 게 없다.

현실은 즐기라고 있다. 즐기지 못하는 것은 현실을 외면한 것이다. 존재 무시하고 방황한다. 생명은 작동하지 않고 허공을 헤맨다. 생명은 언제 어디서든 무슨 일을 해도, 존재와 함께 하기 때문이다. 이 이치를 알면, 현실을 좌절할 일이 아니다. 어떤 상황이라도, 마땅히, 당당하게 현실을 즐겨라!

3.127 굴하지 마라 (2019.7.19.)

보통 사람들은 실망하면 상심한다. 자존심이 상하기도 하고, 의지가 약해지기도 한다. 의지는 비중은 작아도, 생명을 지탱하는 토대다. 의지가 약해지면, 일도 하기 싫고, 어느 것도 피하려 한다. 의지는 생명의 토대라, 전체라 봐도 무방하다. 의지는 생명을 약동시키는 기반이다. 어느 어려움도 굴하지 마라. 의지가 사라지기 때문이다.

일의 경중은 없다. 잘하고 못하고도 없다. 잘나고 못나고도 없다. 그런데 못한다고 못났다고 구박을 받는다. 이때 의지가 꺾일 수 있다. 여기 굴하면 안된다. 굴하지 마라. 여기 뭔가 잘못이 있다. 그 잘못된 것도, 억울함도, 받아들여라. 그러면 의지는 꺾이지 않는다. 더욱 중요한 것은 생명이 작동한다. 굴하지 마라.

일이 잘 안 풀리면 좌절한다. 어떻게 해도, 일이 잘 안되면, 좌절한다. 여기 굴하지 마라. 뭔가 잘못이 있다. 밖을 살피기보다, 안을 살펴라. 욕심을 부리지 않았는지, 정신이 나가지 않았는지, 살펴라. 만약 그렇다면 문제는 나로부터 발생한 것이다. 내가 스스로 일하면서, 수시로 존재를 벗어나고, 생명이 작동하지 않게 하였다. 이것이 문제였다. 굴하지 마라. 세상은 아름답다.

대개 지식으로 포장하여, 말이 많은 자나, 주장이 강한 자나, 분별심이 강한 자는, 부분에 매몰돼 있다. 전체를 보지 못하며, 주장이 매우 강하다. 거기 맞서지 마라. 그러면서 굴하지 마라. 의지가 꺾이면, 모두 잃는다. 부분에 휩쓸려, 의지가 약화되면 손실이 크다. 받아들이되, 불쌍히 여겨라. 하늘도 도울 수 없는 일이니, 불쌍히 여겨라. 굴하지 마라.

어느 난관과 비난에도, 굴하지 마라. 어느 아픔도, 굴하지 마라. 난관도, 비난도, 존재의 사랑으로, 사람이든 사물이든, 그렇게 하라. 암의 아픔도, 두려움까지도, 굴하지 마라. 존재의 힘은 아주 강하다. 어느 것도 모두 녹여, 전체 하나로 만든다. 존재를 즐겨라. 거기 생명이 있다. 세상은 아름답다.

3.128 새롭게 하라 (2018.12.3.)

세상은 모든 게 변한다. 그 변화에 적응하고, 조화를 이뤄야 한다. 그것이 순리다. 이를 따르지 않는 것이, 오히려 조화를 이루지 못하는 것이다. 변화에 적응하는 것이 새롭게 하는 것이다. 언제나 새로운 변화에 적응해야 한다. 물론 기본으로 지켜야 할 것이 있다. 그것은 인성이다. 나머지는 어느 것도 새로운 변화에 적응해야 한다. 새롭게 하라. 그 방향은 조화를 이루는 길이다. 그것은 우주의 질서이고, 이치다.

안팎으로 변화는 쉬지 않고 일어난다. 여기 항시 적응해야 한다. 적응하는 방법은 순응이다. 맞서는 것은 순리에 벗어나는 경우가 대부분이다. 존재 벗어나는 것은 기본이다. 생명도 작동하지 않는다. 변화에 적응하지 못하면 이렇게 된다. 새롭게 적응하는 것이 이렇게 중요하다. 새롭게 해야 한다. 새롭게 하는 것이 삶을 제대로 맞이하는 것이다. 어느 것도 거부하지 말고, 새롭게 맞이하는 것은, 생명을 되찾는 것이다.

새롭게 해야 하는 이유는, 조화를 이루기 위함이다. 조화의 상태는 전체와 어울려 있는 상태다. 생명과 함께 하며, 진리의 바탕이고, 누구나 따라야 할 길이다. 새로운 환경에 적응하기 위해, 새롭게 해야 한다. 멈춰 있는 것은, 편안함을 외면한다. 조화를 잃고, 방황한다. 삶이 구속돼 있다. 시대에 적응해야 한다. 세상은 그렇게 돌아간다. 이를 위해 새롭게 해야 한다. 여기 적응하지 못하면, 인간은 물질에 구속된다.

조화는 새롭게 맞이하는 산물이다. 어느 일도 그렇게 맞이해야 한다. 조화를 이루는 과정은, 존재 상태에서 가능하다. 조화 이룰 때는, 생명과 함께 한다. 분명하다. 생명의 역할은, 조화를 이루는 일을 하기 때문이다. 그렇게 새롭게 하며, 조화이루는 일은, 늘 생명과 함께 한다. 인성도 가득 채워진다. 인성이 곧 생명이기 때문이다. 항상 새롭게 하며, 조화로운 인생은 인간의 성숙으로 돌아온다. 이는 신이 되는 길이다.

세상은 돌고 돈다. 계절이 바뀌듯이, 돌고 돈다. 정신을 차려야 한다. 항상 새롭게 적응해야 한다. 주위를 살피고, 맞이하는 일에, 집중해야 한다. 다른 일 생각할 겨를이 없다. 자유는 존재에서 나온다. 존재 벗어나면 구속이다. 자유로운 영혼은, 항상 새로움을 즐긴다. 인생의 아름다움은, 여기서 피어난다. 자유롭게, 편안하게, 새로움을 즐기며, 그렇게 살아가는 것이, 인생이다.

3.129 즐겨하라 (2019.8.7.)

삶의 의미는 즐겨 하는데 있다. 짧은 인생 즐겨 하지 못하는 것은, 모두가 손실이다. 즐기지 못하는 모든 것은, 존재 떠나있기 때문이다. 생명이 작동하지 않아, 부조화 상태 유지하여, 몸도 마음도 불편한 상태를 지속한다. 사는 것이 무거운 짐을 지고 있는 것과 같다. 어느 일을 해도 마찬가지다. 그것이 습관 되어, 생명이 작동하지 않으면, 죽은 목숨이다. 맡은 바 어느 일도 즐겨해야 한다.

하는 일을 열심히 하지 못하고 있으면, 존재 떠나있다고 보면 틀림없다. 이것이 좋은지, 저것이 좋은지, 방황만 거듭한다. 자기중심으로 하고자 하는 것이 강하다고 봐야 한다. 자기기준으로 분별하여, 상대를 거부하거나, 일을 거부하며, 존재를 벗어난다. 이는 있는 그대로 하늘의 뜻을 거부하며, 버릇이 없어진 상태가 된다. 겉으로는 보이지 않지만, 생명은 그런 자의 몸을 떠난다. 어느 일도 즐겨해야 한다.

일의 귀천은 없다. 청소부 일이라도 존재로 맞이하면, 왕 노릇 부럽지 않다. 생명과 함께 하기 때문이다. 존재로 맞이한다는 뜻은, 즐겨한다는 뜻이다. 이때 어느 일도 분별하지 않고, 있는 그대로 즐긴다. 어려운 일, 궂은 일, 마다하지 않고 분별이 사라진 상태로 맞이한다. 사람과도, 일과도, 하나가 된다. 이를 사랑이라 하고, 생명이 약동하게 되어 있다. 누구도 있는 그대로 즐겨야 한다.

일도 사람도 도저히 이해할 수 없는 경우가 있다. 거기 맞서다 보면, 즐겨 하는데 방해가 된다. 이해할 수 없는 것으로 방해가 되는 것은 손해다. 그런 상황은 그냥 내버려 둬야 한다. 하늘도 이해하지 못하는 것이기 때문이다. 어느 상황에서도 방해받지 않아야 할 일 즐겨할 수 있다. 이해하지 못하는 것에 동화되어, 자존이 사라지면 같이 죽는다. 어느 것도 즐겨 해야 한다.

세상에 존재하는 모든 것은, 그 존재이유 있다. 각자 자기 역량 뽐내며, 전체와 조화 이루란 것이 이유다. 조화는 반드시 존재 상태에서 이뤄진다. 이는 각자 존재로 즐겨할 때 가능하다. 생명은 그때만 작동한다. 지식, 재산, 지위, 명예 따위로 분별하는 순간, 생명은 작동을 멈춘다. 어느 것도 분별하는 순간, 생명은 사라진다. 이는 생명의 원리이고, 우주 질서의 이치이고, 전체를 이루는 기반이다. 그래서 존재로 즐겨야 한다.

3.130 최선을 다하라 (2020.2.14.)

최선은 힘을 다하는 것을 말한다. 최선의 힘은 생명의 힘이 나올 때다. 생명의 작동은, 존재의 상태에서 일어난다. 이때는 집중돼 있고, 사랑의 상태다. 사랑은 분별이 사라진 하나의 상태다. 일을 할 때는, 일과 하나다. 사람을 대할 때는, 사람과 하나다. 이것이 최선을 다하는 것이다.

분별심이 작동하면, 분별한 만큼 손실이고, 최선이 아니다. 거기 생명은 작동을 멈추기 때문이다. 분별은 옳고 그름, 잘나고 못남 등을 구분하는 것을 말한다. 그럴 때마다 존재를 벗어나, 생명은 작동을 중지한다. 그래서 뭔가 열심히 할 때는, 분별이 없어야 한다. 분별이 있으면, 열심히 않는 것이다.

최선은 존재와 함께할 때다. 어느 일을 맞이해도 마찬가지다. 존재 떠나 하는 일은, 모두가 분별이다. 분별할 때는 정작 할 일은 하지 않고, 이리 재고, 저리 잰다. 그럴 때는 일의 진행은 없다. 그냥 멈춰 있는다. 이렇게 분별은 좋지 않다. 이것이 심해지면, 병이 된다. 분별이 스트레스 요인이기 때문이다.

욕심은 최선을 다하는데, 무조건 방해다. 욕심은 나를 향한 강한 분별이다. 그럴수록 존재에 머무를 수가 없다. 존재 떠나는 것은, 살아도 산 것이 아니다. 이렇게 존재는 소중하다. 반대로 욕심은 인생의 최악이다. 그런데 배울수록 욕심 부린다. 잘못 배워서 그렇다. 욕심은 인생을 망가지게 할 뿐이다.

일등하려는 마음도, 잘하려고 하는 마음도, 분별이다. 오직 존재에 머무르며, 사랑의 상태에 이르는 길이, 최선이다. 이때는 이무 생각 없이, 열심히 한다. 그렇게 열심히 하는 자세가 최선이다. 어느 상태이건 분별했다 하면, 욕심이 들어가 있다. 분별해도 욕심이 없어야 한다. 이 상태는 해탈의 경지에서다.

3.131 믿지 마라 (2023.7.6.)

믿어야 되는데, 믿다가 속으니까, 믿지 마라 말한다. 속이는 자가 족히 반은 된다. 마냥 믿어서는 곤란을 겪는다. 믿지 말고 관찰하라! 본인을 믿어라! 적어도 본인이 거짓인지 아닌지는 잘 안다. 거짓이라면 본인도 믿지 마라! 본인을 속이는 것은 본인만을 이롭게 하기 위해, 변명하거나 합리화하는 것 등이다. 이렇다면 본인도 믿지 마라! 하물며 논리를 만들어 남을 속이려 한다면, 더더욱 본인도 믿지 마라! 앞으로 무슨 일을 벌일지 모르기 때문이다. 종국은 본인을 위하는 것이 아니기 때문이다.

마음은 얼마나 빨리 자주 변하는지 모른다. 그냥 믿으면 안된다. 마음은 일초에 한 번씩 변할 수 있다. 그냥 믿을 수 있나? 마음은 생각을 따른다. 에고가 강한 자는 생각이 많다. 본인만을 위해 생각을 거듭한다. 자주자주 생각을 바꾼다. 상황 따라 생각을 바꾸면서, 본인 주장만 거듭한다. 거짓도 서슴지 않는다. 주장이 강한 자는 오직 본인만을 위한다. 어떻게 믿을 수 있겠는가? 믿지 마라!

이런 자는 믿지 마라! 논리가 정연하고, 남을 비방하는 자, 자기 자랑이 심한 자, 믿기 쉬운데, 믿으면 큰 곤란을 겪는다. 완전 가짜다. 에고가 얼마나 강한지 모른다. 논리로 주장하는 것도 에고이고, 비방하는 것도 에고이고, 자랑하는 것도 에고다. 에고를 거듭한 것인데, 이는 반드시 남을 속이는 것이다. 남모르게 거짓을 얼마나 동원했는지 모른다. 믿지 마라!

잘난 체 하는 자 믿지 마라! 에고가 강한 자다. 욕심이 많고, 혼자만을 위한다. 모든 것을 동원해 본인만을 드러내고, 남을 무시한다. 거짓을 행하는 자다. 겉으로는 진실을 가장한다. 얼마나 포장을 잘하는지 모른다. 남을 현혹시키기 위해서는 반드시 진실을 가장해야 한다. 잘난 체 하는 것도 그 일환이다. 그 것 믿으면 낭패 보기 십상이다. 속을 알 수가 없다. 믿을 수 없다. 믿지 마라!

싸가지 없는 자 믿지 마라! 싸가지는 진실, 전체, 생명, 의식 등 네 가지다. 거짓으로 혼자만을 위하고, 인간의 생명이 작동하지도 않고, 의식도 인간 이하 수준이다. 싸가지 없는 자는 얼마나 잘난 체 하는지 모른다. 남을 무시하는 것은 기본이다. 그렇게 하고 혼자만을 위해 속은 감춰 놓는다. 어떻게 믿을 수 있나? 믿으면 반드시 속는다. 어떤 곤란을 겪을지 모른다. 믿지 마라!

약도 믿지 마라! 반드시 부작용이 있다. 잠깐 사용하고 끊어라. 그리고 관찰하라! 음식도 약이다. 내 몸에 맞으면 약이다. 맞지 않으면 음식도 내 몸이 거부한다. 이것도 사람 따라 다르다. 어떤 사람은 많이 먹어도 상관없다. 모두 생명의 작동이다. 그것을 관찰해야 한다. 믿을 것만 믿어라! 생명을 믿어라! 진실이다.

책도 믿지 마라! 선생도 믿지 마라! 그대로 믿으면 속을 때가 있다. 전체의 진실을 담은 것인지, 부분의 오류를 담은 것인지 알아야 한다. 확인하고, 믿어야 한다. 그냥 믿으면 곤란을 겪는다. 선생도 마찬가지다. 자기주장이 강한 좁은 마음의 선생인지, 전체진실을 구현하는 넓은 마음의 선생인지! 모르기 때문이다. 이해하고 나서 믿어라! 이는 스스로 터득하는 길이다. 모든 것은 스스로 터득해야 한다. 너 자신을 믿어라! 의식이 깨어난다. 너를 찾는 길이다.

3.132 치유의 삶 (2022.11.17.)

인간은 몸과 마음으로 구성된다. 몸은 물질이고, 마음은 비물질이다. 몸은 눈에 보이고, 마음은 보이지 않는다. 그러나 마음은 몸을 지배한다. 마음이 몸을 떠나면, 몸은 불편하다. 이것이 바로 스트레스고, 무거운 짐으로 작동한다. 몸을 버리고 마음이 허공을 방황하는 이유는, 단지 에고의 발동이고, 본인만을 위해서다. 사실은 본인을 위한다고 하는데, 본인을 가장 위태롭게 할 뿐이다. 이는 세상의 이치다.

이치는 전체의 흐름이다. 여기서 벗어날수록 부담은 커진다. 이는 아픔으로 작동한다. 부조화의 상태가 되고, 무거운 짐을 지고 살아간다. 나중에는 견디지 못하고, 몸이 약한 곳부터 무너지기 시작한다. 이를 벗어나는 것이 치유다. 치유는 전체의 삶이다. 부조화에서 조화를 찾는 삶이다. 개인에서 전체의 삶을 찾는 것이 바로 치유이다. 인간은 보이지 않은 마음이 지배하여, 보이는 물질의 유혹에 약하다. 그 유혹은 지식, 재산, 지위, 명예 등이다. 이런 것은 전체를 둘로 끊임없이 나눈다. 전체가 온전한 것이라면, 전체에서 이탈할수록, 전체를 나눌수록, 온전함에서 멀어진다. 이를 뒤돌리는 과정이 치유다.

인간은 너무 잘난 것이 탈이다. 유혹에 빠져 잘남을 들어낸다고 하지만, 이치에서 벗어날 뿐이다. 잘남을 들어낸다고, 전체를 무시하면, 여기서 벗어나지 못한다. 이치는 누구도 거부할 수 없는 거대한 흐름이다. 치유는 이치를 따르는 길이다. 이치는 전체의 흐름이다. 그 흐름을 따르는 것이 치유다.

세상의 흐름은 있는 그대로, 이유가 있는 결과다. 이를 보고 따르는 것이, 치유의 과정이다. 이유는 이치의 근원이다. 이치는 부담 있는 만큼, 변형으로 나타난다. 견디다 못해 변형이 된다. 치유는 이 과정을 멈추게 한다. 변형은 아픔이다. 변형 없이, 아픔 없이, 몸의 기구를 사용하는 것이 현명한 삶이다. 이는 치유의 삶으로 가능하다. 구속되지 않고, 자유로운 삶이, 치유의 삶이다. 자유는 전체 속에서만 온전하다. 치유의 삶은, 바로 자유다.

3.133 사랑과 열정 (2018.9.30.)

사랑은 분별없는 하나의 상태다. 나를 기준으로 전체와 함께 있는 상태다. 사랑은 전체와 함께하는 방법이다. 전체에서 벗어나면, 혼자서 전체와 맞서는 꼴이 된다. 허공을 방황하기 시작한다. 아무리 찾아도 없다. 전체를 벗어났는데, 있을 리 없다. 점 하나에도 미치지 못하는 생애에서, 순간순간은 소중하다. 이 소중한 시간을 열정으로 맞이해야, 전체와 함께한다. 사랑과 열정은 전체의 온전함을 위한다.

열정이 없다는 뜻은, 방황한다는 뜻이다. 무엇을 해야 할지, 마음이 오락가락한다. 전체에서 이탈하여 허공 속을 비교하고 분별하며, 추구와 방황을 거듭한다. 열정은 전체의 있는 그대로, 분별없는 어울림이다. 열정이 없으면 존재 벗어나 방황한다. 분별없는 사랑과 열정으로, 있는 그대로 즐기는 것이 인생이다. 진정 인간이 되며, 최고의 삶이 된다. 전체와 조화이루는 자유로운 영혼으로 거듭난다.

세상에 존재하는 것은, 모두가 이유 있는 존재다. 저마다 역량을 뽐내며, 어울려 전체 이루라는 뜻이 있다. 그렇게 누구나 모든 것이 전체와 절묘하게 어울려 있는 상태가 사랑이다. 그리고 전체 속에서 각자는 열정으로 타고난 역량을 발휘하는 것이, 전체와의 어울림이고 조화이다. 인생은 사랑과 열정으로 가득해야 한다. 우주원리에 따르는 순리이고, 생명과 함께하기 때문이다.

사랑과 열정은 존재와 함께한다. 존재 벗어나면, 사랑은 사라지고, 열정은 식는다. 그리고 전체를 벗어나, 방황하기 시작한다. 아무리 많은 지식을 쌓아도, 존재 벗어나면, 전체와 함께하지 못하고 방황한다. 존재 벗어나는 이유는, 반드시 내가 중심이고 나를 위해 분별하기 때문이다. 이때 순간적으로 전체를 이탈하고, 생명은 작동하지 않는다. 여기서 인생은 불안과 고통의 나락으로 추락한다. 자유가 아니고, 구속의 삶을 살아간다.

아무것도 하지 않고, 존재 유지하는 것 쉽지 않다. 마음은 쉬지 않고 움직이기 때문이다. 분별없는 사랑의 상태가 존재이며, 이를 유지하는 방법은 열정이다. 사랑과 열정은 상호보완의 관계다. 전체와 조화 이루며, 있는 그대로, 사랑이 넘치고, 열정이 식지 않는 삶은, 그 자체로 축복이다. 이때 인생은 진정 꽃이 피고, 아름답다. 모두가 한데 어울려, 사랑과 열정으로 가득한 세상은, 축제의 장이 된다. 멀리 떨어져 있어도, 하나로 함께 움직이며, 조화를 이룬다. 우주의 원리고, 그 중심은 생명이다.

3.134 사랑, 기쁨, 감사의 친구되자 (2017.3.9.)

세상에 필요하지 않은 존재 없고, 저마다 자태 뽐내며, 잘잘못 있어도 절묘하게 전체 조화 이뤄놓는 그 무엇 있는데, 누구나 그 덕분에, 그 그늘 아래, 전체하나 사랑의 상태로 존재하니, 언제 어디서나 함께 있음을, 기쁨으로 맞이하고, 전체하나의 사랑에 감사해야 한다.

사랑은 서로 좋아하고, 인력이 작용하여 끌림이 있는데, 자랑, 시기,

질투 없고 한 몸과 같기 때문에, 서로 바라지도 않고, 햇빛과 같이 널리 이롭고 고르게 비춰주고, 아무 일도 하지 않은 듯 하는 것이 한결같고, 욕심이 완전히 사라져, 분별이 없는 상태이다.

기쁨은 근심, 걱정 사라진 상태로, 전체하나 사랑의 그늘 아래 함께 존재하니, 어느 어려움도 두렵지 않고, 일이 많아도 피로하지 않고, 있는 그대로 즐겁게 맞이하게 하고, 전체 하나됨이 더욱 온전해지게 하고, 인생의 즐거움과 아름다움을 더해주고 인간을 성숙하게 한다.

감사는 고마움을 아는 것인데, 숨 쉬게 하고, 먹여주고 재워주고 일하게 해주니, 감사하고 교만하지 말라 아픔을 주니 고맙고, 오만하지 말라 어려움을 주니 고맙고, 인생의 쓴맛을 알라 에고와 분별심을 주니 고맙고, 어느 잘못에도 온화한 햇빛처럼 언제나 감싸주니, 감사해야 한다.

사랑은 분별없음, 한결같음, 변치않음, 전체하나 평온 자체이며, 사랑이 가득하면 어느 어려움도 마다하지 않고, 기쁨으로 맞이하고, 피로하지도 않고, 짜증도 나지 않게 되니, 인생은 즐겁고, 모두가 사랑의 한가족임을 감사히 여기고, 언제 어디든 사랑, 기쁨, 감사는 친구이다.

Chapter 04

길 안내 공식

물은 인성이다

Chapter 04

길 안내 공식

'3. 인생 길'의 글은 어느 책도 참고하지 않고, 空谷 선생으로부터 5~6년 동안 한 달에 2번 정도 강의 들은 것을 토대로 하고, 순전히 체득에 의한 것을 작성한 것이고, 그 일부를 모은 것이다. 체계적으로 정리하지 않은 것이고, 그런 내용도 아니라서, 순서에 상관없이 읽어도 상관없다. 오히려 생각날 때 부분적으로 단편적으로 조금 읽는 것이 감응을 일으킬 수 있다. 뭐든지 받아들일 준비가 돼 있는 자에게 돌아가기 때문이다. 받을 준비가 돼 있으면 받을 수 있다. 지나치듯 하면 지나쳐버리고 만다.

앞의 여러 이야기의 키워드는 진실, 거짓, 사랑, 생명, 전체, 존재, 의식, 에고, 스트레스 등이 주를 이룬다. 이를 쉽게 알 수 있는 지표가 있을까? 하는 고민을 거듭했다. 필자는 모든 것을 점수화해서 관찰하고 판단한다. 이야기하기 어려운 부분이지만, 필자의 의식수준을 믿고, 에고 상태가 제로라고 스스로 인정하고 모든 것을 평가한다. 에고가 제로인 상태에서는 전체와 균형을 이룬 에너지와 정보를 추출할 수 있다. 에고가 제로가 되지 못하면 개인으로 치우쳐 균형된 에너지 정보를 추출할 수 없다.

허무주의를 주창한 니체는 에고는 삶의 걸림돌인데 살아서는 없앨 수 없으며, 죽어야 완전히 사라진다고 했다. 이를 따라 유럽에서 많은 사람이 자살했다고 한다. 그러나 정작 니체는 페스트가 만연했을 때, 때맞춰 찾아온 페스트로 죽음을 선택하여 에고를 버릴 수 있는 절호의 기회를 기피하고, 도망가서 수명을 연장했다고 한다. 에고는 바로 이런 것이고, 지식으로 쌓은 것이다. 그러나 살아서 완전히 없앨 수 없는 것은 결코 아니다. 누구나 지식의 분별심만 초월하면 에고는 제로가 된다.

여기 제시한 글들은 어떤 사람에게는 가슴에 와 닿고, 어떤 사람에게는 전혀 와 닿지 않을 수 있다. 어느 글도 이해 바탕에서 공감이 된다. 그때는 스스로 배우고 가르치는 입장이 된다. 뭐든지 스스로 배우고 익혀야 한다. 그것이 최고다. 선생이 아무리 잘 가르쳐도 이해가 되지 않으면 소용없다. 스스로가 최고 선생이다. 다만 여기서는 그를 안내할 뿐이다. 글을 읽는 대로 공감이 된다면, 이미 수준에 오른 자이다.

많은 이야기를 했지만, 곱씹어보면 같은 내용을 되풀이하고 있다는 것을 간파할 수 있다. 요약을 하면 다음과 같다. 인간으로 살아가는 길은 진실이다. 진실은 인간의 기본이다. 거짓을 행하는 자는 인간이라 할 수 없다. 그런데 인간의 반은 거짓으로 살아간다. 진실은 전체를 향하고, 생명이 작동한다. 이에 반해 거짓은 나를 향하고 생명의 작동을 중지시킨다. 그리고 생명과 함께할수록 의식은 확장하여 신성을 발휘한다. 그러나 생명과 하지 않는 만큼 인성은 사라지고, 의식은 인간이하 수준으로 추락하여 동물성으로 채워진다. 이 모든 것은 지식의 구속 여부에 달려 있다.

이를 보다 쉽게 이해할 수 있도록 공식화를 시도하였으며, 그 중 일부를 여기서 설명한다. 다양한 정보를 추출하는 능력은 각자의 몫으로 하고, 여기서는 설명을 피한다. 필자는 호흡으로 모든 정보를 추출하고 있다.

4.1 에고와 스트레스

인간에게 가장 몹쓸 병이 에고다. 에고는 모든 것을 자기와 비교하고 나눈다. 전체의 온전한 상태를 나눈다. 여기서 가짜가 나온다. 화려하게 포장하고 속을 가리며 남을 현혹시키고 거짓을 실천하게 한다. 생명은 멀리 떠난다. 생명이 떠난 자리는 스트레스가 자리 잡는다. 또 면역은 떨어져 견디는 힘도 사라져 간다.

에고가 가득차면 욕심이 가득 찬 것과 같다. 변명과 합리화, 나아가 논리는 거짓의 주범이다. 에고가 100일 때, 스트레스는 74, 면역은 36을 나타난다. 그 사이의 변화는 그림과 같다.

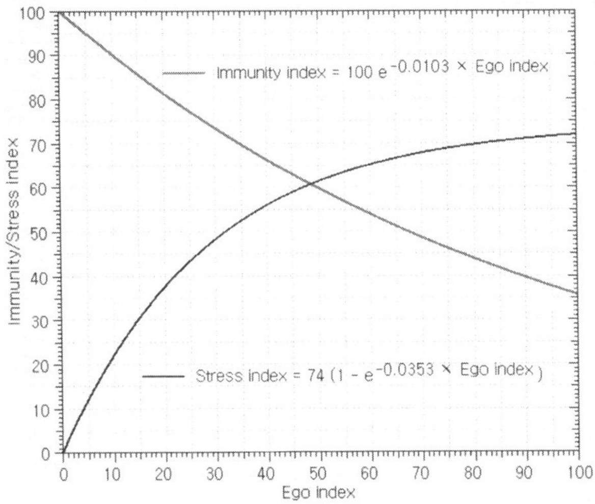

[그림 20] 에고와 면역, 스트레스의 관계

그런데 에고가 강화되면 어디까지 가는가 하면, 그 끝을 가늠할 수 없을 정도다. 어떤 자는 500에 이른 자도 있다. 그런 사람들 입에서 나온 소리는 모두가 거짓이라 보면 틀림없다. 말도 유창하고, 논리도 정연하다. 정말로 똑똑하다. 그 걸 믿으면 큰 일 난다. 모든 것을 떠받는다. 에너지 수준도 떠받고, 스트레스도 떠받고, 면역력도 떠받고, 안 좋은 것 모두 떠받는다. 왜 떠받는가 하면 같은 종자이기 때문이다.

에고는 자아 형성이다. 누구나 태어날 때는 전체하나의 온전한 상태다. 배우며 자아가 형성되고, 본인만을 위해 전체를 이탈한다. 전체를 이탈할수록 불완전 상태로 간다. 조화에서 부조화 상태로 간다. 이것이 에고인데 본인이 선택한 결과다. 선택은 자유다. 온전함을 유지하느냐, 불완전을 추구하느냐의 선택이다. 그것은 삶과 죽음의 선택과 같다. 그렇게 에고는 몹쓸 병이다.

4.2 스트레스와 면역

스트레스는 종류가 수도 없이 많다. 그 종류에 따라 인체의 장부와 연계된다. 보통 화는 간, 기쁨은 심장, 심려는 비장 · 위장, 슬픔은 폐 · 대장, 두려움과 놀람은 신장 등과 연계된다. 그러나 복합적으로 발생하기도 하고, 나타나는 양상은 사람 따라 다르다.

생명이 작동하면 면역은 100이 된다. 생명이 작동을 중지하면 면역이 떨어진다. 존재 벗어나면 생명은 작동을 멈추고 스트레스 발생한다. 스트레스는 지식으로 인한 내 기준과 다른 만큼 받는다. 스트레스가 56이 되면 여러 가지 병이 생기며, 74가 되면 암, 우울증, 불치병 등 중병이 발생한다. 80을 넘으면 정신분열이고, 90에 이르면 몸이 견디지 못하고 죽음에 이르며 죽지 않으면 자살한다. 발병은 56 부터다. 스트레스가 36까지는 생명은 정상으로 작동하여 면역은 100이다. 보통은 이렇다.

그런데 지독한 사람도 많다. 스트레스가 100이 되어야 죽는 자다. 이런 자들은 속임수에 능한 자들이다. 인간이 아닌 동물성을 나타낸다. 끝까지 버틴다. 주장이 매우 강하고, 어떤 상황에서도 거짓을 진실로 포장하며, 주변을 어지럽힌다.

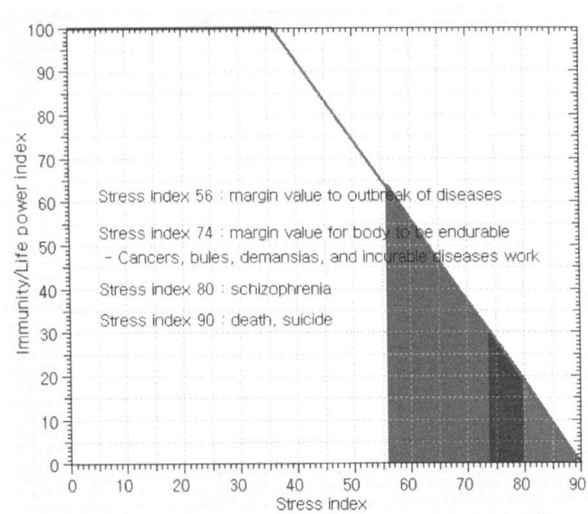

[그림 21] 스트레스와 면역, 생명의 관계

스트레스가 유발되면, 생명은 작동을 중지하고 면역은 감소한다. 스트레스가 바로 발병의 요인이 된다. 스트레스는 외적 요인보다 내적 요인이 더 크다. 내적 요인은 스스로 만든다. 내 기준과 다른 만큼 스트레스를 유발시킨다. 지식의 분별로 나타나며, 에고가 강할수록 스트레스는 더욱 강하게 유발된다.

무엇보다 스트레스와 관계가 큰 것은 마음이다. 어떤 마음을 먹느냐에 따라 스트레스를 만들기도 하고 없애기도 한다. 마음은 크고 넓을수록 안정되고 균형을 이룬다. 그럴수록 스트레스는 없다. 오히려 주변의 스트레스를 소멸시킨다. 모든 것은 마음이 만든다. 마음은 에너지 자체다. 어떤 마음은 병을 유발시키고, 어떤 마음은 병을 치유시킨다. 모든 것 마음먹기 달려있다.

4.3 스트레스와 시야

시야가 넓어야 한다. 앞만 보면 안된다. 뒤도 봐야 한다. 옆도 살펴야 한다. 스트레스가 높아지면 한쪽만 본다. 바로 옆도 보지 못한다. 아예 보지를 않는다. 그냥 앞으로 돌진할 뿐이다.

스트레스가 0이면, 시야는 최대로 360도가 되어, 전체를 살핀다. 스트레스 36이면, 시야는 55도, 56이면 16도, 74이면 2.7도, 80이면 1.1도, 90이면 0도에 이른다. 90 이상이면 무조건 0이다. 시계 제로다.

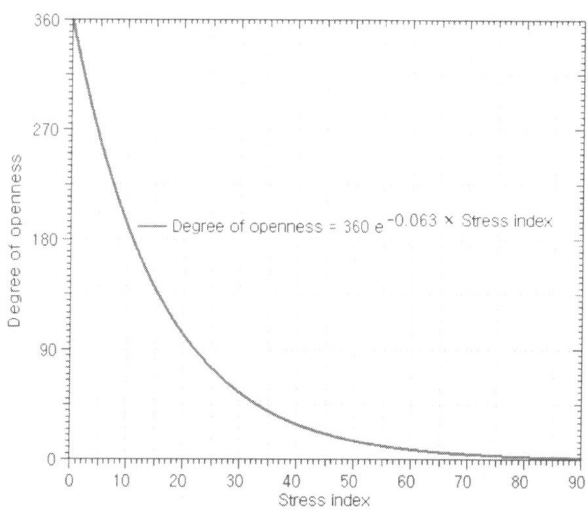

[그림 19] 스트레스와 시야의 관계

시야가 좁아지는 의미는 눈에 보이지 않는다는 뜻이 아니다. 주변을 살피지 않는다는 뜻이다. 오직 나만을 위하고, 주위는 아랑곳하지 않는 것을 말한다. 시야가 좁은 자와 생활하는 것은 결코 쉬운 일이 아니다. 오직 나만을 위하기 때문이다.

인간은 전체와 함께하는 것이 의무이고 권리다. 나만 위하는 것은 인간이기를 포기하는 것과 같다. 그래서 전체와 함께할수록 진실을 구현하는 것이 되고, 생명과 함께하는 길이다. 인간에게는 그렇게 하도록 설정되어 있다고 보는 게 편안하다. 그래서 나만을 위하면 각종 스트레스를 받게 된다.

시야가 좁아지는 요인은 바로 나다. 나를 향하는 만큼 시야는 좁아진다. 많은 사람들이 항시 나만을 위해 모든 것을 나를 향하게 한다. 시야가 좁아질 수밖에 없다. 지식으로 그렇게 한다. 애써 배워서 그렇게 한다. 돈 때문에, 지위와 명예를 이용하여 그렇게 한다. 왜소한 인간으로 전락할 뿐이다. 이런 자는 항시 스트레스의 무거운 짐을 지고 살아간다.

시야를 넓혀야 한다. 나를 향하는 마음을 정반대로 돌려야 한다. 그럴 때만 균형을 이룬다. 균형을 이룬 상태에서는 넓은 세상을 볼 수 있다. 시야가 넓어진다. 스트레스도 사라진다. 몸도 편안하고 마음도 편안하다. 넓은 세상을 볼 줄 알아야 한다. 그 시작은 내 지식의 굴레를 벗는 데서 시작한다. 이때 비로소 에고를 버릴 수 있다. 에고는 버리는 만큼 시야가 넓어지고 전체와 함께한다.

4.4 욕심과 의식

욕심은 나를 향한 지나친 마음이다. 욕심 없는 사람은 없다. 욕심이 제로라고 해도 나를 향하는 마음과 전체 향하는 마음이 균형을 이룬 상태다. 욕심이 지나치면 나를 속인다. 변명하고 합리화시키는 것이 나를 속이는 것이다. 나를 속이는 것을 채우고 나면 남을 속이기 시작한다. 이때부터 의식은 인간 이하의 수준을 나타낸다.

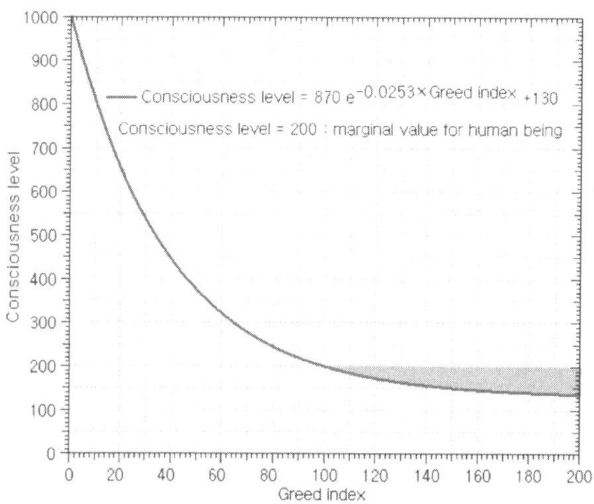

[그림 23] 욕심과 의식의 관계

욕심은 존재를 벗어나게 한다. 모든 것은 존재 상태에서 이뤄진다. 삶의 보물을 욕심으로 버린다. 당연히 생명은 작동을 중지한다. 전체를 무시하고 나만을 위하기 때문이다. 존재와 함께할 때는 욕심이 사라진다.

욕심이 0이 되면 의식수준은 1000이 된다. 욕심이 100이 되면 의식수준은 200이 된다. 이때는 내 욕심을 가득 채운 상태이다. 이를 넘어서면 남을 속이고 동물성을 나타내기 시작한다. 인간의 욕심은 그 끝이 없다. 살인자 2400이다. 내 욕심 채우는 것의 24배이다. 그 이상도 있다. 도저히 믿을 수 없는 것들도 함께하고 있다는 것을 알아야 한다. 인간의 반은 남을 속인다.

욕심 때문에 속고 속인다. 나 때문에 전체를 버린다. 전체를 버리고 나만을 선택한다. 손해가 이만저만 아니다. 그런데도 욕심을 부린다. 바보다. 전체의 힘과 나만의 힘은 비교할 대상이 되지 못한다. 하나는 생명의 힘이고, 다른 하나는 생명의 힘이 모두 빠진 나 혼자만의 힘이다. 어떻게 이를 비교할 수 있을까? 이처럼 욕심은 명백하게 선택을 잘못한 것으로 나타난다. 그래서 욕심 부리는 자는 재산과 건강을 잃는 경우가 많다.

의식은 살아갈수록 점점 깨어나야 한다. 진정 인간의 삶의 종착지는 의식의 깨어남이다. 욕심은 이를 이르는데 방해물이 될 뿐이다. 아니 욕심은 의식이 깨어나는데 단 한 발짝도 나가지 못하게 한다. 의식이 깨어난 자는 어느 일을 맞이해도 언제나 편안하다. 그래서 건강을 유지한다. 그러나 욕심이 가득한 자는 언제나 각종 스트레스가 가득 차 있을 뿐이다.

4.5 존재와 생명

존재와 함께하는 것은 진실이다. 존재 떠날수록 거짓이 싹튼다. 또한 존재는 사랑이 샘솟는 자리다. 존재는 있는 그대로이고, 사랑은 그와 함께하는 상태다. 어느 것과도 따지지 않고 어울린다. 생명은 그 사랑을 작동시킨다.

존재는 삶이다. 삶의 의미는 존재에 있다. 존재를 즐기는 만큼 삶은 윤택해진다. 존재는 인간의 기본이다. 이는 진실이다. 거짓은 인간성을 상실하게 한다. 존재 벗어나면 거짓을 실천하는 것이 된다. 뭐고 따진다. 잘났다고 따진다. 사랑은 온데간데없다. 인간이기를 포기한 것과 같다. 하늘이 용서하지 않는 죄를 범하고 있기 때문이다. 이의 뜻은 거기 생명이 없다는 뜻이다.

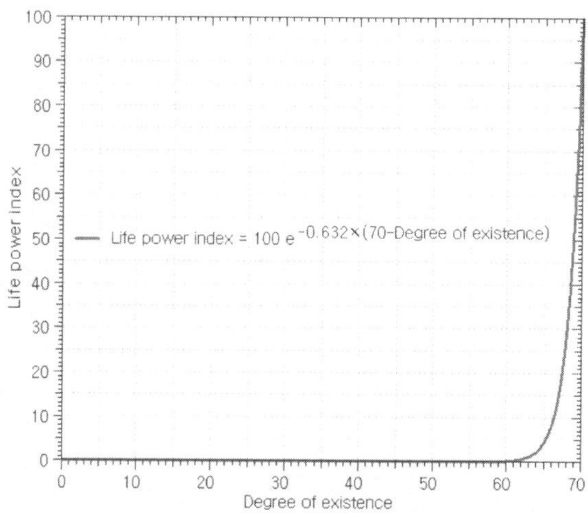

[그림 24] 존재와 생명의 관계

존재에 머무는 것은 쉽지 않다. 생각이 잠시도 가만히 있지 못하기 때문이다. 생명력이 발휘하는 시점은 존재가 60이 되어야 비로소 작동하는 것으로 추출됐다. 그리고 생명력이 온전하게 발휘되는 존재는 70이 되는 것으로 정보가 추출됐다. 존재는 그렇게 어렵다. 머물기가 쉽지 않다.

보통 나를 향하는 마음이 클 때는 존재를 벗어난다. 내 의도대로 내 맘대로 존재를 저버린다. 저버리는 줄도 모르고 그렇게 한다. 그렇게 하는 요인은 에고다. 그것은 나를 기준으로 하는 마음이다. 지식, 재산, 지위, 명예 등이 잣대가 돼 존재를 버린다. 그 결과는 처절하다. 생명이 작동하지 않기 때문이다.

생명은 시공을 초월하여 작동한다. 그런데 반드시 존재 상태에 머문 것만을 대상으로 한다. 비물질과 물질 모두를 포함한다. 생명의 작동 영역은 너무 크고 넓어 계량이 되지 않는다. 전체와 같다. 전체를 대상으로 생명은 작동한다. 조건은 존재다. 생명은 내 맘대로가 아닌 있는 그대로 존재로 맞이하는 대상으로 일한다. 어느 일도 상관하지 않는다. 일의 귀천은 없다. 그래서 어느 일도 열심히 존재로 맞이하는 자는 생명력이 가득 차 있다. 이미 성자가 된 것과 같다.

4.6 인성와 의식

인성은 신성을 말한다. 신성은 전체성을 말한다. 생명은 전체를 대상으로 한다. 결코 어느 한 편을 드는 일이 없다. 이와 같으면 인성은 신성이 된다. 그런데 내편을 드는 순간 인성은 추락하기 시작한다. 걷잡을 수 없이 추락한다. 인성은 신성을 상실하고 동물성으로 변질된다. 욕심 부리고, 이기려고 억지주장이 강하게 나타난다.

인성이 사라지는 요인은 지식, 재산, 지위, 명예 등이다. 이런 것 때문에 소중한 인성을 버린다. 잘못 배운 지식 때문이다. 지식을 잘못 쓰면 인간 망한다.

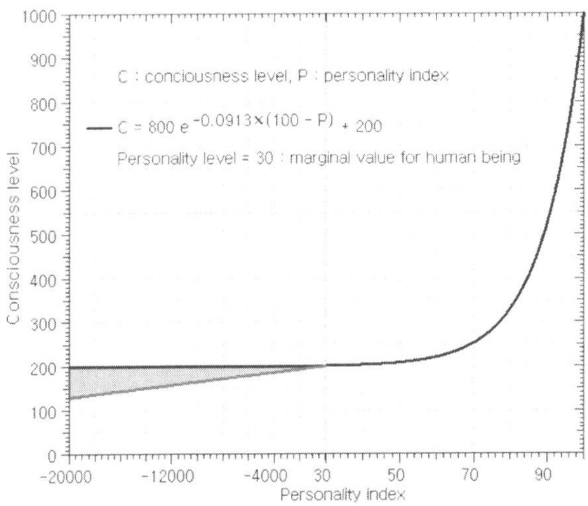

[그림 25] 인성과 의식의 관계

인성은 30부터 시작하고, 98이 되어야 가득 찬다. 인성 30은 자기 욕심이 가득한 것이고, 의식수준은 200이다. 인성은 98이 되어야 자기 욕심이 완전히 사라지며, 이때 의식수준은 1000에 이른다. 그리고 30이하는 남을 속이는 것이 되며, 인성을 상실한 것이다. 의식수준은

200이하가 된다.

의식수준이 200이 되지 못하면 인성은 한없이 추락한다. 마음먹는 만큼 추락한다. 지독하다. 인성이 아니고 동물성이 된다. 인성이 0이면 의식수준은 198을 나타낸다. 인성이 -20000이면 의식수준은 130이 된다.

인간은 만물의 영장이라 한다. 영의 우두머리다. 영은 마음보다 더 크고 넓다. 인간의 영은 최고다. 인성은 그것을 말한다. 바로 신이란 뜻이다. 인성이 가득 차면 인간으로 신과 같다. 모두를 포용한다. 결코 내 맘대로 하지 않는다. 있는 그대로 전체와 함께한다. 인성은 이를 말한다. 빈부귀천 가리지 않는다. 학위와 명예도 내세우지 않는다. 지식도 뽐내지 않는다. 어느 일도 그렇게 맞이한다.

인성이 가득차면 의식은 한없이 깨어난다. 의식이 깨어날수록 편안하다. 생명과 함께하기 때문이다. 에너지 수준이 높아지기 때문이다. 인성도, 의식도, 생명도 모두 전체와 함께할수록 가득 채워진다. 이는 우주의 원리이기도 하고, 세상의 이치이기도 하다. 이치는 벗어나지 않는 것을 말한다. 반드시 그렇다. 인간의 종착역은 의식의 확장이다. 누구에게도 그 가능성은 열려 있다.

4.7 시야와 의식

의식이 깨어날수록 시야는 넓어진다. 의식수준이 200이면 시야는

180도가 되어 반 만 본다. 남을 속이지는 않아 겨우 인간이라 할 정도가 의식수준 200이다. 이때 시야는 반 정도인 것으로 이해하면 된다. 전체를 완전히 헤아릴 수 있는 시야 360도가 되려면 의식수준은 1000이 되어야 한다.

시야가 0인 경우는 전후, 좌우 아무것도 보지 않고 우격다짐으로 억지주장이 매우 강한 자이다. 이때 의식수준은 130으로 나타난다. 의식수준 130이면 파충류 수준이다.

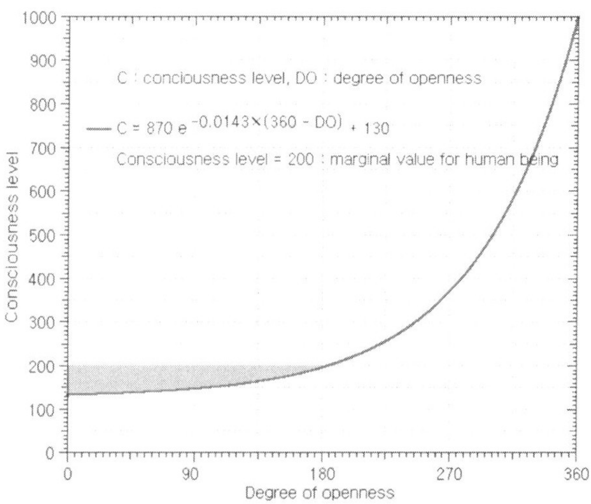

[그림 26] 시야와 의식의 관계

시야는 전후좌우 물불 가리지 않는 자인가? 바다처럼 모든 것을 포용하는 자인가? 뭔지 모르지만 주장이 강한 자인가? 타당한 것을 인정하고 수용하는 자인가? 등을 가리는 데 판단자료가 된다. 이에 따라 의식수준이 크게 변화하는 것으로 나타나고 있다. 의식은 수용의 정도에 따라 수준이 상승하는 것으로 이해할 수 있다.

시야는 넓어야 한다. 한쪽만 보면 균형을 잃는다. 전체를 봐야 한다. 의식은 전체를 보는 만큼 확장된다. 전체를 보지 못하는 만큼 시야는 좁아진다. 그리고 의식도 잠을 잔다. 지식으로 옳다고, 잘한다고, 잘났다고 주장하는 어느 행위도 시야를 좁게 하고, 의식을 잠재우는 처사일 뿐이다. 넓은 세상을 볼 줄 알아야 한다. 전체를 살펴야 한다. 시야를 확장해야 한다.

시야를 확장하는 방법은 많이 보고 많이 배우는 것만이 아니다. 오히려 그것은 걸림돌로 작동되기 쉽다. 최고라고 어깨에 힘이 들어가는 순간, 시야는 순식간에 좁아진다. 그리고 모든 것을 자기중심으로 생각하고, 또 최고라고 착각하고 남을 무시하는, 우물 안 개구리처럼 사고하고 행동한다. 당연히 의식수준은 인간 이하 수준으로 추락한다. 모름지기 있는 그대로 맞이하는, 내 편만을 들지 않는 자세만으로도, 어느 일을 맞이해도 시야는 넓어지기 시작하고, 의식은 깨어난다.

4.8 의식과 생명

의식은 인간의 특권이다. 인간의 삶은 의식수준이 한없이 증가할 수 있는 단 한 번의 기회란 것 알아야 한다. 의식은 생명력과 밀접한 관계를 갖는다. 생명은 무소불위의 힘을 갖는다. 에너지 흐름이 최고다. 기운이 최고다. 생명은 그 힘이다. 전체의 힘이다. 멀리서도 치유가 되는 힘을 발휘한다. 그밖에도 아주 많은 일을 할 수 있는 것이 생명이다. 세상의 모든 것은 에너지와 정보로 구성된다. 그것이 모두 하나로 연결돼 있다. 이는 양자역학의 핵심이론이다. 생명은 양자물리의 실재다. 의식수준이 980이 되어야 생명의 힘을 감지하고, 여러 가지 몸으로 겪는 경험을 쌓기 시작한다.

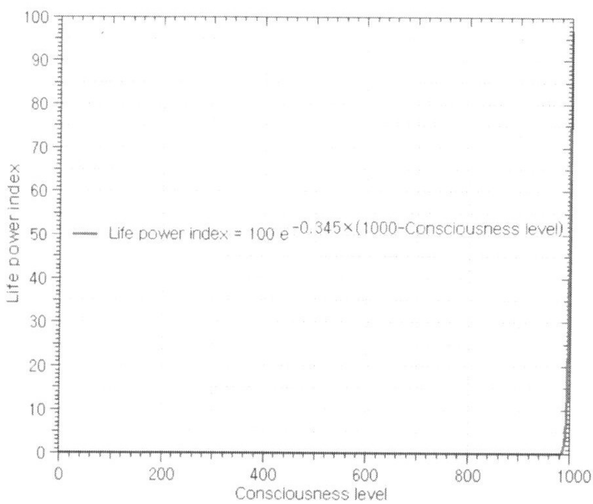

[그림 27] 의식과 생명의 관계

의식이 깨어나는 것은 인간이 평생 닦아야 하는 공부다. 의식은 진실 바탕에서 성장한다. 진실은 오직 전체와 함께한다. 전체는 생명이 일하는 대상이다. 생명은 결코 어느 한 편을 드는 일이 없다. 전체를 위해 전체의 조화를 위해 일을 한다. 그 힘은 실로 크다. 커야 한다. 그럴수록 의식은 한없이 깨어난다. 의식지수 1000은 예수, 부처의 수준이다. 그런데 그 이상도 의식은 깨어날 수 있다. 인간의 삶은 바로 그를 이룰 수 있는 절호의 기회다. 이는 누구에게도 열려있다.

의식과 생명은 비물질이다. 그런데도 작동한다. 최고의 힘을 발휘하며 작동한다. 이를 결코 말로 설명할 수 있는 것은 불가능하다. 오로지 몸으로 직접 경험할 때만 어렴풋이 알아간다. 보이지도 않고 만져지지도 않는 실체라서 더욱 그렇다. 누구나 조건이 성숙하면 보이지 않는 실체를 피할 수 없는 느낌으로 알아간다. 누구나 최고의 선생은 본인이다. 의식과 생명은 더욱 그렇다. 누가 가르쳐 줄 대상이 되지 않는다.

의식이 깨어나는 조건은 존재다. 생명 작동의 조건도 존재다. 그렇게 존재는 늘 누구에게나 함께하고 있다. 그런데 그 소중한 존재를 아무 거리낌 없이 저버린다. 요인은 지식의 분별에 있다. 본인만의 이익을 위해, 애써 배운 지식으로 하는 어느 분별도 존재를 저버리는 행위에 불과하다. 너무 가까이 있어 귀한 줄도 모르는 존재를, 어떻게 맞이하느냐는 인간의 성숙과 미성숙을 가린다.

4.9 스트레스와 발병율

스트레스가 높으면 아주 많은 병이 발생한다. 스트레스는 균형을 잃은 상태다. 스트레스의 종류는 수도 없이 많다. 스트레스는 시공을 초월하여 전파된다. 스트레스는 존재를 벗어난 정도다. 스트레스는 전체를 이탈한 정도다. 스트레스는 생명과 함께하지 못하는 정도다. 스트레스는 진실을 외면한 정도다.

진실은 인간의 기본이다. 적어도 남을 속이는 일은 없어야 한다. 그런데 인간의 반은 남을 속인다. 보통 사람은 스트레스 지수가 90이면 죽는다. 그러나 남을 속이는 자는 100이 되어야 죽는다. 그만큼 지독하고 끈질기다고 할 수 있다. 스트레스 지수가 56이 되면 발병하기 시작하며, 지수가 높아질수록 발병율은 급하게 높아진다.

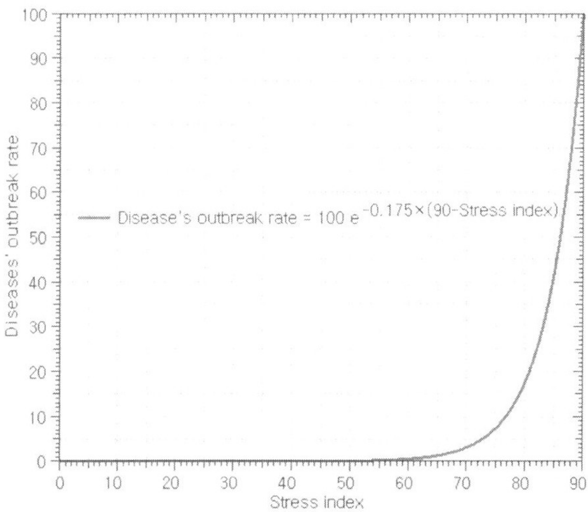

[그림 28] 스트레스와 발병율의 관계

스트레스는 내 기준과 맞지 않으면 발생한다. 나의 주파수와 다른 만큼 스트레스다. 감정도, 음식도, 약도, 뜻도, 내 몸과 마음에 맞지 않으면 스트레스는 나타난다. 그에 따라 주파수도 거칠게 변화한다.

모든 것은 에너지와 정보로 구성된다. 모든 것은 에너지로 서로 연결돼 있다. 에너지는 흐른다. 정보를 싣고 흐른다. 스트레스는 그것을 담고 있다. 스트레스는 에너지 파장이 거칠고 에너지 수준이 낮다. 스트레스가 사라지면 에너지 파장이 곱고, 에너지 수준은 높아진다. 따라서 스트레스는 병을 유발시키고, 스트레스가 사라지면 병도 스스로 물러난다.

다양한 스트레스 중에 스스로 조절할 수 있는 것은 내적 스트레스다. 내적 스트레스는 오직 본인의 판단으로 유발된다. 지식의 분별이 강할수록 스트레스는 강하게 나타난다. 내 맘대로하는 요소가 강할수록 스트레스는 강하다. 어느 일도 있는 그대로 맞이하는 자세는 스트레스가 발붙일 자리마저 없앤다. 마음자세가 이런 자는 편안하고 건강하다. 병이 들어와도 스스로 물러난다. 스트레스는 마음자세를 바르게 하라는 신호다. 이를 받들어 고맙게 맞이하면 스트레스는 영원히 사라진다.

4.10 인성과 속임수

인성은 인간의 성품이고 성질이다. 본래 인간의 성품은 전체를 향해야 한다. 이를 본성이라 한다. 그러나 욕심으로 전체를 향하지 못하고 나를 향한다. 에고가 작동하여 나를 향하는 마음이 지나치면 남을 속이기 시작한다. 인성지수가 30이면 적어도 남을 속이지는 않는다. 그러나 남을 속일수록 인성은 급하게 추락하여 최대 -20000까지 간다. 참으로 놀라운 일이다. 인간이 아니란 의미다.

속임수의 요인은 지식, 재산, 지위, 명예 등이다. 이런 쓸데없는 것들을 잣대로 인간의 모습을 상실해간다. 지식으로 합리화시키고, 논리를 만들고, 남을 속인다. 돈으로 비교하고, 지위로 위세 부리고, 명예로 차별하는 등의 모든 사고와 행위는, 에고를 강화시키고 진실을 외면하고 남을 속이는 일이 된다.

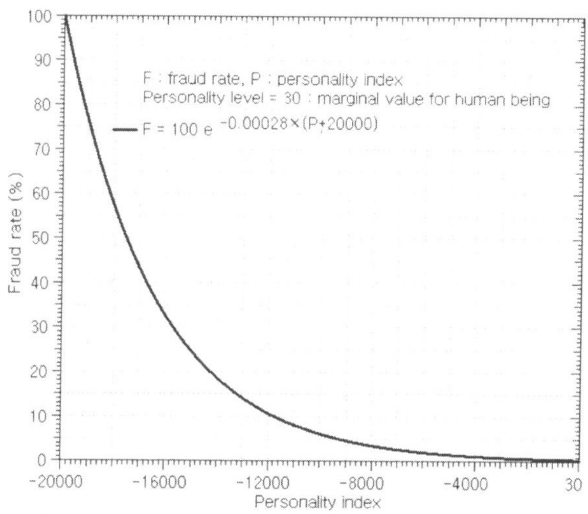

[그림 29] 인성과 속임수의 관계

거짓은 나만 위한다. 진실은 모두 위한다. 인간은 널리 이롭게 서로 도우며 어울리는 것이 기본이다. 이것이 바로 진실이다. 진실을 외면한 자는 인간이 아니다. 인간의 반은 인간이 아니다. 무조건 믿으면 안 된다. 의식이 깨어나면 다 볼 수 있다.

속일수록 인성은 낮아진다. 인간의 틀을 벗어난다. 인간의 기본은 진실이다. 진실은 항상 전체와 함께한다. 전체는 크고 넓다. 전체는 힘이 강하다. 진실도 힘이 강하다. 인간도 힘이 강하다. 진실과 함께 할 때 강하다. 생명의 힘이 발휘된다. 인성은 그 정도를 말한다. 인성이 낮을수록 혼자만을 위한다. 반드시 거짓을 진실로 위장한다. 지식으로 그렇게 한다. 어렵게 배워서 그렇게 한다. 지식의 폐단이다. 잘못 배워 그렇다.

속이는 정도를 가늠하는 것은 어리석다. 가늠할 수 없기 때문이다. 상상을 초월하기 때문이다. 도저히 이해할 수 없는 것들도 함께하고 있다는 것을 알아야 한다. 믿음으로 살아가야 하지만, 세상은 믿을 수 없는 부분도 엄연하게 함께하고 있다. 인성은 속을 채워야 한다. 진실로 채워야 한다. 그때 속은 생명으로 가득 채워지고, 인생의 결실을 맺는다. 인성은 그런 것이다.

4.11 의식과 속임수

의식지수 200은 남을 속이는 것이 0이고, 자기를 속이는 것이 30이다. 자기를 속이는 것은 변명과 합리화 등이다. 욕심이 가득한 자는 자기를 속이는 것이 100이다. 이때 의식지수는 199로 나타난다.

욕심은 한이 없다. 남을 속이기 시작하면 의식지수는 급하게 추락하여 완전히 속이면 130까지 이른다. 이때 의식지수는 파충류 수준을 나타낸다. 욕심으로 인간 자격증을 스스로 박탈하는 셈이다. 인간의 영혼은 이미 멀리 사라져갔다.

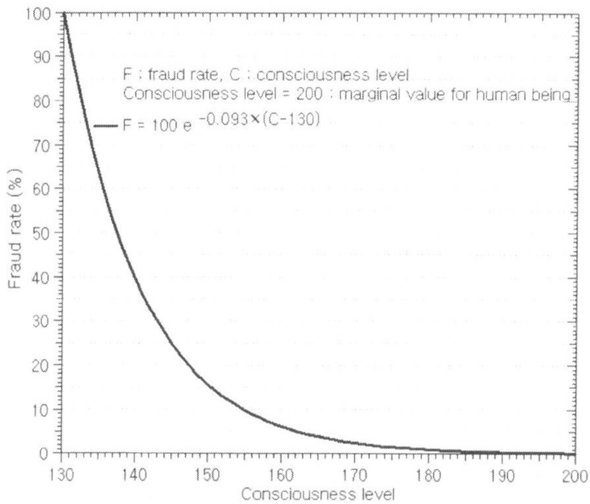

[그림 30] 의식과 속임수의 관계

자기를 속이는 것은 애교로 봐 줄 수 있다. 그런데 이런 자는 파장이 거칠어 주변을 불편하게 한다. 하물며 남을 속이는 자는 파장이 얼마나 거칠까? 이를 서로 끌어당기는 현상이 있는데, 세상이 얼마나 어지러울까!

거짓은 진실 앞에서는 힘을 쓰지 못한다. 진실은 모두가 알고 있는 것이다. 모두가 알고 있는데 거짓은 설 자리가 없다. 진실의 구현은 세상을 밝히는 일이다. 오직 의식의 전환, 의식수준의 향상으로 이룰 수 있는 일이다.

의식은 진실과도 거짓과도 연계된다. 진실과 연계될수록 의식은 점점 깨어나고, 거짓과 연계될수록 의식은 잠을 잔다. 그러면서 그 끝은 없다. 의식이 깨어나는 것도 끝이 없고, 잠을 자는 것도 끝이 없다. 선택은 자유다. 진실을 선택할 것인가? 거짓을 선택할 것인가? 거짓을 선택하는 경우는 전체를 이탈하여 혼자만을 위하는 쪽이다. 생명은 작동을 중지하고, 내가 만든 스트레스는 그대로 짊어지고 살아간다.

속임수가 심해지면 의식수준은 낮아져 영원히 잠을 잔다. 의식수준이 낮아진다는 뜻은 인간의 수준을 유지하지 못한다는 뜻이다. 인간으로 태어나서 의식수준을 높일 수 있는 단 한 번의 소중한 기회를 살리지 못하는 것은 큰 손실이다. 자기만을 위한다고 남을 속이는 어떤 행위도 고스란히 의식수준에 담겨있다. 인간을 나타내는 것은 진실과 의식이다. 거짓은 스스로 인간이기를 거부하는 행위다.

4.12 영성주파수와 의식

영혼백이 있다. 삼위일체다. 영혼도 있고, 혼백도 있다. 인간의 구성이다. 몸과 마음으로 구성된다. 혼은 영과 백을 연결한다. 몸은 혼백을 담고, 마음은 영혼을 담는다. 혼은 몸과 마음을 연결한다. 몸은 나의 물질에 한정한다. 마음은 우주의 정신까지 확장된다. 마음은 비물질이다. 누구나 비물질 영역까지 확장된다. 그래서 전체는 하나다. 인간은 그 영역까지 이를 수 있는 능력이 있다. 그것이 바로 영성이다.

영성주파수가 -98.7에 이르면 의식지수는 1000이다. 그리고 인간의 기본인 의식지수가 200일 때 영성주파수는 -31.2이다. 영성주파수 90이면 바이러스 활동영역이 된다.

영성을 말로 설명하는 것은 불가능하다. 오직 각자 스스로 경험에 의해 알아갈 뿐이다. 체득하면 믿지 않을 수 없는 경지에까지 이른다. 지식을 초월하고, 전체와 함께하고, 생명과 함께할수록 의식은 점점 깨어나고 영성은 확장된다. 영성주파수는 그것을 말한다. 영성의 확장은 에고의 탈피에서 시작한다.

영성은 지식과는 거리가 멀다. 오히려 정반대에 서 있다. 그렇다고 지식을 멀리하란 얘기는 결코 아니다. 지식을 더욱 열심히 쌓되, 분별의 도구로 사용하는 것만은 피하란 뜻이다. 분별할 때는 어느 것도 존재를 떠나며, 생명은 작동을 중지한다. 분별은 혼자만을 위한 합리화 논리에서 나오는 자기의결이다. 이때마다 영성은 문을 닫는다. 오직 지식은 모두를 위해 활용돼야 한다. 그때는 존재 상태에 머물며 생명과 함께 의식은 깨어나고, 영성은 끝없이 확장된다.

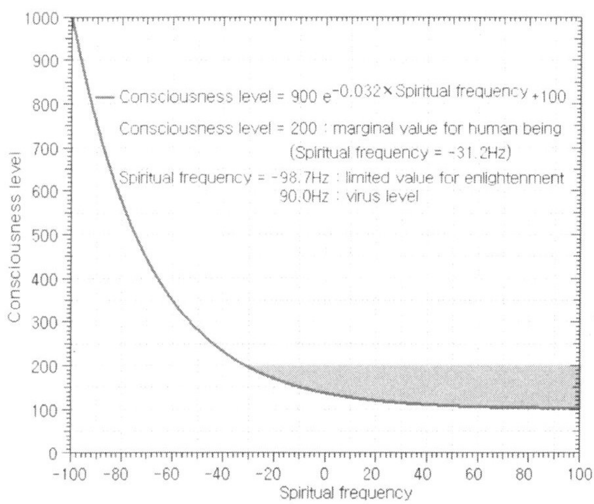

[그림 28] 영성주파수와 의식의 관계

영성주파수는 그 끝이 없다. 의식지수도 마찬가지다. 우주의 신비다. 인간의 영성도 그 끝이 없다. 누구나 그 영성을 확장시켜야 한다. 그때 인생의 삶이 생명과 합일이 된다. 그럴수록 세상은 진실이 구현되어 밝게 빛이 날 것이다. 진실은 전체와 함께한다. 진실은 인간의 기본이자 완성이 된다. 진실로 전체 생명의 약동에서 나오는 의식의 개혁은 인간 영성을 회복하는 토대가 된다.

맺음말

보이는 세계는 보이지 않는 세계의 0.4%에 불과하다고 한다. 보이지 않는 세계는 과학으로 밝힐 수 없는 부분이 대부분이다. 보이지 않는 현상을 우리는 신기하다고 하고, 이를 신비라고 말한다. 그런데 늘 이들과 함께하고 있다. 마음도, 생각도, 감정도, 느낌도 보이지 않는다. 이런 것들은 보이지 않지만, 모두 에너지로 작동하고 함께한다.

애써 배운 지식을 잘못 쓰면 거짓으로 작동한다. 속이는 일에도 사용되고, 속는 일에도 사용된다. 나만 위할 때는 거짓으로 작동하고, 모두 위할 때는 진실로 작동한다. 참으로 묘한 이치다. 배우면 배울수록 선택을 잘해야 한다. 잘 배워야 한다. 잘못 배우면 지식을 편을 가르는 데 사용한다. 그리고 반드시 고통을 떠받는다. 이런 것 모두 보이지 않는 현상이다.

우리 조상들이 써왔던 싸가지도 눈에 보이지 않지만, 아직도 사회에서도, 직장에서도 그 말을 너무 좋아한다. 진실, 전체, 생명, 의식 등 네 가지가 싸가지 인데, 모두 보이지 않지만, 이 싸가지가 엄청나게 중요한 역할을 한다. 이 네 가지 단어는 모든 경전의 내용을 함축하고 있는 것과 같다. 그 속에 겸손과 사랑이 기본으로 들어간다. 겸손은 전체의 수용이고, 사랑은 생명의 도구이기 때문이다. 모두 싸가지를 가득 채워야 한다. 싸가지를 가득 채운 사람은 일도 잘하고, 함께 잘 어울리고, 어느 자리 어느 위치에 있어도 조화 이뤄 나간다. 진정 인간으로 살아간다.

학교공부 잘하면 싸가지 좋을까? 시험으로 싸가지 좋은 자를 선발할 수 있을까? 결단코 불가능하다. 왜냐면 싸가지는 분별심이 사라지는 것으로부터 출발하기 때문이다. 지식은 분별의 대가이고 우등생이다. 시험은 분별의 정도를 평가하는 데 불과하다. 어떻게 시험으로 싸가지를 알 수 있단 말인가? 오히려 시험 점수가 높은 자가 분별심이 높을 수 있다. 그런 자는 거꾸로 싸가지가 없다.

내가 최고다 하는 순간, 내가 잘한다 하는 순간, 나는 맞고 너는 틀렸다 하는 순간, 싸가지는 완전히 사라진다. 그런 자는 오직 본인만을 위한다. 어려운 상황은 피하며, 모든 것을 오직 본인만을 위한다. 필요하면 지식으로 합리화 논리를 마련하며, 진실을 외면하고 남을 속이기까지 한다. 점점 더 겉과 속이 다른 자가 되어 갈뿐이다. 이런 자는 하늘도 용서하지 않는 죄라고 하였다. 계속 생명을 외면하는데, 생명이 도와 줄 방법이 없다는 뜻이다. 이는 영혼의 물리학이다.

싸가지 좋은 자가 물관리하면 어떨까? 볼 것 없다. 잘한다. 있는 그대로 하기 때문이다. 전체를 살펴하기 때문이다. 그리고 모두가 편안하다. 그러나 싸가지 사라진 자가 하는 일은 그 반대다. 잘 하는지 봐야 된다. 잘하지 못하기 때문이다. 내 맘대로 하기 때문이다. 본인만을 위하기 때문이다. 모두가 불편하다. 또 싸가지 좋은 자는 이치를 따른다. 반면에 싸가지 사라진 자는 이치를 따르지 않는다.

싸가지가 없어지는 이유는 잘못 배워 그렇다. 집에서, 학교에서, 직장에서, 사회에서 떠받들어 모시면, 본인이 최고인 줄 착각한다. 그러면 모든 것에 대해 나는 옳고 상대를 비롯해 나머지는 모두 옳지 않다는 강한 에고가 자리 잡는다. 이것이 한 번 자리 잡게 되면, 좀처럼 그 자리 떠나지 않는다. 착각의 달콤함을 버리지 못하고, 쉬지 않고 분별을 거듭하기 때문이다. 그럴 때마다 속으로는 인간의 생명이 작동하지 않아, 영혼은 점점 메말라갈 뿐이다. 바로 인간 쭉정이가 될 뿐이다.

싸가지를 채우는 기본 방법을 '물은 인성이다' 정년기념집에 담고자 했다. 여러 군데 부족한 부분이 많지만, 이 글을 읽으면 읽을수록 싸가지가 채워진다는 느낌을 갖는 자가 나타나기를 희망해본다. 모든 글 속에는 영혼이 담겨있기 때문이다. 글 속에 생명의 힘이 가득차면 글만 읽어도 치유가 되는 효과도 얻을 수 있다. 마음은 에너지다. 글의 뜻을 감명으로 받아들이면, 마음의 파장이 동조돼 에너지 수준은 상승한다. 높은 에너지 수준은 치유 효과를 갖는다.

정년을 맞이하여, 글 속에 생명의 힘을 가득 채우는 연구를 거듭하고자 한다. 그 글만 읽어도, 누구도 싸가지가 채워지게 하는 사업을 구상한다. 말만 들어도 치유가 되는, 생각만 해도 치유가 되는 것도 가능한 일이다. 생각은 힘이기 때문이다. 모든 것은 에너지로 서로 연결돼 있고, 그 에너지는 생각만으로 작동하는 현상을 이용하면 된다. 이것이 바로 원격치유다. 누구나 의식이 깨어날수록 그 가능성을 확인할 수 있다. 의식이 깨어나게 하는 교육 사업이 바로 싸가지 채우는 사업이다.

의식은 인간에게 준 특별한 선물이다. 의식이 깨어나는 과정이 진정 인간이 되는 길이다. 의식은 인간의 특권이기도 하다. 의식이 바로 싸가지의 마지막 종착지다. 진실의 바탕에서 의식은 깨어난다. 진실은 인간의 기본이다. 반대로 거짓 행위는 인간이기를 포기하는 길이기도 하다. 진실은 전체를 위하고, 거짓은 혼자만을 위한다. 진실은 전체를 향하는 생명 작동의 밑거름이 되며, 바로 진실을 구현하는 자체가 의식이 깨어나는 요체가 된다. 그 속에 사용하는 도구가 바로 사랑이다.

사랑은 따지지 않는다. 빈부귀천 필요로 하지 않는다. 잘나고 못나고 없다. 잘하고 못하고도 없다. 옳고 그르고도 없다. 오직 있는 그대로 따를 뿐이다. 결코 내 맘대로 하는 일이 없다. 여기 학위가 필요한가? 지위가 필요한가? 진실을 구현하는 것은 바로 사랑이다. 사랑은 인간이 살아가며 사용해야 하는 필수 도구가 된다. '물은 인성이다'를 마무리하며, 누구나 사랑의 실천으로 싸가지가 가득한 세상을 꿈꿔 본다.

싸가지가 갖춰진 사람들이 많아지면, 세상은 참으로 아름답다고 말할 수 있을 것이다. 사람들 모두 함께 어울려 조화와 균형을 이루니, 얼마나 편안하고 행복할까? 그 행복의 기운으로 인간은 비로소 아름다운 꽃을 피워, 인간의 향기가 진동하고, 그 열매를 맺을 것이다. 또 그 아름답고 편안한 조화로운 빛은 모두를 춤추게 할 것이고, 그로서 누구에게나 인생은 축제의 장이 되리라 믿어 의심치 않는다.